普通高等教育土木工程特色专业系列教材

房屋建筑学

赵永东　闫成德　主编

国防工业出版社

·北京·

内 容 简 介

《房屋建筑学》系统阐述了房屋建筑设计的基础知识、民用建筑空间设计与实体设计以及工业建筑设计的基本原理与方法。本书立足于学以致用的编写原则,对工业与民用建筑的基本构造与设计原理及方法通过浅显易懂的语言并配以大量的图片详加阐述,使读者在轻松的阅读环境中对房屋建筑有一个系统完整的了解,为本行业的各项专业工作奠定良好的基础。

本书体系完整、内容详细、思路清晰、案例丰富、难易适当,可作为高等院校本科层次的土木工程、工程管理、给水排水、建筑设备等相关专业及专科层次的建筑工程技术、工程造价、工程监理、市政工程等相关专业的专业基础教材,也可作为建筑业各类从业人员的岗位培训教材、自学用书、参考资料。

图书在版编目(CIP)数据

房屋建筑学/赵永东,间成德主编.—北京:国防工业出版社,2013.4(2015.5 重印)

普通高等教育土木工程特色专业系列教材

ISBN 978-7-118-08418-4

Ⅰ.①房…　Ⅱ.①赵…②间…　Ⅲ.①房屋建筑学-高等学校-教材　Ⅳ.①TU22

中国版本图书馆 CIP 数据核字(2013)第 031452 号

※

国防工业出版社出版发行

(北京市海淀区紫竹院南路 23 号　邮政编码 100044)

北京嘉恒彩色印刷有限责任公司

新华书店经售

*

开本 710×960　1/16　印张 22¾　字数 396 千字

2015 年 5 月第 1 版第 2 次印刷　印数 4001—7000 册　定价 42.00 元

(本书如有印装错误,我社负责调换)

国防书店:(010)88540777　　　发行邮购:(010)88540776

发行传真:(010)88540755　　　发行业务:(010)88540717

前　言

　　本书按照高等学校土建学科教学指导委员会和土木工程专业指导委员会专业培养方案的基本要求介绍了建筑与建筑设计的基础知识，主要包括民用建筑空间设计、民用建筑实体设计及工业建筑设计，共3篇16章。既可帮助学习者奠定后续专业课程学习的基础知识，又可使学习者具有学后即用的上岗能力。

　　在阅读现有教材、总结工程实践经验的基础上，对本书内容作了精心的选择和安排。本书在进行理论讲解的基础上，侧重于提高和强化学生对建筑的理解能力和建筑设计的动手能力。全书编制了大量通俗易懂的案例，参考了一些注册建筑师考试、施工员考试的试题，图文并茂、深入浅出地讲述了建筑的基本概念和建筑设计的原理与一般方法。

　　本书在编写时采用的规范和标准主要有《建筑模数协调统一标准》GBJ2—86、《建筑设计防火规范》GB 50016—2006、《高层民用建筑设计防火规范》GB 50045—95（2005年版）、《民用建筑设计通则》GB 50011—2001、《屋面工程技术规范》GB 503452—2004、《工程建设标准强制性条文（房屋建筑部分）》（2002）等。

　　参加本书编写工作的人员有：盐城工学院赵永东（绪论、第1、2、3、4章）、扬州工业职业技术学院闫成德（第6、8、10、11、13、14、15、16章）、盐城工学院王琴（第5、7章）、盐城市盐工建筑设计研究院有限公司张成俊（第9章）、盐城国强置业有限公司李昀（第12章）。赵永东、闫成德担任主编并统稿。

　　感谢盐城工学院教材出版基金的支持，同时感谢土木学院相关老师在本书编写过程中给予的支持与帮助。

　　由于编者的水平有限，书中难免有欠妥之处，敬请广大读者批评指正。

编　者

2012年3月

目　录

第1篇　民用建筑空间设计

第3篇　工业建筑设计

绪　论

0.1　课程的概念和基本内容

　　房屋建筑学是针对土建类专业学生学习、研究建筑知识和建筑设计的综合性课程。它涉及建筑设计原理、建筑历史、建筑物理、建筑材料、建筑制图、施工技术等诸多学科。房屋建筑学课程主要是从建筑设计的角度,介绍和研究建筑与建筑设计的基本知识。

　　房屋建筑学的基本内容包括建筑空间设计和建筑实体设计。建筑空间包括建筑的内部空间、外部空间和实体空间。建筑空间设计是研究建筑空间设计的原理和基本方法。建筑空间设计不仅是研究建筑实体所围合的内部空间,而且还研究其外部空间,即建筑与所处环境之间的关系、建筑的表现形态给人的感受,以及建筑实体的形态、尺度、颜色、质感等。建筑实体设计是研究组成建筑的各部分实体(如基础、墙体、楼地面、楼梯、屋顶、门窗等)的构造原理和构造方法。图0－1所示为建筑外部空间,图0－2所示为建筑实体空间(楼梯栏杆),图0－3所示为建筑内部空间,图0－4所示为建筑内部空间的分隔。

图0－1　建筑外部空间

图 0-2　建筑实体空间(楼梯栏杆)　　　　　图 0-3　建筑内部空间

图 0-4　建筑内部空间的分隔

0.2　建筑设计的内容及其相互关系

　　建筑设计的内容包括三个方面:建筑设计、结构设计和设备设计。其中建筑设计是房屋建筑学研究的主要内容,作为先行专业,建筑设计具有"主导"和"支配"地位,结构设计和设备设计处于"从属"和"配角"地位。同时,建筑、结构、设备三个方面也是相辅相成的。结构设计是在建筑设计的基础上保证建筑的结构构件、整体结构的安全和正常使用。设备设计是保证满足建筑设计所需要的设备功能,设备设计包括给水与排水、电气、暖通与空调、供气、通信、网络、防雷、消防等诸多专业。

0.3　建筑设计的成果

建筑设计的成果是用图文的形式表达的。建筑设计、结构设计和设备设计的成果,分别为建筑施工图(简称建施)、结构施工图(简称结施)和设备施工图(简称设施,或相应具体专业的简称,如水施、电施等)。建筑施工图中,建筑平面图、立面图、剖面图,主要反映建筑空间设计的成果。建筑详图,如墙脚、窗台窗顶、檐口、台阶、阳台等节点详图,主要反映建筑实体设计的成果。

0.4　课程的特点

房屋建筑学的课程特点主要表现在以下几个方面。

(1) 实践性与广泛性。实践性体现在一方面研究内容直接服务于工程实践,另一方面课程知识的掌握必须经过具体的、大量的实践才能获得。广泛性体现在建筑形式的多样性和建筑知识的广泛性。

(2) 技术性与艺术性。房屋建筑学既是一门严谨的技术课程,要求建筑安全实用、经济合理,又是一门形象艺术课程,要求建筑的体型、立面,从整体到局部、从外部到内部给人以美感。

(3) 创造性与大众性。建筑设计是创造性劳动,把未来将要实施的建筑通过思维、想象"设计"出来,体现了建筑设计的创造性。而各类建筑为广大用户所使用与理解,体现了建筑的大众性。

(4) 直观性与神秘性。一方面,已建建筑的形象直观,是否美观?是否适用?能否接受?都能以直观的反映来评判,而这些评判又为将来的设计提供了直观的依据。另一方面,不同的建筑效果、功能状况、安全性能等方面又各具不同,为何设计、如何设计等方面给建筑蒙上的神秘面纱,正有待通过课程的学习一一揭开。

0.5　课程的作用

房屋建筑学课程的作用主要体现在两个方面。一方面,在各门课程体系组成的教学方面,它是土木工程类专业的一门主干课程,也是一门重要的专业基础课程,它是学好后续课程,如建筑结构、建筑施工、项目管理等专业课程的前提条件。另一方面,对建筑业中的建筑设计、建筑施工、科技咨询管理等专业工作,建筑知识都是完成这些专业工作的前提,如图 0-5 和图 0-6 所示。

图 0-5　设计工作室

图 0-6　施工现场

第1篇 民用建筑空间设计

第1章 建筑设计概论

1.1 建 筑 概 述

1.1.1 建筑的概念

建筑是为满足人们一定的需要,根据已有的物质技术条件与社会条件所创造出的人为空间。通常把建筑物和构筑物统称为建筑。建筑物一般是指供人们进行工作、生活、学习等日常活动的场所,如办公楼、博物馆、宿舍楼、厂房、教学楼、图书馆、医院等。构筑物一般是指人们的行为活动通常在其外部空间进行的场所。一般指人们不直接在内进行生产和生活活动的场所,如纪念碑、广场、码头、桥梁、水塔等都属于构筑物的范畴。

1.1.2 建筑的起源和发展

1. 建筑的起源

远古时期,人类的先祖为了遮风蔽雨和防备野兽侵袭,往往利用天然洞穴(山洞、溶洞)、树杈等作为栖息场所,这些只是可利用的天然居所,都不是建筑。随着生存环境的变化和人类的进化,人们开始对原始住所进行改善,甚至因地制宜地搭建出人工的树枝棚、石屋等,形成了早期的建筑雏形,如图1-1~图1-5所示。

2. 建筑的发展

人们对建筑的需要(功能与形象要求等)是创造建筑最根本的目的和依据,是建筑形成与发展的动力源泉。建筑的功能涵盖面十分广泛,既有物质功能,又有精神功能。物质功能包括坚固、耐久、采光、通风、保温、隔热、防潮、排水、视线要求、声音效果、节能环保、建筑防火、安全疏散等。精神功能包括

图1-1　用天然石材堆砌的石屋,满足人类生活需要并且具有一定的防御性能

图1-2　原始人类用天然树枝、茅草搭建居所

形体与立面、比例与尺度、色彩与质感、营造空间氛围、形成精神寄托等。

建筑发展史同时也是人类社会发展的见证。几千年来,由于人们对建筑功能要求的不断提高,促进了建筑材料、施工技术、建筑结构、建筑造型等各个方面的不断发展,为建筑发展史留下了无数浓墨重彩的光辉篇章。

1)奴隶社会

奴隶社会时期古埃及、古希腊、古罗马创造了不朽的建筑成就。

古埃及——搬运和组砌技术成熟。代表性建筑:金字塔、太阳神庙。

图1-3　原始时期水面上搭建的建筑

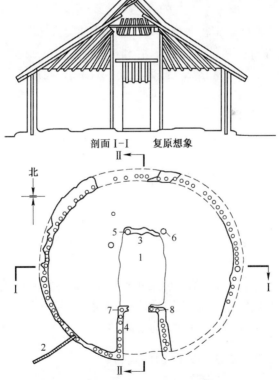

剖面 I-I　　复原想象

图1-4　西安半坡村遗址复原想象图片

1—灶坑；2—墙壁支柱炭痕；3、4—隔墙；5~8—屋内支柱。

图 1-5　半坡村建筑遗址复原想象图片

古希腊——建筑的柱式丰富多样(多立克、爱奥尼、科林斯)。代表性建筑:雅典卫城(帕堤农神庙、伊瑞克先神庙、胜利神庙、卫城山门)。

古罗马——拱券和穹顶结构技术发达。代表性建筑:万神庙、大斗兽场。

2) 封建社会

封建社会时期由于物质材料的发展、建筑技术的提高及社会资源、财富的大量聚集,使庙宇、宫殿、祭坛、花园和城市基础设施等得到进一步发展。

3) 文艺复兴和资本主义社会

文艺复兴和资本主义时期,近现代建筑飞速发展。古典主义学院派基于当时的物质技术条件,总结出了完整的构图原理,甚至有的把建筑形式绝对化、教条化,使建筑越来越趋向纷繁复杂、教条刻板。自19世纪中叶所谓的"新建筑运动"起,人们开始注重建筑的内容与形式的统一,强调功能合理、以人为本的建筑理念,反对虚假、繁琐的装饰,进一步重视建筑的经济性、建筑与环境的协调、空间布局灵活、功能的合理分区、造型简洁明快。到20世纪20年代,已经形成了现代建筑完整的理论体系,使得现代建筑风格终于取代了古典主义学院派,成为世界建筑的主流。

1.1.3　建筑的构成要素和我国的建筑方针

1. 建筑的构成要素

建筑功能、物质技术条件和建筑形象是构成建筑的三大基本要素。无论建设规模的大小、建筑技术的难易程度,三者缺一不可。建筑功能是根据人们需要建设的成果,物质条件和技术条件是建筑产生的基础,建筑形象是建筑形成的必然结果。

2. 我国的建筑方针

1951 年,我国政府提出来"适用、经济、美观"的建筑方针,由于当时的国力十分薄弱,1956 年改为"适用、经济、在可能的条件下注意美观"。随着改革开放的不断深入,我国的综合国力不断提高,1986 年我国政府重新提出了"适用、安全、经济、美观"的八字方针,一直沿用至今。

"适用"是指恰当的确定建筑面积,合理的布局,必需的技术设备,良好的设施以及保温、隔声的环境。

"安全"是指结构的安全度,建筑物耐火等级及防火设计、建筑物的耐久年限等。

"经济"主要是指经济效益,它包括节约建筑造价,降低能源消耗,缩短建设周期,降低运行、维修和管理费用等,既要注意建筑物本身的经济效益,又要注意建筑物的社会和环境的综合效益。

"美观"是在适用、安全、经济的前提下,把建筑美和环境美作为设计的重要内容,搞好室内外环境设计,为人民创造良好的工作和生活条件。政策中还提出对待不同建筑物、不同环境,要有不同的美观要求。

总而言之,设计者在设计过程中应区别不同的建筑,处理好"适用、安全、经济、美观"之间的既对立又统一的关系。

1.2　建筑的分类

按建筑的建设用途可分为民用建筑、工业建筑、其他建筑(农业建筑、水利建筑、军事建筑等)三大类。本章主要介绍民用建筑的分类。

1.2.1　按民用建筑的使用功能分类

民用建筑可分为居住建筑和公共建筑两大类。

1. 居住建筑

居住建筑是供人们家居居住使用的建筑,如住宅、别墅等。某地别墅,如图 1 - 6 所示。某住宅建筑群组鸟瞰图,如图 1 - 7 所示。

2. 公共建筑

公共建筑是供人们进行各种公共活动的建筑,如办公建筑、文教建筑、托幼建筑、科研建筑、医疗建筑、商业建筑、观演建筑、体育建筑、旅馆建筑、交通

图1-6　某地别墅

图1-7　某住宅建筑群组鸟瞰图

建筑、通信建筑、园林建筑、纪念建筑、生活服务建筑、展览建筑等。2008年北京奥运会主场馆——鸟巢,如图1-8所示。某建筑群立面,如图1-9所示。纽约联合国总部大厦,如图1-10所示。某地园林建筑一角,如图1-11所示。某地教学楼,如图1-12所示。

1.2.2　按民用建筑的层数和高度分类

（1）《建筑设计防火规范》GB50016—2014规定,建筑高度小于等于27m的住宅和其他建筑高度小于等于24m的为单层或多层建筑。

（2）建筑高度大于27m的住宅和其他建筑高度大于24m的非单层建筑为高层建筑。

图 1-8　2008 年北京奥运会主场馆——鸟巢

图 1-9　某建筑群立面

（3）建筑高度大于 100m 的民用建筑为超高层建筑。

图 1-10　纽约联合国总部大厦

图 1-11   某地园林建筑一角

图 1-12   某地教学楼

1.2.3　按民用建筑的设计使用年限分类

按民用建筑的设计使用年限,民用建筑可分为 4 个类别,见表 1-1。

表 1-1   民用建筑的设计使用年限分类

类别	使用年限/年	示　例
1	5	临时性建筑
2	25	易于替换结构构件的建筑
3	50	普通建筑和构筑物
4	100	纪念性建筑和特别重要的建筑

1.2.4　按建筑的主要承重结构材料分类

建筑的主要承重结构的材料包括钢筋混凝土、各类水泥砖、木材、钢材及其他复合材料等。

1.2.5　按建筑的结构形式分类

1. 墙承重结构

墙承重结构是以墙体、钢筋混凝土梁板等构件构成的承重结构系统,建筑的主要承重构件是墙、梁板、基础等。常见的墙承重结构以砖砌体和混凝土作为主要的承重材料,又称为砖混结构。包括横墙承重结构、纵墙承重结构和纵横墙承重结构等。

2. 骨架结构

骨架结构是利用柱或墙、梁等结构构件组成的结构体系来承受建筑的荷载或力学作用的建筑。骨架结构的构件受力明确,便于构件材料的选择与设计,如框架结构、排架结构、框剪结构、筒体结构等。

3. 空间结构

空间结构指三向受力的、大跨度的、中间不放柱子的用特殊结构解决的结构构件。空间结构主要有网架结构、薄壳结构、悬索结构、膜结构等形式,如图1-13~图1-16所示。

图1-13　网架结构实例

图1-14　薄壳结构实例

图 1-15　悬索结构实例　　　　　　图 1-16　膜结构实例

1.3　民用建筑的耐火等级和防火分区

1.3.1　民用建筑的耐火等级、与建筑构件的燃烧性能和耐火极限

1. 耐火极限和燃烧性能的概念

1）耐火极限

耐火极限是指在标准耐火试验条件下,建筑构件从受到明火的作用时起,到失去稳定性、完整性或隔热性时为止的这段时间,耐火极限用小时表示。

2）燃烧性能

燃烧性能是建筑材料遇到明火时的燃烧反应。建筑材料的燃烧性能分为可燃烧、难燃烧和不燃烧三类。《建筑设计防火规范》按燃烧性能把建筑构件分为不燃烧体、难燃烧体和燃烧体。

不燃烧体:用不燃烧材料做成的建筑构件。燃烧性能的等级为 A 级。

难燃烧体:用难燃烧材料做成的建筑构件或用可燃烧材料做成再用不燃烧材料附加保护层的建筑构件。燃烧性能的等级为 B_1 级。

燃烧体:用可燃烧材料做成的建筑构件。燃烧性能的等级为 B_2 级和 B_3 级。

B_2 级为可燃材料或制品, B_3 级为易燃材料或制品。

建筑物构件的燃烧性能和耐火极限见表 1-2。

表 1-2　建筑物构件的燃烧性能和耐火极限(单位:h)

构件名称		耐火等级			
		一级	二级	三级	四级
墙	防火墙	不燃性 3.00	不燃性 3.00	不燃性 3.00	不燃性 3.00

（续）

构件名称		耐火等级			
		一级	二级	三级	四级
墙	承重墙	不燃性 3.00	不燃性 2.50	不燃性 2.00	难燃性 0.50
	非承重外墙	不燃性 1.00	不燃性 1.00	不燃性 0.50	可燃性
	楼梯间墙 电梯井墙 住宅单元间墙 住宅分户墙	不燃性 2.00	不燃性 2.00	不燃性 1.50	难燃性 0.50
	疏散走道两侧隔墙	不燃性 1.00	不燃性 1.00	不燃性 0.50	难燃性 0.25
	房间隔墙	不燃性 0.75	不燃性 0.50	难燃性 0.50	难燃性 0.25
柱		不燃性 3.00	不燃性 2.50	不燃性 2.00	难燃性 0.50
梁		不燃性 2.00	不燃性 1.50	不燃性 1.00	难燃性 0.50
楼板		不燃性 1.50	不燃性 1.00	不燃性 0.50	可燃性
屋顶承重构件		不燃性 1.50	不燃性 1.00	可燃性 0.50	可燃性
疏散楼梯		不燃性 1.50	不燃性 1.00	不燃性 0.50	可燃性
吊顶 （包括吊顶隔栅）		不燃性 0.25	难燃性 0.25	难燃性 0.15	可燃性

2. 民用建筑的耐火等级

根据建筑主要构件的耐火极限和材料的燃烧性能,民用建筑的耐火等级应分为一、二、三、四级。不同耐火等级建筑物相应构件的燃烧性能和耐火极限不应低于表 1 - 2 的规定。

《建筑设计防火规范》按建筑的耐火等级详尽规定了建筑的防火分区、建筑层数、防火间距、安全疏散等方面的设计要求。

1.3.2　民用建筑的防火分区和防火间距

1. 民用建筑的防火分区

除高层建筑外,民用建筑的耐火等级、最多允许层数和防火分区最大允许建筑的面积应当符合表 1 - 3 的规定。

表1-3　多层民用建筑的耐火等级、最多允许层数和防火分区最大允许建筑面积

耐火等级	最多允许层数	防火分区的最大允许建筑面积/m²	备　注
一、二级	依照《建筑设计防火规范》第5.1.1条规定	2500	体育馆、剧院的观众厅，展览建筑的展厅，防火分区最大允许的建筑面积可适当放宽； 托儿所、幼儿园的儿童用房和儿童游乐厅等儿童活动场所不应超过3层或设置在地下室、半地下室内
三级	5层	1200	托儿所、幼儿园的儿童用房和儿童游乐厅等儿童活动场所、老年人建筑和医院、疗养院的住院部分不应超过2层或设置在地下、半地下建筑（室）内； 商店、学校、电影院、剧院、礼堂、食堂、菜市场不应超过2层
四级	2层	600	学校、食堂、菜市场、托儿所、幼儿园、老年人建筑、医院等不应设置在二层
地下室、半地下室		500	—

注：当建筑内设置自动灭火系统时，该防火分区的最大允许建筑面积可按本表的规定增加1.0倍。局部设置自动灭火系统时，该防火分区增加的面积可按该局部面积的1.0倍计算

2. 民用建筑的防火间距

除高层建筑外，民用建筑之间的防火间距不应小于表1-4的规定。

表1-4　民用建筑之间的防火间距（m）

耐火等级	一、二级	三级	四级
一、二级	6	7	9
三级	7	8	10
四级	9	10	12

注：1. 两座建筑物相邻较高的一面外墙为防火墙或高出该建筑相邻的较低一座一、二级耐火等级建筑物的屋面15m范围内的外墙为防火墙，并且防火墙不开设门窗洞口时，其防火间距可不限；

2. 相邻的两座建筑物，当较低的一座建筑物的耐火等级不低于二级、屋顶不设置天窗、屋顶承重构件及屋面板的耐火极限不低于1.00h，并且相邻的较低一面外墙为防火墙时，其防火间距不应该小于3.5m；

3. 相邻的两座建筑物，当较低一座建筑物的耐火等级不低于二级，相邻较高一面外墙的开口部位设置甲级防火门窗，或设置符合现行国家标准《自动喷水灭火系统设计规范》GB 50084规定的防火分隔水幕或本规范第7.5.3条规定的防火卷帘时，其防火间距不应当小于3.5m；

4. 相邻两座建筑物，当相邻外墙为不燃烧体并且无外露的燃烧体屋檐，每面外墙上未设置防火保护措施的门窗洞口不正对开设，而且面积之和小于等于该外墙面积的5%时，其防火间距可按照本表规定减少25%；

5. 耐火等级低于四级的原有建筑物，其耐火等级可按四级确定；以木柱承重且以不燃烧材料作为墙体的建筑，其耐火等级应当按照四级确定；

6. 防火间距应当按照相邻建筑物外墙的最近距离计算，当外墙有凸出的燃烧构件时，防火间距应当从其凸出部分外缘算起

1.4　建筑设计的内容、程序与依据

1.4.1　建筑设计的内容

建筑设计包括建筑空间设计和建筑实体设计两部分。建筑空间由建筑的外部空间、内部空间和实体空间三部分组成。建筑空间设计主要是研究建筑的内部空间设计和建筑的外形及建筑与周边环境的构成。建筑实体设计主要是研究基础与地下室、墙体、楼地面、楼梯、屋顶、门窗等实体构件的构造组成。

1. 建筑空间设计

建筑空间设计依据建筑设计原理完成建筑总平面设计、平面设计、立面设计、剖面设计等设计内容。相应的设计成果分别用建筑设计施工图中的总平面图、建筑平面图、建筑立面图、建筑剖面图以及必要的说明、图表等来表达。建筑空间设计既包括建筑内部单一空间的面积、形状、尺寸、门窗设置以及其组合布局,也包括建筑外部空间的布局、建筑与基地环境与建筑造型的设计等。

2. 建筑实体设计

建筑实体设计又称为建筑构造设计。主要研究建筑构件的构造原理、构造要点和构造做法。构造原理是研究建筑构造的功能机理,主要是解决建筑实体"如何满足功能要求"的问题。构造要点是在构造原理的基础上,提炼出建筑构造应解决的主要问题。构造做法又称实体做法,是建筑实体各部分的具体做法,通常用建筑详图(又称节点详图)来表达。

1.4.2　建筑设计的程序

建筑设计过程包括方案设计、初步设计、施工图设计和工程服务四个阶段。对于体量较小或设计施工技术相对简单的建筑工程,经有关主管部门同意,可在方案审批后直接进入施工图设计阶段。

方案设计主要解决建筑的功能、建筑的形象以及主要专业的建造方案等问题。这个阶段主要由建筑师来完成建筑的空间设计。设计成果主要有总平面图、建筑平面图、立面图、剖面图及效果图和必要的方案说明。

初步设计是方案设计审批后,建筑、结构、给排水、消防、强弱电、防雷等各个专业,在建筑方案的基础上,以建筑设计为主导,进一步完善、协调所形成的初步统一的设计文件。

施工图设计是在初步设计审批后,完成符合"按图施工"要求的建筑施工图、结构施工图和设备施工图。

工程服务是建筑设计过程的重要组成部分,要求各专业建筑设计人员及时解决工程实施过程中的设计问题。

建筑设计各阶段设计文件的编制应当遵循以下几个原则。

(1)设计文件的编制必须贯彻执行国家和地方相关工程建设的政策和法令,符合国家和地方工程建设标准、设计规范(规程)和制图标准,遵守设计工作的合理程序。

(2)各阶段的设计文件应当完整齐全,内容深度要符合相关规定,文字说明和图纸表达要清晰、准确,设计文件必须经过严格校审。

1.4.3　建筑设计的依据

建筑设计的依据主要包括:

(1)项目批文。包括立项批文、土地使用批准文件、项目可行性研究报告批文、初步设计批文、合资协议书,以及城市规划、建设、消防、人防、航空、文物保护、交通设施、绿化等政府行政管理部门对建筑设计的要求。

(2)设计任务书。建设单位签发的设计委托书及对建筑使用功能、布局、形象等方面的要求。

(3)人与家具设备的尺度。包括合理的人体尺度及活动所需的空间,家具、设备正常使用所需要的空间以及使用人员结构对建筑的影响。图1-17所示为人体尺度,图1-18所示为人体活动。

在进行房间布置时,应首先确定家具、设备的数量,了解每件家具、设备的基本尺寸以及使用家居时所需活动空间的大小,这些都是考虑房间内部空间大小的重要依据。图1-19所示为民用建筑常用的家具尺寸。

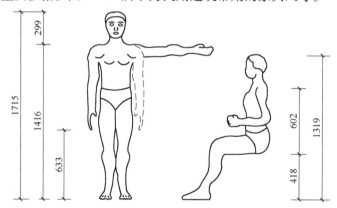

图1-17　人体尺度

(4)自然条件。包含气象、水文、地质条件及地震烈度等。

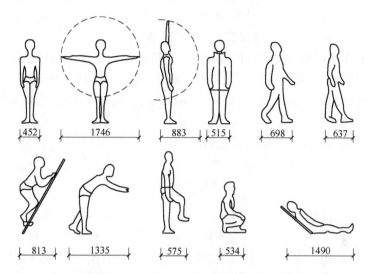

图 1-18　人体活动所需的空间尺度

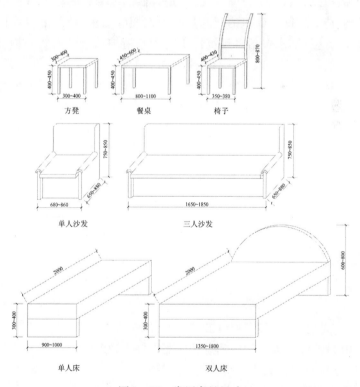

图 1-19　常用家具尺寸

（5）有关技术准则及建筑设计规范。包含建筑类别、防火等级、抗震烈度、人防等级和建筑及装修标准及相关规范等。

（6）建筑模数协调统一标准。建筑模数包括基本模数和导出模数（扩大模数和分模数）。基本模数的数值为 100mm，用 1M 表示，即 1M = 100mm；扩大模数分别为：3M、6M、12M、15M、30M、60M；分模数的数值分别为 1/10M、1/5M、1/2M。

（7）可作为设计依据的其他相关文件。

本 章 小 结

本章主要讲述了建筑的概念、建筑的分类、建筑的耐火等级和防火分区以及建筑设计的相关概念。重点内容包括：建筑的概念，建筑发展的源泉和动力，建筑的构成要素与我国的建筑方针，建筑的分类，建筑的耐火等级，防火分区，建筑设计的内容程序和依据。

建筑的概念包含三个方面含义：一是人们的需要；二是一定的建设条件；三是人为创造的空间。建筑的起源是源于人们的需求，建筑的发展也是源于人们的需求，这种需求包括对建筑物质功能和精神功能的需要。物质技术条件是创造建筑的基础。因此，我国的建筑方针涵盖了构成建筑的三要素，阐述了建筑的功能、物质技术条件、建筑形象之间的依存关系。关于建筑的分类，不同建筑的名称，形式上是以一定的分类方式给建筑界定的名称标签，它既是人们在社会活动中交流、表述的需要，更是对各种建筑归类、研究和认识的总结。建筑设计的使用年限和耐火等级是建筑的两个重要指标，也是建筑设计的重要依据。建筑设计包括建筑空间设计和建筑实体设计，是一种创造性劳动，其成果用平面图、立面图、剖面图、详图及相关的说明等形式表达。建筑设计的程序是建筑设计过程中必须遵守的先后顺序，它是由建筑设计的客观规律和管理要求来决定的。由于建筑体量大、建造工期长以及建筑的唯一性等特点，要求建筑设计的程序和依据更科学、更合理。

思考题与习题

1. 什么是建筑？建筑物与构筑物的区别是什么？
2. "山洞、树杈"等原始的栖息场所能否称为建筑？
3. 简述建筑的构成要素与我国的建筑方针。
4. 建筑发展的源泉和动力是什么？

5. 简述建筑的功能、物质技术条件和建筑的形象之间的关系。

6. 古埃及、古希腊、古罗马创造的不朽建筑成就主要体现在哪些方面？

7. 民用建筑按层数和高度是如何分类的？

8. 建筑设计的使用年限是如何划分的？

9. 什么是建筑的耐火等级？

10. 举例说明建筑的耐火等级在建筑设计中的作用。

11. 什么是建筑构件的耐火极限与燃烧性能？

12. 防火分区的意义是什么？举例说明防火分区的做法。

13. 建筑设计的主要内容是什么？

14. 建筑设计程序包括哪些阶段？

15. 建筑设计的主要依据是什么？

16. 建筑模数在建筑设计中意义是什么？

17. 基本模数、扩大的模数、分模数的数值分别是多少？

第2章 建筑平面设计

建筑平面设计主要是研究建筑总平面布局与基地环境的关系及其内部空间的构成。建筑平面设计包括建筑总平面设计和建筑平面设计。

建筑平面设计是形成建筑合理化空间序列的过程。之所以称为建筑平面设计,是因为其设计成果用建筑平面图来表达。建筑平面设计实质上是空间设计,建筑平面图表达的也是建筑空间的内容。各层的建筑平面图所表达的空间范围不同。例如:底层建筑平面图一般应表达底层窗台以下(含窗台)至室内外地坪所包含的空间,二层平面图则是表达二层窗台(含二层窗台)以下至一层窗台(不含一层窗台)以上的空间,以此类推。因此,底层平面图应表现台阶、散水等;二层平面图应表现雨蓬等。建筑平面设计的主要要求如下:

(1)平面布置应当根据建筑的使用性质、功能、工艺要求来进行合理化的布局。

(2)平面布置的柱网设置、开间、进深大小等定位轴线的尺寸,应当符合现行国家标准《建筑模数协调统一标准》等相关标准的规定。

(3)根据使用功能,应该将大多数房间尤其是重要房间布置在拥有良好的日照、采光、通风和景观的部位。对有私密性要求的房间,应当设置门窗、屏风、植被等阻挡视线。

(4)平面布置应当具有一定的灵活性。

(5)处于地震频繁地区的建筑,平面布置要规整,不宜设置错层。

2.1 单一空间的平面设计

建筑的内部空间包括两大类:单一空间(即使用房间和辅助房间)及交通联系空间(或称交通联系部分)。使用房间包括主要使用房间(简称使用房间)和辅助使用房间(辅助房间)。使用房间是指为满足人们的直接使用需求而设计的空间,如教学楼中的报告厅、各种教室、实验室、教师办公室等。辅助房间是指为满足使用空间内人们的其他使用要求而设置的辅助空间,如盥洗室、浴室、厕所等。交通联系空间是连接使用房间和辅助房间的纽带,它把各个单一的空间合理地组合起来,形成完整统一的建筑空间。

2.1.1　使用房间和辅助房间的平面设计

1. 使用房间的类型

根据人们对使用功能不同的需要,各类建筑包括了不同类型的使用房间。

住宅楼的使用房间和辅助房间包括卧室、起居室、餐厅、书房、储藏室、厨房、卫生间等。

办公楼的使用房间和辅助房间包括办公室、接待室、会议室、资料室、厕所等。

门诊楼的使用房间和辅助房间包括问讯处、挂号处、门诊室、急诊室、治疗室、手术室、候诊室、收费处、取药处(药房)等。

教学楼的使用房间和辅助房间包括普通教室、双班教室、阶梯教室、音乐教室、语音教室、计算机教室、画室、教师职工休息室、卫生间等。

2. 使用房间的设计要求

(1)满足使用功能的要求。包括家具、设备的布置及其使用的空间要求、门窗设置的要求,有光线、声音效果等特殊要求的使用房间,如教室、报告厅、放映厅、音乐厅等,还应满足其相应的视线、音响效果要求。

(2)满足物质技术条件的要求。物质技术条件是建筑设计蓝图建设成为现实的基础,脱离了现有物质技术条件的建筑设计,只能是纸上谈兵。物质条件和技术条件的改善和提高,也是建筑从业人员,特别是建筑技术人员所肩负的责任。

(3)满足建筑形象的要求。使用房间的形状、比例、尺寸、尺度、色彩、质感等方面,对建筑内部空间氛围营造都会产生直接的影响。

3. 使用房间设计规定举例

(1)江苏省住宅设计标准 DGJ 32 J26—2006 规定,各类住宅套型的使用面积及阳台面积不宜小于表 2-1。住宅各功能空间的使用面积不应小于表 2-2 的规定。

表 2-1　套型面积要求

套型	使用面积/(m²/套)	阳台投影面积/(m²/套)
一类	44	4
二类	57	5
三类	75	5(设双阳台为8)
四类	85	5(设双阳台为8)

表 2-2　住宅功能空间使用面积

房间名称			套型	使用面积/m²	备注
基本空间	卧室	主卧室	各类套型	14	
		双人卧室	各类套型	10	
		单人卧室	各类套型	6	
	起居室		一类	12	
			二类	15	
			三、四类	18	
	厨房		一、二类	5	兼餐厅时不应小于10m²
			三、四类	6	
	卫生间		一类	3	
			二、三类	4	三类设双卫生间时增加3m²
			四类	8	应设双卫生间
	储藏室（壁橱）		一、二类	1.2	
			三、四类	2	
辅助空间	餐厅		三类	7	可和起居室结合布置
			四类	10	
	工作室（书房）		三、四类	7	可以有针对性地选择
	儿童室		三、四类	6	

（2）《办公建筑设计规范》JGJ 67—2006 中规定,普通办公室内每人使用面积不应小于 4m²,单间办公室净面积不应小于 10m²。

设计绘图室,每人使用面积不应小于 6m²;研究工作室每人使用面积不应小于 5m²。

中、小会议室可分散布置;小会议室使用面积宜为 30m²,中会议室使用面积宜为 60m²;中小会议室每人使用面积:有会议桌的不应小于 1.80m²,无会议桌的不应小于 0.80m²。

（3）《中小学校建筑设计规范》GBJ 99—86 中规定,学校主要使用房间的使用面积指标宜符合表 2-3 的规定。

（4）《民用建筑设计通则》GB 50352—2005 中规定,厕所和浴室隔间的平面尺寸不应小于表 2-4 的规定。

4. 使用房间设计实例

实例一,普通住宅卧室。轴线尺寸 3.6m×4.5m,墙厚 200mm,使用面积

表 2-3　学校主要使用房间的使用面积指标

房间名称	按使用人数计算每人所占面积/m²			
	小学	普通中学	中等师范	幼儿师范
普通教室	1.10	1.12	1.37	1.37
实验室	—	1.80	2.00	2.00
自然教室	1.57	—	—	—
史地教室	—	1.80	2.00	2.00
美术教室	1.57	1.80	2.84	2.84
书法教师	1.57	1.50	1.94	1.94
音乐教室	1.57	1.50	1.94	1.94
舞蹈教室	—	—	—	6.00
语言教室	—	—	2.00	2.00
计算机教室	1.57	1.80	2.00	2.00
计算机附属用房	0.75	0.87	0.95	0.95
演示教室	—	1.22	1.37	1.37
合班教室	1.00	1.00	1.00	1.00

表 2-4　厕所和浴室隔间平面尺寸

类别	平面尺寸(宽度×深度)/m×m
外开门的厕所隔间	0.90×1.20
内开门的厕所隔间	0.90×1.40
医院患者专用厕所隔间	1.10×1.40
无障碍厕所隔间	1.40×1.80(改建用 1.00×2.00)
外开门淋浴隔间	1.00×1.20
内设更衣凳的淋浴隔间	1.00×(1.00+0.60)
无障碍专用浴室隔间	盆浴(门扇向外开启)2.00×2.25 淋浴(门扇向外开启)1.50×2.35

14.62m²。室内主要家具为:双人床 1.8m×2.0m、床头柜 0.35m×0.45m、电视柜 0.35m×2.2m、挂衣橱 0.65m×1.8m,其布置如图 2-1 所示。

实例二,普通住宅客卫。轴线尺寸 1.8m×3.6m,墙厚 200mm,使用面积 5.78m²。室内主要卫生设备的布置,从左到右依次为:洗浴间 0.8m×1.7m、座便器

0.9m×1.7m、洗漱台盆0.9m×1.7m、洗衣机0.75m×1.7m,如图2-2所示。

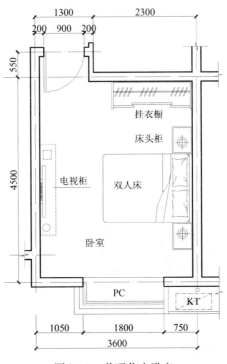

图2-1　普通住宅卧室

实例三,普通住宅厨房。轴线尺寸2.2m×3.6m,墙厚200mm,使用面积6.8m²。室内主要家具设备布置:组合厨柜(包括燃气灶、水槽、台面等)宽0.65m、电冰箱0.6m×0.75m,如图2-3所示。

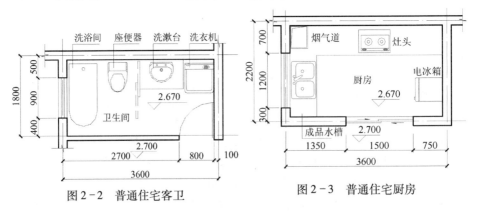

图2-2　普通住宅客卫　　　　　　　图2-3　普通住宅厨房

实例四,带卫生间的主卧室。轴线尺寸(2.2+4.5)m×3.6m,使用面积20.66m²。主卧室主要家具有:双人床 1.8m×2.0m、床头柜 0.35m×0.45m、电视柜 0.35m×2.2m、挂衣橱 0.65m×1.8m。主卫生间设备布置:淋浴间 1.1m×1.1m、座便器 0.9m×1.2m、洗漱台 0.6m×0.9m,如图 2-4 所示。

实例五,某办公楼普通办公室,室内主要布置办公桌椅和文件柜,如图 2-5 所示。

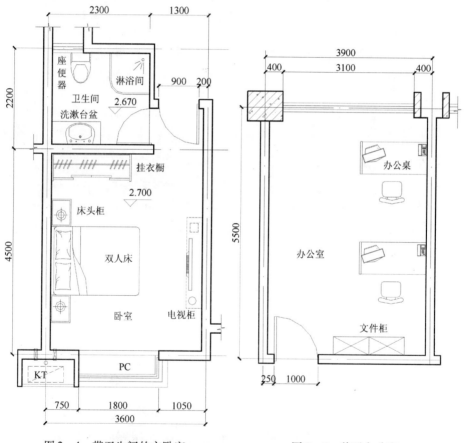

图 2-4　带卫生间的主卧室　　　　图 2-5　普通办公室

实例六,某教学楼报告厅,如图 2-6 所示。

实例七,某高校教学楼 130 座教室,如图 2-7 所示。

实例八,某办公楼厕所,如图 2-8 所示。

实例九,某警察训练馆,如图 2-9 所示。

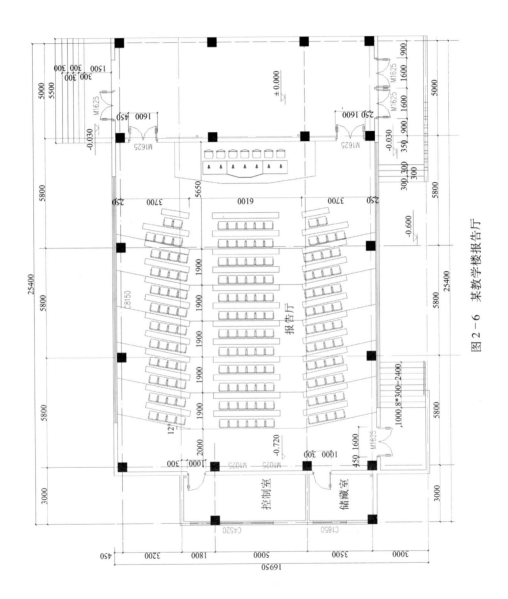

图 2-6　某教学楼报告厅

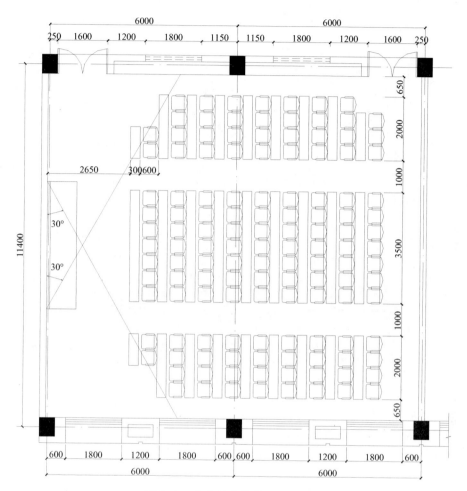

图 2－7　某高校教学楼 130 座教室

2.1.2　交通联系空间的平面设计

1. 交通联系空间的类型与设计要求

交通联系空间分为水平交通联系空间和竖向交通联系空间。水平交通联系空间包括入口(含主入口、次入口)、门厅(主门厅、次门厅)、走廊(内走廊、外走廊)、连廊、过厅等。竖向交通联系空间包括楼梯、坡道、电梯、自动扶梯等。交通联系空间的设计要求,主要应注重以下几点:

(1)实用性。主要体现在平面布局的合理,空间尺寸适当,便于使用空间的布置和使用,甚至延伸使用空间的部分功能。例如:门诊部的主门厅,可兼

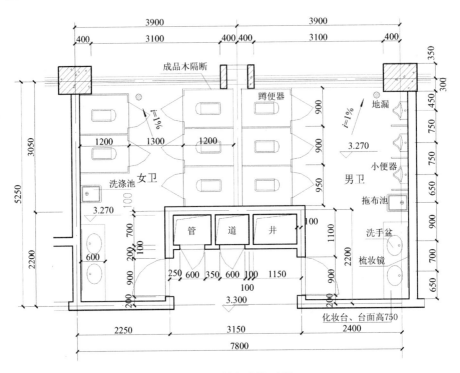

图 2-8　某办公楼厕所

顾交通联系和相关辅助功能。门诊部的走廊，兼作候诊室时可加宽至 3m。图书馆的大厅，除交通枢纽的功能外，通常还包含布置宣传展示、查询处、总服务台等功能。教学楼间隔扩大的走廊，既具有使用空间的联系功能，又是同学进行课间休息、交流等行为活动的空间。

（2）经济性。应注重例行节约，讲求实效，兼顾功能、经济和美观，实现三者的统一。

（3）美观性。相对于使用房间而言，交通联系空间属于公共空间，人流量更大、接触面更广。公共建筑的设计，交通联系空间装修标准通常高于普通的使用房间。例如：某教学楼普通教室地面为普通水磨石，而走道地面则采用彩色水磨石。关于主入口、主门厅，作为建筑的内部门面，在建筑设计中，应有所侧重。

（4）安全性。《建筑设计防火规范》GB 50016—2006，从安全疏散的角度制定了平面与竖向交通联系空间的设计规定。以下对"民用建筑的安全疏散"的规定，将作详述。

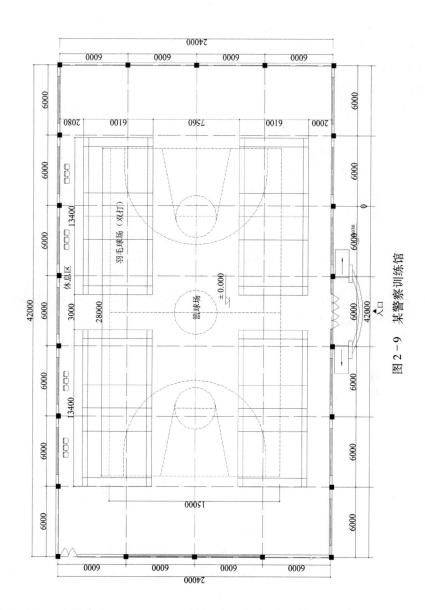

图 2 - 9　某警察训练馆

（5）导向性。建筑物的入口、门厅、走道、过厅的设计，通过其位置、形式、材料选用等方面的设计，应当具有良好的导向性。根据人们的需要，自然地引导人们进入建筑，通过交通联系空间，直至进入每一个使用空间。

（6）可达性。可达性包含到达目的场所便捷和可停留两个方面。例如：在商业建筑设计中，外部空间可达性的设计缺陷会导致客源的流失，而内部空间可达性的设计问题会导致空间使用的混乱。一些地处繁华地带的商业建筑只是因为停车场地的缺陷，导致生意清淡，换一个商家也依然如故。

2. 民用建筑的安全疏散

民用建筑的安全疏散是建筑平面设计的重要内容，《建筑设计防火规范》GB 50016—2006，第 5.3 节"民用建筑的安全疏散"共 18 条规定（5.3.1 ~ 5.3.18）中，有 14 条强制性条文。规范中以黑体字标志的条文为强制性条文。以下序号（1）~（18）分别对应规范 5.3.1 ~ 5.3.18 的条文。

（1）民用建筑的安全出口应分散布置。每个防火分区、一个防火分区的每个楼层，其相邻 2 个安全出口最近边缘之间的水平距离不应小于 5.0m。

（2）公共建筑内的每个防火分区、一个防火分区内的每个楼层，其安全出口的数量应经计算确定，且不应少于 2 个。当符合下列条件之一时，可设一个安全出口或疏散楼梯。

① 除托儿所、幼儿园外，建筑面积小于等于 200m² 且人数不超过 50 人的单层公共建筑。

② 除医院、疗养院、老年人建筑及托儿所、幼儿园的儿童用房和儿童游乐厅等儿童活动场所等外，符合表 2-5 规定的 2、3 层公共建筑。

表 2-5　公共建筑可设置 1 个疏散楼梯的条件

耐火等级	最多层数	每层最大面积/m²	人数
一、二级	3 层	200	第二层和第三层人数之和不超过 50 人
三级	3 层	200	第二层和第三层人数之和不超过 25 人
四级	2 层	200	第二层人数不超过 15 人

（3）老年人建筑及托儿所、幼儿园的儿童用房和儿童游乐厅等儿童活动场所宜设置在独立的建筑内。当必须设置在其他民用建筑内时，宜设置独立的安全出口，并应符合本规范第 5.1.7 条的规定。

（4）一、二级耐火等级的公共建筑，当设置不少于 2 部疏散楼梯且顶层局部升高部位的层数不超过 2 层、人数之和不超过 50 人、每层建筑面积小于等于 200m² 时，该局部高出部位可设置 1 部与下部主体建筑楼梯间直接连通的疏散楼梯,但至少应另外设置 1 个直通主体建筑上人平屋面的安全出口,该上人屋面应符合人员安全疏散要求。

（5）下列公共建筑的室内疏散楼梯应采用封闭楼梯间（包括首层扩大封闭楼梯间）或室外疏散楼梯。

① 医院、疗养院的病房楼。

② 旅馆。

③ 超过 2 层的商店等人员密集的公共建筑。

④ 设置有歌舞娱乐放映游艺场所且建筑层数超过 2 层的建筑。

⑤ 超过 5 层的其他公共建筑。

（6）自动扶梯和电梯不应作为安全疏散设施。

（7）公共建筑中的客、货电梯宜设置独立的电梯间,不宜直接设置在营业厅、展览厅、多功能厅等场所内。

（8）公共建筑和通廊式非住宅类居住建筑中各房间疏散门的数量应经计算确定,且不应少于 2 个,该房间相邻 2 个疏散门最近边缘之间的水平距离不应小于 5.0m。当符合下列条件之一时,可设置 1 个。

① 房间位于 2 个安全出口之间,且建筑面积小于等于 120m²,疏散门的净宽度不小于 0.9m。

② 除托儿所、幼儿园、老年人建筑外,房间位于走道尽端,且由房间内任一点到疏散门的直线距离小于等于 15.0m 、其疏散门的净宽度不小于 1.4m。

③ 歌舞娱乐放映游艺场所内建筑面积小于等于 50m² 的房间。

（9）剧院、电影院和礼堂的观众厅,其疏散门的数量应经计算确定,且不应少于 2 个。每个疏散门的平均疏散人数不应超过 250 人;当容纳人数超过 2000 人时,其超过 2000 人的部分,每个疏散门的平均疏散人数不应超过 400 人。

（10）体育馆的观众厅,其疏散门的数量应经计算确定,且不应少于 2 个,每个疏散门的平均疏散人数不宜超过 400 人 ~700 人。

（11）居住建筑单元任一层建筑面积大于 650m²,或任一住户的户门至安全出口的距离大于 15m 时,该建筑单元每层安全出口不应少于 2 个。当通廊式非住宅类居住建筑超过表 2 - 6 规定时,安全出口不应少于 2 个。居住建筑的楼梯间设置形式应符合下列规定。

① 通廊式居住建筑当建筑层数超过 2 层时,户门应采用乙级防火门。

② 其他形式的居住建筑当建筑层数超过 6 层或任一层建筑面积大于 500m² 时,应设置封闭楼梯间,当户门或通向疏散走道、楼梯间的门、窗为乙级

表2-6 通廊式非住宅类居住建筑可设置一个疏散楼梯的条件

耐火等级	最多层数	每层最大面积/m²	人数
一、二级	3层	500	第二层和第三层人数之和不超过100人
三级	3层	200	第二层和第三层人数之和不超过100人
四级	2层	200	第二层人数不超过30人

防火门、窗时,可不设置封闭楼梯间。居住建筑的楼梯间宜通至屋顶,通向平屋面的门或窗应向外开启。

当住宅中的电梯井与疏散楼梯相邻布置时,应设置封闭楼梯间,当户门采用乙级防火门时,可不设置封闭楼梯间。当电梯直通住宅楼层下部的汽车库时,应设置电梯候梯厅并采用防火分隔措施。

(12) 地下、半地下建筑(室)安全出口和房间疏散门的设置应符合下列规定。

① 每个防火分区的安全出口数量应经计算确定,且不应少于2个。当平面上有2个或2个以上防火分区相邻布置时,每个防火分区可利用防火墙上1个通向相邻分区的防火门作为第二安全出口,但必须有1个直通室外的安全出口。

② 使用人数不超过30人且建筑面积小于等于500m²的地下、半地下建筑(室),其直通室外的金属竖向梯可作为第二安全出口。

③ 房间建筑面积小于等于50m²,且经常停留人数不超过15人时,可设置1个疏散门。

④ 歌舞娱乐放映游艺场所的安全出口不应少于2个,其中每个厅室或房间的疏散门不应少于2个。当其建筑面积小于等于50m²且经常停留人数不超过15人时,可设置1个疏散门。

⑤ 地下商店和设置歌舞娱乐放映游艺场所的地下建筑(室),当地下层数为3层及3层以上或地下室内地面与室外出入口地坪高差大于10m时,应设置防烟楼梯间;其他地下商店和设置歌舞娱乐放映游艺场所的地下建筑,应设置封闭楼梯间。

⑥ 地下、半地下建筑的疏散楼梯间应符合本规范第7.4.4条的规定。

(13) 民用建筑的安全疏散距离应符合下列规定。

① 直接通向疏散走道的房间疏散门至最近安全出口的距离应符合表2-7的规定。

② 直接通向疏散走道的房间疏散门至最近非封闭楼梯间的距离,当房间

位于两个楼间之间时,应按表2-7的规定减少5.0m;当房间位于袋形走道两侧或尽端时,应按表2-6的规定减少2.0m。

③ 楼梯间的首层应设置直通室外的安全出口或在首层采用扩大封闭楼梯间。当层数不超过4层时,可将直通室外的安全出口设置在离楼梯间小于等于15.0m处。

④ 房间内任一点到该房间直接通向疏散走道的疏散门的距离,不应大于表2-7中规定的袋形走道两侧或尽端的疏散门至安全出口的最大距离。

(14)除本规范另有规定者外,建筑中的疏散走道、安全出口、疏散楼梯以及房间疏散门的各自总宽度应经计算确定。

安全出口、房间疏散门的净宽度不应小于0.9m,疏散走道和疏散楼梯的净宽度不应小于1.1m;不超过6层的单元式住宅,当疏散楼梯的一边设置栏杆时,最小净宽度不宜小于1.0m。

(15)人员密集的公共场所、观众厅的疏散门不应设置门槛,其净宽度不应小于1.4m,且紧靠门口内外各1.4m范围内不应设置踏步。剧院、电影院、礼堂的疏散门应符合本规范第7.4.12条的规定。人员密集的公共场所的室外疏散小巷的净宽度不应小于3.0m,并应直接通向宽敞地带。

表2-7　直接通向疏散走道的房间

疏散门至最近安全出口的最大距离(单位:m)

名　　称	位于两个安全出口之间的疏散门			位于袋形走道两侧或尽端的疏散门		
	耐火等级			耐火等级		
	一、二级	三级	四级	一、二级	三级	四级
托儿所、幼儿园	25.0	20.0	—	20.0	15.0	—
医院、疗养院	35.0	30.0	—	20.0	15.0	—
学校	35.0	30.0	—	22.0	20.0	—
其他民用建筑	40.0	35.0	25.0	22.0	20.0	15.0

注:1. 一、二级耐火等级的建筑内的观众厅、展览厅、多功能厅、餐厅、营业厅和阅览室等,其室内任何一点至最近安全出口的直线距离不宜大于30.0m;
2. 敞开式外廊建筑的房间疏散门至安全出口的最大距离可按本表增加5.0m;
3. 建筑物内全部设置自动喷水灭火系统时,其安全疏散距离可按本表规定增加25%;
4. 房间内任一点到该房间直接通向疏散走道的疏散门的距离计算:住宅应为最远房间内任一点到户门的距离,跃层式住宅内的户内楼梯的距离可按其梯段总长度的水平投影尺寸计算

(16)剧院、电影院、礼堂、体育馆等人员密集场所的疏散走道、疏散楼梯、疏散门、安全出口的各自总宽度,应根据其通过人数和疏散净宽度指标计算确定,并应符合下列规定。

① 观众厅内疏散走道的净宽度应按每 100 人不小于 0.6m 的净宽度计算,且不应小于 1.0m;边走道的净宽度不宜小于 0.8m。在布置疏散走道时,横走道之间的座位排数不宜超过 20 排;纵走道之间的座位数:剧院、电影院、礼堂等,每排不宜超过 22 个;体育馆,每排不宜超过 26 个;前后排座椅的排距不小于 0.9m 时,可增加 1.0 倍,但不得超过 50 个;仅一侧有纵走道时,座位数应减少 1/2。

② 剧院、电影院、礼堂等场所供观众疏散的所有内门、外门、楼梯和走道的各自总宽度,应按表 2-8 的规定计算确定。

③ 体育馆供观众疏散的所有内门、外门、楼梯和走道的各自总宽度,应按表 2-9 的规定计算确定。

④ 有等场需要的入场门不应作为观众厅的疏散门。

(17) 学校、商店、办公楼、候车(船)室、民航候机厅、展览厅、歌舞娱乐放映游艺场所等民用建筑中的疏散走道、安全出口、疏散楼梯以及房间疏散门的各自总宽度,应按下列规定经计算确定。

表 2-8　剧院、电影院、礼堂等场所每 100 人所需最小疏散净宽度(单位:m)

观众厅座位数(座)			≤2500	≤1200
耐火等级			一、二级	三级
疏散部位	门和走道	平坡地面	0.65	0.85
		阶梯地面	0.75	1.00
	楼梯		0.75	1.00

表 2-9　体育馆每 100 人所需最小疏散净宽度(单位:m)

观众厅座位数档次/座			3000~5000	5001~10000	10001~20000
疏散部位	门和走道	平坡地面	0.43	0.37	0.32
		阶梯地面	0.50	0.43	0.37
	楼梯		0.50	0.43	0.37

① 每层疏散走道、安全出口、疏散楼梯以及房间疏散门的每 100 人净宽度不应小于表 2-10 的规定;当每层人数不等时,疏散楼梯的总宽度可分层计算,地上建筑中下层楼梯的总宽度应按其上层人数最多一层的人数计算;地下建筑中上层楼梯的总宽度应按其下层人数最多一层的人数计算。

② 当人员密集的厅、室以及歌舞娱乐放映游艺场所设置在地下或半地下时,其疏散走道、安全出口、疏散楼梯以及房间疏散门的各自总宽度,应按其通过人数每 100 人不小于 1.0m 计算确定。

③ 首层外门的总宽度应按该层或该层以上人数最多的一层人数计算确定,不供楼上人员疏散的外门,可按本层人数计算确定。

④ 录像厅、放映厅的疏散人数应按该场所的建筑面积 1.0 人/m² 计算确定;

其他歌舞娱乐放映游艺场所的疏散人数应按该场所的建筑面积 0.5 人/m² 计算确定。

⑤ 商店的疏散人数应按每层营业厅建筑面积乘以面积折算值和疏散人数换算系数计算。地上商店的面积折算值宜为 50%~70%,地下商店的面积折算值不应小于 70%。疏散人数的换算系数可按表 2-10、表 2-11 确定。

表 2-10 疏散走道、安全出口、疏散楼梯和房间

疏散门每 100 人的净宽度(单位:m)

楼层位置	耐火等级		
	一、二级	三级	四级
地上一、二层	0.65	0.75	1.00
地上三层	0.75	1.00	—
地上四层及四层以上各层	1.00	1.25	—
与地面出入口地面的高差不超过 10m 的地下建筑	0.75	—	—
与地面出入口地面的高差超过 10m 的地下建筑	1.00	—	—

表 2-11 商店营业厅内的疏散人数换算系数(单位:人/m²)

楼层位置	地下二层	地下一层、地上第一、二层	地上第三层	地上第四层及四层以上各层
换算系数	0.80	0.85	0.77	0.60

(18)人员密集的公共建筑不宜在窗口、阳台等部位设置金属栅栏,当必须设置时,应有从内部易于开启的装置。窗口、阳台等部位宜设置辅助疏散逃生设施。

2.2 组合空间的平面设计

组合空间的平面设计不是简单的单一空间的拼接,而是要使建筑空间形成一定的序列性。它是一项全面解决建筑空间功能形式问题的综合工作。例如,在毛坯交付的住宅设计中,建筑师往往只是注重基本的家居功能,把后期的空间设计和业主的个性要求留到精装修阶段由业主自行完成,而毛坯房的设计不是建筑设计的终端。因此,建筑设计应综合考虑空间、交通、结构、形式、设备等全面使用问题。例如,精装修住宅建筑设计,提出了"全面家居解决方案",要求全面解决住宅的"八大系统问题",即"公共空间系统、玄关系统、厅房空间系统、厨房空间系统、卫浴空间系统、住宅收纳空间系统、家政空间系统、家居智能化系统",旨在全面解决建筑的功能问题。

2.2.1 建筑空间组合的基本原则

1. 主次分明

根据使用房间的主次进行合理的布局,当条件受限时,应当优先满足主要使用房间的功能。例如:住宅中的主次卧室之间、卧室与厨房、卫生间之间,应将相对主要的使用房间布置在朝向较好的位置。办公楼的办公室与资料室之间、教学楼的教室与实验室之间亦是如此。

2. 内外有别

综合建筑的各类功能相对独立,要求功能分区合理,各功能区相对独立又相互联系。例如:食堂的操作间、仓库等食堂与餐厅之间的关系,前者是食堂职工的工作场所,而后者是就餐的空间。再如:车站的购票处、候车厅与站台、停车场之间,教学楼的教学区与办公区之间,音乐教学区与普通教学区之间的关系,都应根据其使用功能、动静关系进行合理布局、科学组合。

3. 联系分隔

联系与分隔的程度是建筑空间组合必定面临、必须解决的设计问题。空间组合中,一堵实墙可以分隔两个空间,而一堵镂空墙是空间形式的分隔,视线则可以联系交流。一扇门,关闭是分隔,而打开则可联系。两个房间套间式的联系方式,则比走道式的联系更加紧密。因此,正确地判断和设定各类空间联系与分隔的程度是空间组合的基础,然后才可能实现功能分区、合理布局、科学组合。

4. 交通流畅

建筑空间是静态的,而使用空间的人们则是流动的,静态的空间决定了交通的流线。交通流线的便捷、顺畅,是空间组合的重要任务,这在使用流程明确的建筑中尤为关键。例如:门诊部患者的空间使用流程为问询—挂号—候诊—就诊—缴费—检查(或取药)等。航空港旅客的空间使用流程为问讯(购票)—办理登机手续—安检—候机—登机等。需要指出的是使用流程并不是一成不变的,它还会受到管理模式、建筑智能化模式等因素的影响。例如:住宅区物业保安管理是围墙式、集中式管理,还是分栋管理、设大堂管家?若设大堂管家,是24h岗位值班管理,还是白天、夜间分时段管理? 又如:浴室的设计中,是集中更衣和休息,还是更衣、休息分别布置? 再如:图书馆的门禁系统,是全馆控制? 还是部分控制? 这些因素都影响了空间的设计与组合。

5. 结构合理

结构合理是完美建筑必须具备的特质。合理的建筑空间结构,要求各个单一空间的建筑构件在平面上交接组合得当,在竖向空间上符合构件的上下组合的传承关系。

6. 造型美观

建筑空间的组合不仅影响内部空间的形式,而且影响外部空间的形式。建筑造型美观是指从内部到外部、从整体到局部的全面的美观,而不仅仅是某一方面。

7. 管线集中

管线集中有利于缩短管线长度、降低造价、空间简洁。现代建筑中往往包括给水、排水、供电、消防、空调、通信、网络、燃气等多种管线,大多强弱电、给排水管线均可集中布置。例如:平面空间常用桥架集中布线,垂直方向则集中于竖向的电井、水井。

2.2.2　建筑空间组合的形式

1. 走道式

各个房间通过走道连接起来,房间相对独立,私密性好,可以获得较大的进深。一般教学楼、办公楼、医院门诊楼等中小型民用建筑多采用这种组合形式。按照走道的数量和位置有 4 种形式,如图 2-10 所示。

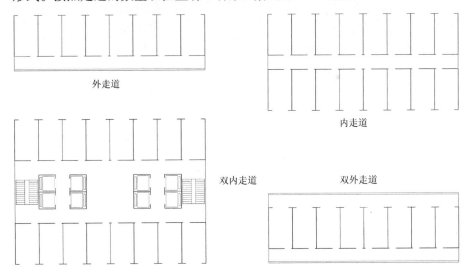

外走道

内走道

双内走道　　　双外走道

图 2-10　走道式组合

(1)外走道。走道一般位于南面,以获得较好的采光,一般用于较小的教学楼、办公楼。

(2)内走道。走道在中间,采光较差,但利用率较高,多用于规模较大的教学楼、办公楼、门诊楼等。

（3）双外走道。两侧设置走道,行走舒适、便于观光,相对奢华,较少采用。

（4）双内走道。两条内走道之间设置电梯、楼梯,交通联系方便,且集中,与使用空间相对独立,多用于大型教学楼、科研楼、商场等建筑。

2. 套间式

使用房间之间相互穿套,不再通过走道连接。套间式组合平面布置紧凑,利用率高,但相互干扰较大。套间式组合多用于纪念馆、展览馆、博物馆等建筑。

（1）串联式组合。各使用空间按照一定的顺序依次贯通、首尾相连,其整体性和次序性十分明显,通常用于博物馆、陈列馆等建筑。图2-11为某展览馆平面组合示意,从入口到出口一次性贯通。

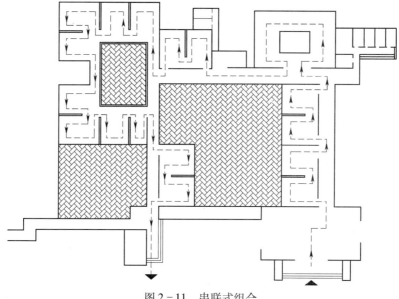

图2-11　串联式组合

（2）自由分隔组合。把一个较大的空间分成若干的小空间,小空间中间相互穿套,又没有明确的界限,组合更加灵活多变。图2-12为巴塞罗那博览会德国馆平面组合示意。

（3）放射式组合。各使用空间围绕主体空间或交通枢纽呈放射状布置,各使用空间既相互独立,有联系紧密,多用于博物馆、图书馆、商场等建筑。图2-13为北京中国人民抗日战争纪念馆平面组合示意。

3. 大厅式

主功能大空间与其他较小功能空间的组合,通常也用走道相连。大厅式

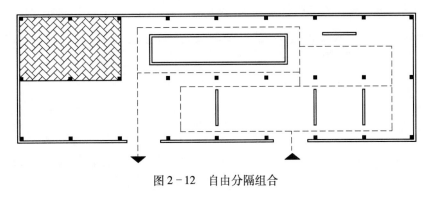

图 2 - 12　自由分隔组合

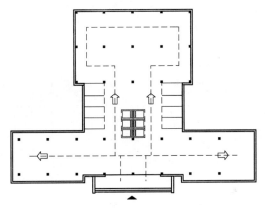

图 2 - 13　放射式组合

组合常用于体育馆、影剧院等建筑。

4. 单元式

数个功能空间组合成相对完整的单元,可进一步组合所需的建筑。住宅最常用的组合方式即为单元式组合。

5. 综合式

根据建筑设计的具体需要,将上述建筑空间组合形式的任意两种或两种以上混合使用,以获得更加灵活多变、丰富多彩的艺术效果和使用利益。

2.2.3　建筑组合空间平面设计实例

实例一,某五层办公楼。

该办公楼为 5 层框架结构,总长(轴线,下同)60m,总宽 15m,层高 3.6m。平面组合形式为内走道,主入口在中间,3 间作为门厅,其余两边对称布置。图 2 - 14 为底层平面图。

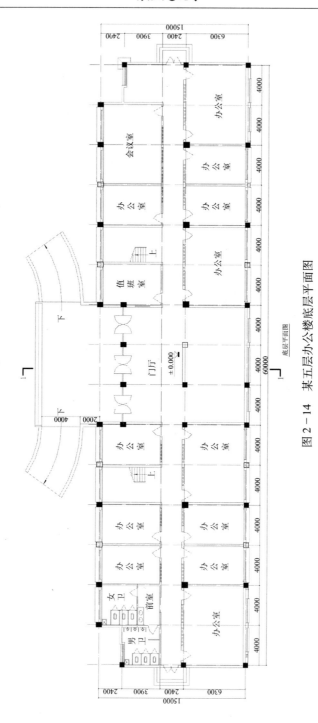

图 2 – 14 某五层办公楼底层平面图

实例二,某 6 层职工宿舍。

该工程为某职工宿舍,6 层框架结构,总长 40.44m,总宽 11.9m,层高 2.8m,底层层高 2.4m,为车库。平面组合形式为单元式组合,由两个对称的一梯两户单元组成。进门后是一个走道,通过走道进入客厅、卧室、卫生间、娱乐室等,盥洗间由娱乐室穿套进入。所以该平面组合也属于穿套式组合。图 2–15 为底层平面图。

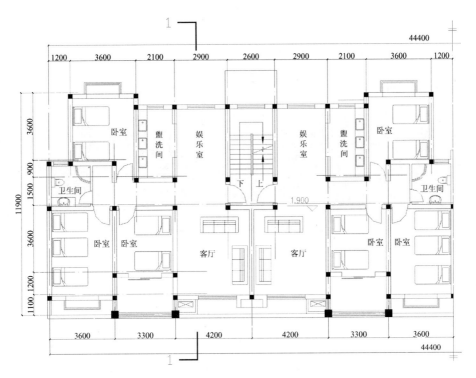

图 2–15　某职工宿舍底层平面图(半边)

实例三,某火车站。

该火车站候车厅的平面组合属于综合式的。候车厅位于中央,通过候车厅直通两侧的各功能房间,属于放射状的联系。两侧的功能房间又通过走道连接,一条内走道连接各使用空间。走道尽头又通过套间组合联系其他空间。如图 2–16 所示。

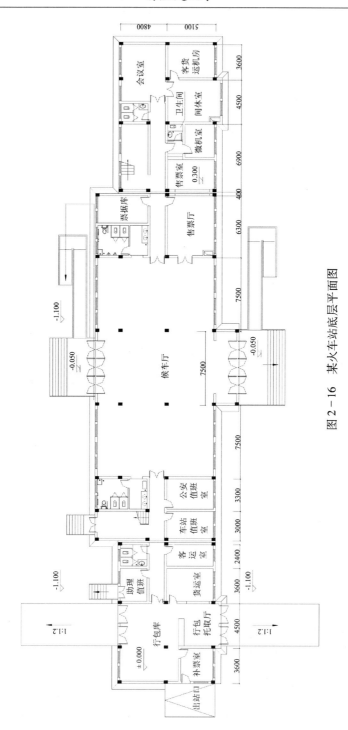

图 2 – 16　某火车站底层平面图

2.3 建筑总平面设计

2.3.1 建筑总平面设计的内容

建筑总平面设计包括单体建筑的定位设计及其周边环境关系设计,其成果用建筑总平面图表达。单体建筑的定位设计是通过其周边已有建筑等标志物确定拟建建筑的平面位置,竖向位置通常用绝对标高来确定。周边环境关系设计包括道路(广场)、绿化、小品布置等。

1. 基地内外道路的设计要求

基地应与道路红线相邻接,否则应设基地道路与道路红线所划定的城市道路相连接。基地内建筑面积小于或等于 $3000m^2$ 时,基地道路的宽度不应小于4m,基地内建筑面积大于 $3000m^2$ 且只有一条基地道路与城市道路相连接时,基地道路的宽度不应小于7m,若有两条以上基地道路与城市道路相连接时,基地道路的宽度不应小于4m。

2. 基地机动车出入口位置要求

(1) 与大中城市主干道交叉口的距离,自道路红线交叉点量起不应小于70m。

(2) 与人行横道线、人行过街天桥、人行地道(包括引道、引桥)的最边缘线不应小于5m。

(3) 距地铁出入口、公共交通站台边缘不应小于15m。

(4) 距公园、学校、儿童及残疾人使用建筑的出入口不应小于20m。

(5) 当基地道路坡度大于8%时,应设缓冲段与城市道路连接。

(6) 与立体交叉口的距离或其他特殊情况,应符合当地城市规划行政主管部门的规定。

3. 基地沿城市道路的长度的要求

基地沿城市道路的长度应按建筑规模和疏散人数确定,并不少于基地周长的1/6。

4. 基地或建筑物的主要出入口的要求

基地或建筑物的主要出入口不得和快速道路直接连接,也不得直对城市主要干道的交叉口。

5. 建筑突出物的限制

(1) 建筑物及附属设施不得突出道路红线和用地红线建造,不得突出的建筑突出物如下:

① 地下建筑物及附属设施,包括结构挡土桩、挡土墙、地下室、地下室底

板及其基础、化粪池等。

② 地上建筑物及附属设施,包括门廊、连廊、阳台、室外楼梯、台阶、坡道、花池、围墙、平台、散水明沟、地下室进排风口、地下室入口、集水井、采光井等。

③ 除基地内连接城市的管线、隧道、天桥等市政公共设施外的其他设施。

(2)经当地城市规划行政主管部门批准,允许突出道路红线的建筑突出物应符合下列规定:

情况一,在有人行道路面上空:

① 2.50m 以上允许突出建筑构件:凸窗、窗扇、窗罩、空调机位,突出的深度不应大于 0.50m。

② 2.50m 以上允许突出活动遮阳,突出宽度不应大于人行道宽度减 1m,并不应大于 3m。

③ 3m 以上允许突出雨篷、挑檐,突出的深度不应大于 2m。

④ 5m 以上允许突出雨篷、挑檐,突出的深度不宜大于 3m。

情况二,在无人行道的路面上空:4m 以上允许突出建筑构件:窗罩,空调机位,突出深度不应大于 0.50m。

情况三,建筑突出物与建筑本身应有牢固的结合。

情况四,建筑物和建筑突出物均不得向道路上空直接排泄雨水、空调冷凝水及从其他设施排出的废水。

6. 建筑日照标准要求

(1)每套住宅至少一室获得日照,应符合 GB 50180 的规定。

(2)宿舍半数以上的居室,应能获得同住宅居住空间相等的日照标准。

(3)托儿所、幼儿园的主要生活用房,应能获得冬至日不小于 3h 的日照标准。

(4)老年人住宅、残疾人住宅的卧室、起居室,医院、疗养院半数以上的病房和疗养室,中小学半数以上的教室应能获得冬至日不小于 2h 的日照标准。

7. 道路设计

(1)机动车单车道宽度不小于 4m,双车道宽度不小于 7m,人行道不小于 1.5m。

(2)沿街建筑应设连通街道和内院的人行通道,其间距不宜大于 80m。

(3)地下车库出入口距基地道路的交叉路口或高架路的起坡点不应小于 7.50mm。

(4)地下车库出入口与道路垂直时,出入口与道路红线应保持不小于 7.5m 的安全距离。

(5)地下车库出入口与道路平行时,应经不小于 7.5m 缓冲车道让入基地道路。

（6）基地内道路边缘至建筑物、构筑物的最小距离,应符合表2-12的规定。

表2-12　城市居住区道路边缘至建筑的最小距离（m）

道路条件			居住区道路	居住小区道路	组团及宅间小路
建筑物面向道路	无出入口	高层	5.0	3.0	2.0
		多层	3.0		
	有出入口		—	5.0	2.5
建筑物山墙面向道路		高层	4.0	2.0	1.5
		多层	2.0		
围墙面向道路			1.5		

8. 竖向设计

（1）基地地面坡度不应小于0.2%;地面坡度大于8%时应分成台地。

（2）机动车行道纵坡应8%≥i≥0.2%,其坡长不应大于200m,个别路段可≥11%,但长度应≤80m;道路横坡宜为1%~2%,多雪地区i≤5%,坡长≤600m。

（3）非机动车道0.2%≤i≤3%,坡长≤50m,多雪地区i≤2%,坡长≤100m,横坡=1%~2%。

（4）人行道纵坡0.2%≤i≤8%,横坡宜为1%~2%,多雪地区i≤4%。

2.3.2　建筑密度、容积率和绿地率

建筑设计应符合法定规划控制的建筑密度、容积率和绿地率。

（1）建筑密度。建筑密度是指在一定范围内,建筑物的基底面积总和占用地面积的比例（%）。

（2）容积率。容积率是指在一定范围内,建筑面积总和与用地面积的比值。

（3）绿地率。绿地率是指一定地区内,各类绿地总面积占该地区总面积的比例（%）。

2.3.3　建筑总平面设计与建筑规划设计的关系

建筑规划设计与建筑总平面设计是两个不同的设计阶段,建筑总平面设计是在单体设计阶段中,依据经规划行政管理部门审批的规划设计,进行的进一步的平面布局设计。它们都应符合城市规划对建筑的限定。

2.3.4　建筑规划与总平面设计实例

实例一,某土木工程馆总平面,如图2-17所示。

实例二,某人才公寓规划总平面,如图2-18所示。

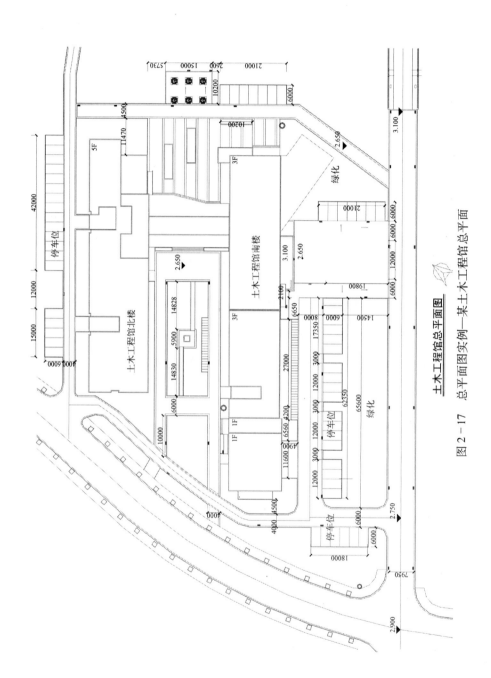

土木工程馆总平面图

图 2－17　总平面图实例－某土木工程馆总平面

人才公寓规划总平面图　1:500

图 2-18　总平面图实例—人才公寓规划总平面

本 章 小 结

建筑平面设计主要介绍了建筑总平面设计、单一空间的平面设计和组合空间的平面设计。重点内容包括：建筑总平面设计的内容与表达方法，建筑空间的构成，单一空间设计的过程和一般方法，民用建筑的安全疏散，建筑空间组合的主要原则和方法。

单一空间的平面设计包括使用房间、辅助房间和交通联系部分的平面设计，主要是确定单个内部空间的规模（面积）、形式（形状）、空间尺寸以及门窗设置等内容。把内部空间分解为使用房间、辅助房间和交通联系部分等三大部分，既明确了三类单一空间的功能地位，又可以分别按不同的单一空间特点和要求，总结相应的平面设计规律。

组合空间的设计是在合理的单一空间设计的基础上，解决好使用房间、辅助房间和交通联系部分之间的关系。建筑空间组合的规则主要有"主次分明、内外有别、联系分隔、交通流畅、结构合理、造型美观、管线集中"。这些规则既是在建筑设计过程中，建筑师进行空间设计的手段，也是评价建筑和理性的基本依据。建筑空间的平面组合是交通联系部分把若干使用房间和辅助房间有机地联系在一起，形成完整的建筑平面空间。常见的建筑平面空间组合形式有走道式、单元式、大厅式、套间式和混合式。应根据不同建筑的功能性质，合理地设计建筑空间的组合形式。

总平面设计是在特定的拟建场地上，确定符合地形状况、交通流线等要求的总平面形式和布局。总平面设计是建筑设计阶段，根据建筑规划设计，对拟建建筑的位置及其与周围环境关系的进一步深化。建筑总平面图与建筑平面规划图是不同的两个设计阶段的设计成果，二者不可混淆和替代。

思考题与习题

1. 建筑内部空间有哪些部分组成？

2. 举例说明教学楼、办公楼、宿舍楼、住宅楼等建筑分别包括哪些使用房间？

3. 使用房间的面积一般如何确定？

4、举例说明一般辅助房间设计的过程。

5. 中小学建筑的设计，为什么合班教室每生使用面积的指标小于普通教室？

6. 内开门的厕所隔间最小平面尺寸是多少?

7. 外开门的厕所隔间最小平面尺寸是多少?

8. 分析住宅建筑的厨房设备的布置与操作流程之间的关系。

9. 无障碍厕所隔间最小平面尺寸是多少?

10. 小学教学楼普通教室、合班教室每生使用面积的指标是多少?

11. 矩形的单一空间为什么能够在建筑设计中得到广泛应用?

12. 设计一 100 座的合班教室,要求进行家居布置并标注必要的尺寸。

13. 如何理解建筑的"导向性"?

14. 举例说明建筑的"可达性"对建筑使用的影响。

15. 防火分区的意义是什么?

16. "建筑设计防火规范"中规定的民用建筑的安全疏散包含哪些方面的内容?

17. 公共建筑的室内疏散楼梯应采用封闭楼梯间(包括首层扩大封闭楼梯间)或室外疏散楼梯的条件是什么?

18. 公共建筑只设置一个疏散门的条件是什么?

19. 直接通向疏散走道的房间疏散门至最近安全出口的最大距离是如何规定的?

20. 疏散走道、安全出口、疏散楼梯和房间疏散门的净宽度是如何规定的?

21. 简述建筑空间组合的基本原则。

22. 建筑空间组合的形式有哪些?

23. 建筑总平面图主要应表达的内容有哪些?

24. 建筑总平面图与建筑规划平面图有何区别?

25. 简述建筑密度、容积率和绿地率的概念。

26. 基地机动车出入口位置要求是什么?

第3章　建筑立面设计

建筑立面设计是对建筑的外部形象进行的立体空间设计。建筑立面设计成果(施工图)用建筑立面图来表达。建筑的外部形象包含了建筑整体的体型、局部的体块、体块与体块之间的关系、立面的构件(墙体、门窗、窗台、立柱、横梁、腰线、雨篷等)的形式、色彩、质感以及构件与构件之间的关系等丰富的外部空间元素。建筑立面设计的任务是组织和利用建筑的外部空间元素,创造完美的建筑形象。

3.1　建筑立面设计的要求

建筑设计既包含建筑技术设计,又包含建筑艺术设计。因此,人们常把建筑比喻为"立体的绘画"、"无言的诗歌"、"凝固的音乐",表达了建筑艺术与绘画、诗歌、音乐等视觉形象、文学形象、听觉形象的艺术形式美之间的共性。

建筑形式美是符合造型规律的建筑的外型带来的建筑美感,它是客观的,不以人的主观意志为转移的。建筑师在建筑立面设计中,只有遵循建筑造型的规律,即构图规则,才可能创造出完美的、赏心悦目的建筑。

审美是主观的,是人们对建筑形式内在的看法。不同的人对建筑形式有着不同的看法。即使是同一个人由于所处的时代不同、阅历不同、所掌握的知识不同,对同一建筑的理解也会产生差异。而不同的民族因美学取向不同,同样能创造出具有民族特色的建筑形式。

建筑立面设计的要求:

(1)建筑立面应符合建筑功能的要求。

(2)建筑立面应适应基地条件。

(3)建筑立面应符合城市规划要求。

(4)适应一定的社会物质技术条件,反映建筑材料和工程技术特点。

(5)符合建筑构图的基本规律,反映建筑的个性特征。

3.2　建筑构图的基本规则

建筑构图的基本规则是创造优美建筑视觉形象的基本规律的总结。建筑艺术与其他视觉形象艺术的构图基本规律是一致的,甚至与听觉艺术的表现规律也是相通的,有异曲同工之妙。

1. 统一与变化

统一是指建筑的完整性、一致性,它是建筑构图最基本的要求。其他的构图规律或手法,都是围绕统一来表现的。脱离了统一的建筑,是支离破碎的、杂乱无章的。

变化是指建筑形式的丰富性、多样性。没有变化的建筑,是单调无奇、枯燥无味的。统一与变化是通过建筑的立面元素(建筑构件)来表现的。统一与变化的关系是"统一中有变化"、"变化中求统一"。

2. 均衡与安定

均衡是指建筑各立面的构图等量而不一定等形的平衡,给人以安定的感觉。均衡包括静态的均衡和动态的均衡。

静态的均衡又包括对称的均衡和不对称的均衡。对称和均衡是互为联系的,对称能产生均衡感,均衡也包含着对称的因素。对称的均衡,如图3-1所示人民大会堂是指布局等量且等形的构图,给人安定感。等量而不等形的构图,虽然形式上不对称,但仍然可以给人以安定感,这就是不对称的均衡,如图3-2所示德国贸易博览会公司大楼。由此可见,不对称的均衡指的是量的对称,而不是形的对称。对称轴或均衡轴与地坪线交界处可称为对称中心或均衡中心,这里亦是人的视觉中心,为了强调建筑的导向性,往往将均衡中心设置为建筑的主入口。

图3-1　人民大会堂　　　　图3-2　德国贸易博览会公司大楼

动态的均衡是动态的过程中的一种静态表现。如将建筑设计成动态的流线型的弧线、弧面,或将建筑设计成飞鸟的外型,便把动态的建筑表现了出来。而其构图仍然是静态的,仍需创造等量而不一定等形的平衡构图,给人以安定的感觉。

3. 对比与微差

对比是指建筑构图中两部分之间显著的差异。微差则是指两者之间微小的差异。建筑构图利用体块、立面、线条、色彩等方面的显著差异强调形式的变化,丰富建筑的内容,以激发人的美感。而利用微差则能展现建筑连续和精巧的美感。如园林建筑的造景、借景手法中,长廊上漏窗的图案可各不相同,用构图的微差,达到既有统一的整体感,又有变化的丰富感,从而达到"一步一景"、"步移景异"的效果。

4. 韵律与节奏

建筑的韵律是指建筑整体构图中建筑构件有规律的重复出现。这样的布局形成形式上的节奏感,使人们将音乐与建筑两种不同门类的艺术联系在一起。因此,建筑素有"凝固的音乐"之称,相应地亦有"音乐是流动的建筑"之说。建筑的韵律分为连续的韵律、渐变的韵律和交错的韵律。连续的韵律是单一构件或一组构件有规律地重复出现。渐变的韵律是重复出现的构件有规律地逐渐变化。在渐变的韵律中,出现起伏的变化,称为起伏的韵律。交错的韵律是指两种以上的元素交替出现、相互交织、相互穿插,形成统一整体的构图。

5. 比例与尺度

建筑构图中的比例是指一个系统中的不同尺寸关系,如窗户里面的高度和宽度关系、建筑的长度和高度关系、同类构件的大小关系等。人们在简单的比例($1:1$、$1:2$、$2:3$ 等)、复杂的比例($1:\sqrt{2}$、$1:\sqrt{3}$ 等)、黄金分割比例($1:0.618$)等比例关系中都能创造出优美的建筑造型。由此可见,赋予实际功能和空间意义的比例关系才具有形式美的生命力。

尺度是建筑的整体或局部与人或人所熟悉的物体之间的尺寸关系,给人带来的大小感受。尺度分为正常的尺度、夸张的尺度和亲切的尺度。建筑的整体或局部的尺寸,给人的感觉大小适当、正常,称为正常的尺度。为了达到某种形式的设计效果,刻意放大构件或空间的尺寸,称为夸张的尺度。反之,小巧的构件、空间,则给人以亲切的感觉,称为亲切的尺度。

6. 色彩与质感

建筑色彩是建筑的反射或折射等光线给人的视觉效应。没有光就没有色。人们对某一物体颜色的感觉,会受到周围颜色的影响。建筑的外部构件因材质、位置等不同,必然构成不同的色彩组合。建筑与周围环境又会组成更大的色彩体系。色彩的组合包括同一色、调和色和对比色。追求建筑自身以及建筑与环境的色彩协调,可以通过建筑色彩合理组合,形成统一协调的空间环境。

　　色系包括有彩色系和无彩色系。有彩色系以红、橙、黄、绿、蓝、紫等为基本色,它们又可以变化成无数种色彩,都属于有彩色系。有彩色系具有三大属性:色相、明度和纯度。色相是区分色彩的主要依据,是色彩的最大特征。明度是色彩的明暗差别,即深浅差别。纯度是单种标准色成分的多少,它是反映色彩感觉强弱的标志。无彩色系指黑色、白色和深、浅不同的灰色组成。黑色是理想的完全吸收体,白色是理想的完全反射体,现实生活中均未呈现。无彩色系只有明度上的变化,而不具备色相和纯度的性质。越接近白色,明度越高;越接近黑色,明度越低。

　　建筑的质感是建筑表面材质、质量给人的感觉和印象。良好的质感可以提升建筑的外观品质,更能实现建筑形式美的效果。例如,玻璃饰面或透光、或反射,金属饰面或光亮、或亚光、或拉毛,涂料饰面或平面、或橘皮、或浮雕,石材饰面或光面、或烧毛、或机刨,都会给人不同的表观感受。建筑立面设计,并不是饰面材料的堆砌,也不是无意识的形成,而是深谙建筑的内涵和饰面材料的特质,恰当地选材、合理地配置,创造完美的建筑艺术形象。

7. 比拟与联想

　　建筑的比拟是利用建筑的整体或局部的形式表达所需的设计意境。这样的设计,往往使人浮想联翩,从而实现设计者与建筑、建筑与世人之间的互动、共享和联系。上海博物馆抬高的基座、厚重的墙面、高大的圆顶展现了渊博、沧桑和丰富的建筑气息,表现了内容与形式的统一,如图 3 - 3 所示。

　　古希腊柱式有多立克柱式、爱奥尼柱式和科林斯柱式 3 种形式,如图 3 - 4 所示。

图 3 - 3　上海博物馆

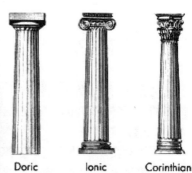

图 3 - 4　古希腊的 3 种柱式

（1）多力克柱式（又称陶立克柱式 Doric Order）。它是一种没有柱础的圆柱，直接置于阶座上，由一系列鼓形石料一个挨一个垒起来的，较粗壮宏伟。圆柱身表面从上到下都刻有连续的沟槽，沟槽数目的变化范围在 16～24 条之间。它又被称为男性柱。著名的雅典卫城（Athen Acropolis）的帕提农神庙（Parthenon）（图 3-5）即采用此柱式。

图 3-5　帕提农神庙

（2）爱奥尼克柱式（Ionic Order）。这种柱式比较纤细轻巧并富有精致的雕刻，柱身较长，上细下粗，但无弧度，柱身的沟槽较深，并且是半圆形的。上面的柱头有装饰带及位于其上的两个相连的大圆形涡卷所组成，涡卷上有顶板直接楣梁，给人一种轻松活波、自由秀丽的女人气质。它又被称为女性柱。它由于其优雅高贵的气质，广泛出现在古希腊的大量建筑中，如雅典卫城的胜利女神神庙（Temple of Athena Nike）和伊瑞克提翁神庙（Erechtheum）。

（3）科林斯柱式（Corinthian Order）。4 个侧面都有涡卷形装饰纹样，并围有两排叶饰，特别追求精细匀称，显得非常华丽纤巧。科林斯柱的比例比爱奥尼克柱更为纤细，柱头是用毛茛叶作装饰，形似盛满花草的花篮。相对于爱奥尼克柱，科林斯柱的装饰性更强，但是在古希腊建筑中的应用并不广泛，雅典的宙斯神庙（Temple of Zeus）采用的是科林斯柱式。

8. 稳定与轻巧

传统意义上的建筑稳定是下大上小、下重上轻、下实上虚，古埃及的金字塔是建筑稳定表现的极致。越来越多的现代建筑打破传统稳定概念的束缚，用现代的材料和结构创造了轻巧的建筑形象，展现出现代建筑绚丽丰富、精彩纷呈、动态平衡的建筑形象。

3.3　建筑体型与立面设计的基本方法

建筑的体型主要受使用功能、建筑节能和造型要求的影响。建筑的体型形式有单一体型和组合体型。

3.3.1　体型系数

《民用建筑节能设计标准》规定,建筑的体型系数(S)是指建筑物与室外大气接触的外表面积与其所包围的体积的比值。公共建筑物体型系数宜≤0.3。

3.3.2　单一体型的设计

单一的建筑体型容易获得统一感,但也易陷入单调、平淡与枯燥。在满足使用功能和建筑节能的前提下,在单一体型中创造丰富灵动的外型是建筑师应尽的责任。

某软件大厦,如图3-6所示。主楼两个弧形的体块相互交织,形成动态立体的画面。

图3-6　某软件大厦

某银行大楼,如图 3-7 所示。主楼强劲
的边墙、顶梁构成的框架与玻璃幕墙,构
建出丰富的立面造型。

北京摩根广场,如图 3-8 所示。主
楼顶部的变化,展现出建筑动态均衡的
美感。

某创意产业园多功能厅,如图 3-9
所示。圆形的墙面、蘑菇形的屋顶,倒映
在平静的水面上,别有一番意境。

3.3.3　组合体型的设计

两种及两种以上的体型构成的建筑
整体称为组合体型。体型组合的基本方
式有裙楼连接、直接连接、走廊连接、咬
合连接。

图 3-7　某银行大楼

图 3-8　北京摩根广场

（1）裙楼连接。图 3-10 所示为某国际商城。

（2）直接连接,简称"直接"。图 3-11 所示为某国际酒店。

（3）走廊连接,简称"廊接"。图 3-12 所示为某大学公共教学楼。

（4）咬合连接,简称"咬接"。图 3-13 所示为某地美术馆。

图 3-9 某创意产业园多功能厅

图 3-10 某国际商城

图 3-11 某国际酒店

图 3-12　某大学公共教学楼

图 3-13　某地美术馆

本 章 小 结

建筑立面设计主要应满足三个方面的要求:首先,建筑的外形应符合内部功能的要求和外部环境的要求;其次,建筑的外形应符合城市规划的要求,并与一定的物质技术条件相适应;第三,建筑的外形应符合建筑构图的基本规律,创造赏心悦目的建筑形式。

建筑构图的基本规则是本章的重点,也是建筑造型设计的基本理论。"统一与变化"是建筑构图的核心规则,其他诸如"均衡、安定、对比、微差、韵律、节奏、比例、尺度、色彩、质感、比拟、联想、稳定、轻巧"等都是围绕"统一与变化"来设计的。构图规则是建筑立面设计的基础,只有扎实掌握建筑造型设计的基本理论,才能提高建筑的审美能力和建筑立面设计能力。

建筑的体型与立面的设计,是建筑构图规则在建筑立面设计中的具体应用。根据对建筑的要求,建筑立面的形式可以是单一的体型,也可是组合的体型。单一体型的建筑立面设计中,如何利用建筑构件,如门窗、立柱、窗台、阳台、雨棚、压顶、遮阳构件分隔线条等,在统一的基础上,丰富建的立面、强化建筑的形式、提高建筑的表现力,是建筑立面设计的重要课题。组合体型的建筑立面设计中,走廊、直接、咬合和裙楼连接"的形式不同,给人带来的建筑感受也不一样。裙楼连接的建筑,表达了建筑相邻的两部分既相互独立,又有一定的联系;走廊和直接连接则通常表现出建筑相邻的两部分平等、亲密的构成关系;咬合连接会进一步加强相邻部分的联系,给人骨肉相连的感觉。因此,应根据不同建筑的性质确定建筑体型组合的方式。

思考题与习题

1. 简述建筑立面设计的要求。

2. "建筑的外形应符合内部功能的要求",与构图规则之间的联系是什么?

3. 构图规则的核心是什么?

4. 如何理解统一与变化之间的关系?

5. 简述均衡、对比、微差、韵律、比例、尺度、色彩、质感、比拟、稳定的定义。

6. 简述对称的均衡与不对称的均衡在建筑设计中的意义。

7. 简述均衡中心在建筑设计中的意义。

8. 举例说明对比与微差在建筑立面设计中的应用。

9. 举例说明韵律在立面设计中的应用。

10. 建筑制图中的比例与构图规则中的比例有何区别?

11. 举例说明建筑立面设计中是如何利用比例关系来实现建筑外形的统一的?

12. 不同的尺度会给人带来怎样的建筑感受?

13. 简述尺度与尺寸的区别于联系。

14. 色彩与质感有什么区别?

15. 举例说明稳定与轻巧在不同建筑立面设计中的应用。

16. 选择一组单一体型的建筑,分析是如何利用变化来丰富建筑立面的?

17. 举例说明建筑立面设计中是如何利用线条来加强建筑立面的表现力的?

18. 常见的建筑体型组合的方式有哪些?

19. 举例说明组合体型的建筑中,不同的组合方式表现怎样的建筑形象?

20. 用建筑实例说明不同的建筑体型组合方式,是如何实现建筑造型的统一的?

第4章　建筑剖面设计

4.1　建筑剖面设计的内容

　　建筑剖面设计是确定建筑竖向内部空间的过程。其设计成果(施工图)用建筑剖面图来表达。建筑剖面设计应反映建筑竖向空间的形式、尺寸、标高,以及主要构件的形式、尺寸、位置和相互关系。建筑剖面设计与建筑平面设计和建筑立面设计是密不可分的,它们从不同的角度来确定和反映建筑空间和构件。

　　图4-1、4-2分别是某6层住宅1-1剖面和某5层办公楼1-1剖面实例。

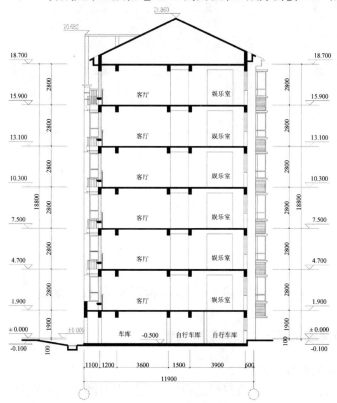

图4-1　某6层职工住宅1-1剖面

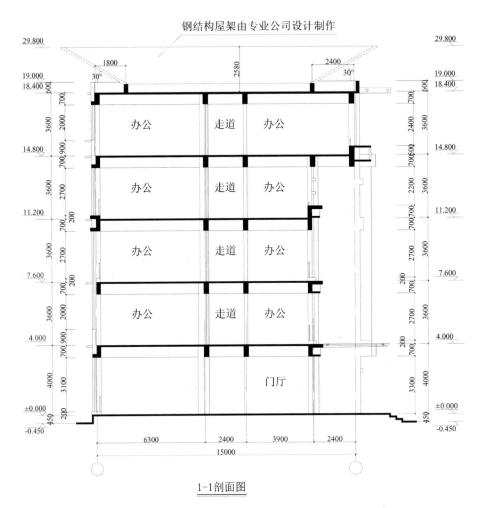

1-1剖面图

图 4-2　某 5 层办公楼 1-1 剖面图

4.2　房间的剖面形式和建筑层数的确定

4.2.1　房间的剖面形式及其影响因素

1. 房间的剖面形式

　　由楼(地)面、墙体及顶棚组成的单一建筑空间的形式可分为三大类。第一类为矩形空间,由水平的楼(地)面、顶棚和四个墙面围合而成,是最常见的房间剖面形式,其纵、横剖面及平面均为矩形。第二类为阶梯空间,其楼(地)面为阶梯状或坡状,平面和横剖面通常仍为矩形,而纵剖面的地面为阶梯或坡道。第三类为异形空间,除上述剖面形式外,均称为异形空间。三类房间的剖面形式举例如下:

1) 矩形剖面空间

矩形剖面空间是普通教室、卧室、办公室、诊室等常采用的剖面形式,这种形式适用、经济又不失美观,因此为绝大部分建筑的一般使用空间所采用。图4-3所示为某教学楼矩形空间的平面。图4-4所示为某教学楼矩形空间的横剖面。图4-5所示为某教学楼矩形空间的纵剖面。

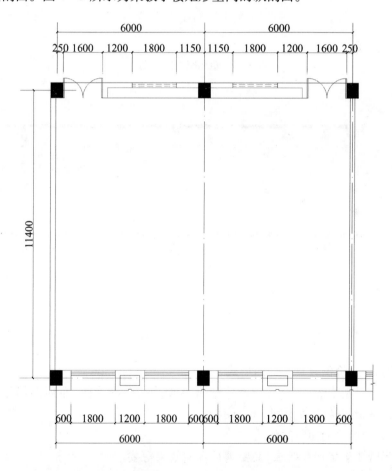

图4-3 矩形空间的平面

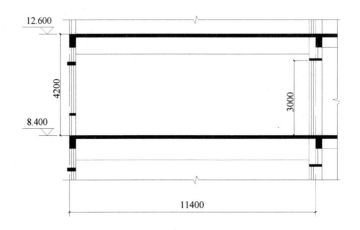

图 4 - 4　矩形空间的横剖面

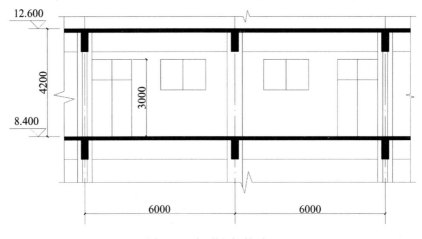

图 4 - 5　矩形空间的平面

2）普通阶梯教室的剖面形式

为满足视线的要求,阶梯教室通常逐步抬高后排地面,而顶部仍保持为水平的梁板式楼盖,如图 4 - 6 所示。

3）异形的剖面空间形式

当既要满足视线要求,又要满足音响效果等要求时,一些报告厅、演艺厅等空间的剖面形式不仅逐步抬高后排地面,而且根据声学要求降低台口处的吊顶高度,以控制厅堂内的音响效果,如图 4 - 7 所示。

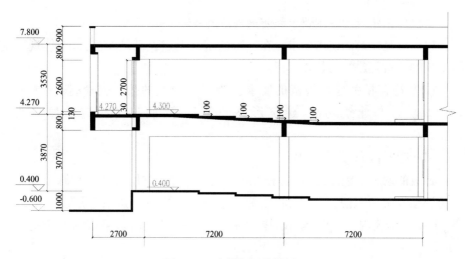

图 4-6　阶梯空间的纵剖面

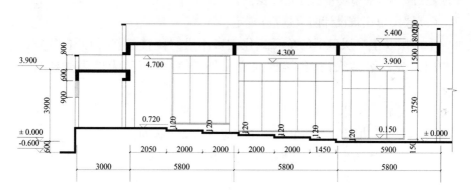

图 4-7　异形空间的纵剖面

2. 影响房间剖面形式的因素

（1）人体活动、家具、设备布置及其使用空间的要求。

（2）采光、通风、卫生的要求。

（3）物质技术条件。

（4）视线和音响效果的要求。

4.2.2　建筑层数的确定

影响建筑层数的主要因素包括建筑的功能、技术经济和造型三个方面。

1. 功能方面

主要包括建筑的使用要求和防火规范的要求。

（1）满足建筑的使用要求。在有限的基地上建设满足业主要求、体现业主形象的建筑是建筑的首要目标。

（2）符合相关建设规范的要求。为保证建筑的公共安全，国家规范对建筑层数与建筑功能、建筑形式的关系等，明确了相应的强制性规定。

《建筑设计防火规范》规定：

建筑的耐火等级为三级时，托儿所、幼儿园的儿童用房及儿童游乐厅等儿童活动场所和医院、疗养院的住院部分不应设置在三层及三层以上或地下、半地下建筑内。商店、学校、电影院、剧院、礼堂、食堂、菜市场不应超过2层。

建筑的耐火等级为四级时，学校、食堂、菜市场、托儿所、幼儿园、医院等不应超过1层、菜市场不应超过2层。

《高层民用建筑设计防火规范》规定：

十一层及十一层以下的单元式住宅可不设封闭楼梯间，但开向楼梯间的户门应为乙级防火门，且楼梯间应靠外墙，并应直接天然采光和自然通风。

十二层至十八层的单元式住宅应设封闭楼梯间。

十九层及十九层以上的单元式住宅应设防烟楼梯间。

十一层及十一层以下的通廊式住宅应设封闭楼梯间；超过十一层的通廊式住宅应设防烟楼梯间。

2. 技术经济方面

现代结构技术、材料技术、施工技术的发展，使建设更高、更大的建筑成为可能。在技术经济方面，建筑层数的确定应考虑相应的技术水平、施工条件、地方材料的应用、用地成本、建设成本、基础设施的投入等。例如：建筑层数少，则容积率低、用地成本高、管线等基础设施投入大。

3. 建筑造型方面

（1）建筑的层数在一定条件条件下，受到建筑造型的制约。

（2）建筑造型应与基地环境相协调。

（3）建筑造型应符合城市规划的要求。

4.3　建筑剖面高度的确定和建筑剖面空间的组合设计

4.3.1　建筑的层高和室内净高的确定

影响建筑层高和室内净高确定的因素包括:

(1) 使用功能方面,应符合人员、家具、采光、通风、卫生等功能要求。

(2) 经济条件方面,应达到结构合理、构造适当、经济节能等要求。

(3) 美观要求方面,空间感与建筑的要求相适应。

1. 建筑的层高

建筑的层高是指建筑物各层之间以楼、地面面层(完成面)计算的垂直距离,屋顶层由该层楼面面层(完成面)至平屋面的结构面层或至坡顶的结构面层与外墙外皮延长线的交点计算的垂直距离。建筑层高应结合建筑使用功能、工艺要求和技术经济条件总和确定,并符合专用建筑设计规范的要求。

2. 建筑的室内净高

建筑的室内净高是指从楼、地面面层(完成面)至吊顶或楼盖、屋盖地面之间的有效使用空间的垂直距离。有效空间是指吊顶或楼板或梁底面至楼地面的垂直距离。当楼盖、屋盖的下悬构件或管道底面影响有效空间时,应按最低处垂直距离计算。建筑物用房的室内净高应符合专用建筑设计规范的规定,地下室、局部夹层、走道等有人员正常活动的最低处的净高不应小于2m。

3.《住宅建筑设计规范》规定

(1) 普通住宅层高不宜高于2.80m。

(2) 卧室、起居室(厅)的室内净高不应低于2.40m,局部净高不应低于2.10m,且其面积不应大于室内使用面积的1/3。

(3) 利用坡屋顶内空间作卧室、起居室(厅)时,其1/2面积的室内净高不应低于2.10m。

(4) 厨房、卫生间的室内净高不应低于2.20m。

(5) 卫生间、卫生间内排水横管下表面与楼面、地面净距不应低于1.90m,且不得影响门、窗扇开启。

4. 几种标高的概念

建筑施工图中,建筑空间和构件的高度通常用标高来表示。不同的位置和构件往往采用不同的标高体系。

(1) 相对标高与绝对标高。相对标高是一栋建筑以其主要室内地面为基准(±0.000)所建立的标高体系。绝对标高是以一个国家或地区统一规定的基准面作为零点的标高。我国规定以青岛附近黄海的平均海平面作为标高的零点。

建筑施工图一般用相对标高表达建筑空间和构件的高度,在建筑施工说明中,通常应标明,"±0.000相当于黄海高程××米"。由此反映出相对标高与绝对标高之间的换算关系,从而使拟建建筑能够落到实处。

(2)建筑标高和结构标高。相对标高包括建筑标高和结构标高。建筑标高又称光面标高,即完成了建筑装修面处的标高,建筑施工图中的楼地面、屋顶、女儿墙等处的标高均为建筑标高。结构标高又称毛面标高,即装修面完成前的结构面的标高。建筑施工图中一般将窗台、窗顶、梁底处的标高用结构标高表示。

4.3.2 窗台高度与窗顶高度的确定

1. 窗台高度

民用建筑(除住宅外)临空窗台低于0.8m时,应采取防护措施,防护高度由楼地面起计算不应低于0.8m。住宅窗台低于0.9m时,应采取防护措施,防护高度由楼地面起计算不应低于0.9m。开向公共走道的窗扇,其底面高度不应低于2m。《住宅建筑设计规范》规定:

(1)外窗窗台距楼面、地面的高度低于0.90m时,应有防护措施,窗外有阳台或平台时可不受此限制。

(2)底层外窗和阳台门、下沿低于2m且紧邻走廊或公用上人屋面的窗和门,应采取防护措施。

(3)面临走廊或凹口的窗,应避免视线干扰。向走廊开启的窗扇不应妨碍交通。

(4)住宅户门应采用安全防卫门。向外开启的户门不应妨碍交通。

2. 窗顶高度

侧窗窗顶的高度应符合采光设计的要求。一般要求双侧采光的窗顶高度(自地面起算)不低于房间进深的1/4。单侧采光则不低于1/2。

4.3.3 室内外高差的确定

室内外高差经常考虑3级台阶,即-0.450m左右,当底层为架空层或库房类的空间时,为阻止室外雨水浸入,同时方便室内外的联系,常考虑-0.150m左右的高差,可做一级台阶或坡道。当需要体现建筑的气势,也可考虑更大的室内外高差,甚至做成室外大台阶。

4.3.4　可能积水处的楼地面高度的确定

建筑施工图的相对标高通常是以首层主要室内为基准,即 ±0.000。但每层地面(或楼面)的标高设计,除空间设计要求外,在可能积水处应做相应的调整。如卫生间、室外台阶的平台、阳台等,通常低于主要的室内地面30mm ~ 50mm,为可能积水的地面,在施工时做成流向地漏等排水口的坡度提供有效的空间。应当指出,建筑图标注的可能积水底面的标高,如 − 0.050,并非一个水平面,而是利用该高差,做成坡向地漏等排水口的坡面。当卫生间要求同层排水时,其结构层顶面比一般室内结构层顶面要下降150mm 左右,保证同层排水足够的排水管道空间。在楼层上,此处称为"降板"。

4.3.5　建筑剖面空间的组合设计的原则与形式

1. 建筑剖面空间组合设计的原则

1) 功能合理

建筑剖面空间组合设计应进行合理的功能分区,避免相互干扰,保证正常使用。主要的使用功能分区的形式如下:

按动、静分区。例如:在教学楼设计中,应处理好普通教室、音乐教室、语音教室、舞蹈教室、计算机教室、实验室、教师休息室等使用房间之间的关系。

按使用人数和频繁程度分区。例如:在办公楼设计中,应处理好普通办公室、较大的会议室、接待室、资料室、活动室等不同使用人数和频繁程度的房间之间的关系。

按干湿分区。例如:在住宅建筑设计中,应处理好卧室、起居室与卫生间、浴室等干湿不同的房间之间的关系。《民用建筑设计通则》规定,出本套住宅外,住宅卫生间不应直接布置在下层的卧室、起居室、厨房和餐厅的上层。

按客户的使用流线和消费心理习惯分区。例如:在商场、超市设计中,应根据客户的使用流线和消费心理习惯合理布置食品部、百货部、服装部、家电部、餐饮部、超市及影院等不同的商业区域。

2) 结构合理

建筑剖面空间的组合,应与建筑结构相适应。

承重结构上下关系。应处理好结构构件上下之间的传承关系,避免出现"空中楼阁"等不合理的结构形式。

相近空间的归类。有利于柱网的布置,保证空间的统一,结构的合理。

3) 造型美观

建筑空间组合应符合建筑形式美的基本规律。

2. 建筑剖面空间组合的形式

1）重复小空间组合

这类空间的特点是大小、高度相等或相近,房间数量较多,功能要求应相对独立。一般采用走道式和单元式的组合方式,如住宅、学校、办公楼等。组合中常将高度相同、使用性质相近的房间组合在同一层上,以楼梯将各垂直排列的空间联系起来。这类空间组合结构简单、组合方便,对结构设计和施工以及结构的抗震十分有利。

2）大小空间组合

（1）以大空间为主穿插小空间

对体育馆、影剧院等以大空间（比赛大厅和观众厅）为主体的建筑,在其周围布置小空间,或将小空间布置在大厅看台下面,充分利用看台下的结构空间。这种组合方式能正确处理好空间的采光、通风以及运动员、工作人员的通行问题。如图4-8所示。

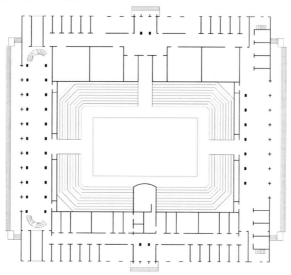

图4-8　体育场馆空间组合

（2）以小空间为主灵活布置大空间

部分建筑中有个别空间较大,如教学楼中的大教室或办公楼中的会议室等,可将其放在底层或顶层某一端,或单独设立,与主体建筑通过连廊连接。如图4-9所示。

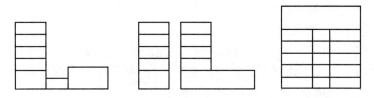

图 4 – 9　个别大空间与主体建筑的组合

3）错层组合

对某些功能相差较大的空间,如教学楼中的教室(层高一般为 3.6m ~ 4.0m)与办公室(层高一般为 3.0m ~ 3.3m)其层高相差较大,可采用错层的方式进行组合,将层高相近的集中在一起,通过楼梯连接,或设置台阶。如图 4 – 10 所示。

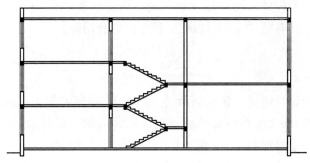

图 4 – 10　错层组合

4）台阶式空间组合

台阶式空间组合的特点是建筑由下而上逐步内收。这种组合为人们提供了进行户外活动及绿化布置的露天平台,同时在建筑的总体布局中也可以减小楼间距,节约用地。

4.4　建筑室内空间的处理和利用

4.4.1　建筑室内空间的处理

1. 空间的形状与比例

空间的形状与比例是空间设计的基本要素。

2. 空间的体量与尺度

正常的尺度体现空间的实用性,亲切的尺度能够彰显空间的亲切感,适当的夸张更显建筑的适用。

3. 空间的分割与联系

建筑空间常用一些分割构件,如隔墙、隔断、屏风、漏窗等,有的是完全的隔离,有的是空间的分隔而有视线的联系,有的是有限的空间分隔而又有胡同的空间,使建筑空间更加生动、丰富、有趣。

4. 空间的过渡

空间的过渡不仅实现了功能的完整,同时也延续了到达另一个空间的时间,所谓"用空间换时间",因此建筑不仅是一门空间的艺术,而且,在一定意义上也是一门时间的艺术,如玄关、过厅、前厅等。

4.4.2 建筑室内空间的利用

建筑室内空间的利用可以使建筑的空间使用更充分、形式更丰富,如夹层空间、上部空间、结构空间、楼梯、走道空间的利用等。

本 章 小 结

建筑剖面设计讲述了建筑剖面设计的内容,房间的剖面形式和建筑层数的确定,建筑剖面高度的确定和建筑剖面空间的组合设计,建筑室内空间的处理和利用。重点内容包括:建筑标高、结构标高、相对标高、绝对标高的概念,建筑的层高、净高、窗台高度、窗顶高度、楼地面标高、室内外高差等建筑剖面高度的确定,侧窗高度对室内采光的影响,建筑剖面的空间关系及其表达方法,建筑空间的合理利用。

思考题与习题

1. 建筑剖面设计主要表达哪些内容?
2. 简述建筑剖面设计与建筑平面设计、立面设计之间的关系。
3. 常见的房间的剖面形式有哪些?
4. 影响房间剖面形式的主要因素是什么?
5. 影响建筑层数的主要因素包括哪些方面?
6. 举例说明建筑层数对建筑设计的影响。
7. 建筑标高与结构标高的概念。
8. 相对标高与绝对标高的概念。
9. 相对标高的 ±0.000 一般是以什么为基准来确定的?

10. 建筑的层高与净高的概念。

11. 举例说明规范对建筑净高的要求。

12. 住宅与其他民用建筑窗台的高度要求有何区别？

13. 简述侧窗采光对房间进深的影响。

14. 建筑剖面空间组合设计的原则是什么？

15. 建筑剖面空间组合的主要形式有哪些？

16. 举例说明合理利用建筑空间的具体做法。

17. 测绘一栋多层建筑的剖面图。

第2篇 民用建筑实体设计

第5章 建筑实体设计概论

建筑实体由各种构件、部件组成,建筑实体设计是建筑设计不可分割的一部分。它具有实践性强和综合性强的特点,其中的内容涉及建筑材料、建筑物理、建筑力学、建筑结构、建筑施工以及建筑经济等多方面。

5.1 建筑的组成

建筑类型多样,标准不一,但建筑物都由相同的部分组成。一座建筑物主要由屋基、屋身、屋顶组成,屋基包括基础和地坪,屋身包括墙柱和门窗,楼房还包括楼板和楼梯等。建筑物基本组成如图5-1所示。

1. 基础

基础是房屋底部与地基接触的承重构件,它承受房屋的上部荷载,并把这些荷载传给地基,因此基础必须坚固稳定,安全可靠,并能抵御地下各种因素的侵蚀。

2. 墙体

墙是建筑物承重构件和围护构件,包括承重墙与非承重墙。承重结构建筑的墙体,承重与围护合一,骨架结构体系建筑墙体的作用是围护与分隔空间。墙体要有足够的强度和稳定性,具有保温、隔热、隔声、防火、防水的能力。墙体的种类较多,有单一材料的墙体,有复合材料的墙体。综合考虑围护、承重、节能、美观等因素,设计合理的墙体方案,是建筑构造的重要任务。

3. 楼地层

建筑的使用面积主要体现在楼地层上。楼地层由结构层和外表面层组成。楼板是重要的结构构件。按房间层高将整栋建筑沿垂直方向分成若干部分。楼板层承受家具、设备和人体荷载以及楼板的自重,并将这些荷载传

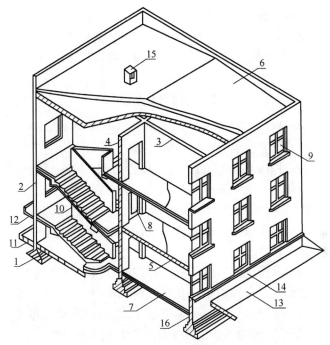

图 5-1　建筑物基本组成

1—基础；2—外墙；3—内横墙；4—内纵墙；5—楼板；6—屋顶；7—地坪；8—内门；9—窗；

10—楼梯；11—花台；12—雨篷；13—散水；14—勒脚；15—烟道（风道）；16—夯实土壤。

递给墙体。作为楼板层要具有足够的强度和刚度，同时还要求具有隔声、防潮、防水的能力。

4. 地坪

地坪是底层房间与土层相接触的部分，它承受底层房间的荷载，要求具有一定的强度和刚度，并具有防潮、防水、保暖、耐磨的性能。

5. 楼梯

楼梯是楼房建筑重要的垂直交通构件，有些建筑物因为交通或舒适的需要安装了电梯或自动扶梯，但同时也必须有楼梯用作交通和防火疏散通路。

6. 屋顶

屋顶是建筑物顶部的围护结构和承重构件。有平顶、坡顶和其他形式的屋顶。由于受阳光照射角度的不同，屋顶的保温、隔热、防水要求比外墙更高。

7. 门窗

门主要用作交通联系，窗的作用是采光通风，同时也起分隔和围护作用。门窗为非承重构件。门窗的使用频率高，要求经久耐用，重视安全，选择门窗时也要重视经济与美观。

建筑物除上述基本组成外,对不同使用功能的建筑,还有不同的构件和配件,如阳台、雨棚、平台、台阶等。其具体构造将在后面介绍。

5.2　建筑体系结构

建筑体系,一是指建筑的装配体系,如砌块建筑、板材建筑、盒子建筑等;二是指建筑的结构体系,如砖混结构、框架结构、排架结构、空间结构等。

民用建筑的结构体系依建筑的规模、构件所用材料及受力情况的不同而不同。依建筑物使用性质和规模的不同可分为单层、多层、大跨和高层建筑,单层和多层建筑的主要结构体系为砌体结构或框架结构体系。砌体结构是指由墙体作为建筑物承重构件的结构体系,而框架结构主要是指梁柱作为承重构件的结构体系。

依建筑结构构件所用的材料不同,目前有木结构、混合结构、钢筋混凝土结构和钢结构之分。混合结构是指在一座建筑物中,其主要承重构件分别采用多种材料制成,如砖与木、砖与钢筋混凝土、钢筋混凝土与钢等。习惯上称谓的砖混建筑,是指用砖与钢筋混凝土作为结构材料的建筑。

5.3　建筑实体设计的影响因素和设计原则

5.3.1　建筑实体设计的影响因素

影响建筑构造的因素有很多,大体有如下几个方面。

1. 荷载因素的影响

作用在建筑物上的荷载有恒荷载(如自重等)和活荷载(如使用荷载等)、垂直荷载和水平荷载(如风荷载、地震作用等),在确定建筑物构造方案时,必须考虑荷载因素的影响。

2. 环境因素的影响

环境因素包括自然因素和人为因素。自然因素的影响是指风吹、日晒、雨淋、积雪、冰冻、地下水、地震等因素给建筑物带来的影响。为了防止自然因素对建筑物的破坏,在构造设计时,必须采用相应的防潮、防水、保温、隔热、防温度变形、防震等构造措施。人为因素的影响是指火灾、噪声、化学腐蚀、机械摩擦与振动等因素对建筑物的影响。在构造设计时,必须采用相应的防护措施。

3. 技术因素的影响

技术因素的影响是指建筑材料、建筑结构、建筑施工方法等技术条件对于建筑物的设计与建造的影响。随着这些技术的发展与变化,建筑构造的做法也在改变。例如,随着建材工业的不断发展,已经有越来越多的新型材料出现,而且带来新的构造做法和相应的施工方法。

5.3.2　建筑实体设计的影响因素

建筑实体设计的原则,一般包括如下几个方面。

1. 满足建筑使用功能要求

建筑的使用要求,如居住、饮食、娱乐、会议等各种活动对建筑的基本要求,是决定建筑形式的基本因素,建筑各房间的大小、相互间联系方式等,都应该满足建筑的功能要求。

2. 确保结构安全

建筑构件的连接应坚固耐久,保证建筑在使用时的安全。如阳台、楼梯的栏杆、门窗与墙体的衔接等在构造上应采取必要的措施。

3. 适应建筑工业化和建筑施工的需要

提高施工速度,保证施工质量,在构造措施中应推广先进技术、选用标准化构件、采用新型材料等,适应工业化的需求。

4. 注重社会、经济和环境效益

在实体设计中也应注意建筑的经济效益,降低成本。注意节约建筑材料,如钢材的使用量;在保证质量的前提下,尽量降低造价。

5. 注重美观

实体设计方案也要考虑建筑的造型、质感、色彩等美观的问题。建筑要达到美观的要求,需要通过实体设计来实现。

总之,建筑实体设计时应全面考虑建筑坚固耐用、技术先进、经济合理以及美观的原则。

本 章 小 结

本章是建筑构造设计的概述部分,主要介绍房屋建筑的基本组成、建筑实体设计过程中要考虑的因素以及注意的设计原则。

思考题与习题

1. 建筑物的基本组成有哪些?
2. 建筑实体设计要考虑哪些因素?
3. 建筑实体设计的原则有哪些?

第6章　基础与地下室

6.1　基础和地基的基本概念

6.1.1　基础

基础是建筑物与土层直接接触的部分,位于建筑物的最下面,通常埋在土中。

1. 基础的作用

基础将建筑物全部的荷载传给地层。由于土层相对软弱,为保证土层不被压坏或产生过大的沉降,通常把基础的面积做得很大,以降低土层单位面积上所受到的压力。所以,基础的作用实际上是将上部结构的荷载均匀地分散到地面以下的土层中,保证建筑物的安全使用。

2. 基础的设计要求

由于基础总是埋在地面以下的土层中,施工完成后必须用土掩埋,属于隐蔽工程,所以对基础的要求非常严格。

(1) 强度。不能被压坏、拉坏。通常通过正确选择基础材料、合理确定构造尺寸、进行必要的截面验算来保证。

(2) 刚度。不能产生过量的变形或产生裂缝。通常通过构造尺寸予以满足。

(3) 稳定性。必须坐落在坚硬稳定的土层上,同时具有足够的埋置深度。

(4) 耐久性。主要是防止地下水的侵蚀,使基础削弱或钢筋锈蚀,影响建筑物的安全。

(5) 经济适用性。在保证安全的前提下,应合理选择基础的材料、类型、截面、配筋等,防止因强调安全而过分保守,造成浪费。

6.1.2　地基

建筑物重量最终通过基础传给下面的土层,并在土层中进一步扩散直至消失。支承建筑物重量并分散和传递应力的土层叫地基。

1. 地基的设计要求

1）强度

应尽可能选择强度较高的土层作为持力层，以减小基础的底板面积，并保证其下各土层不被压坏。

2）变形

应尽可能选择压缩性小且均匀的土层，防止过大的沉降或不均匀沉降。

3）稳定性

应尽可能选择均匀、稳定的土层作为地基。

2. 地基的分类

1）天然地基

当天然土层具承载能力较高，压缩性低时，可以直接在其上建造基础。这种未经人工处理的土层称为天然地基。

2）人工地基

当建筑物的荷载较大或地基的承载力较低，或缺乏足够的稳定性时，可以对土层进行人工加固，提高其承载力，降低其压缩性和渗透性。这种经过人工加固处理的地基称为人工地基。

6.1.3　地基基础的几个相关概念

1. 持力层

与基础直接接触的土层称为持力层。持力层直接接受了基础的荷载，所以应尽可能选择承载力高、压缩性低的土层。

2. 下卧层

持力层下面的土层一律称为下卧层。如果下卧层的强度低于持力层，则称为软卧下卧层。由于软卧下卧层的强度低于持力层，必须对其进行强度验算。

3. 垫层

基础不直接与土层基础，而是通过一层垫层来过度，以达到均匀传递荷载的目的。垫层通常用 C10 混凝土来做，也可以采用碎砖或碎石。厚度一般为 100mm，每侧超出基础边缘 100mm。

4. 埋深

基础的埋置深度是指室外地面至基础底面的距离。

其他几个概念，如图 6－1 所示。室外地面即设计室外地面，一般为天然整平地面。室内地面为底层室内地面，其相对标高为 ±0.000，室内外高差根据设计确定,一般为450mm,因而室外地面标高通常为 - 0.450。±0.000 以上为上部结构,以下为基础结构。基础与墙(柱)接触面为基础顶面,基础与垫层接触面为基础底面。持力层和下卧层靠近基础的中间部分(图中弧线分为以内)就是地基的范围,此范围内土层的应力和变形,必须予以计算。

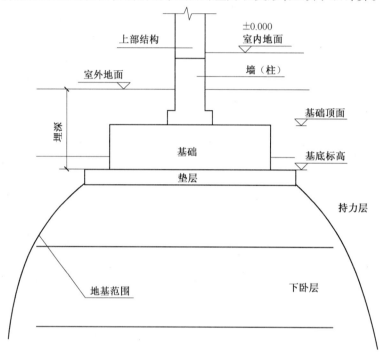

图 6 - 1   地基基础的相关概念

6.2   基础的类型

基础的类型很多。采用什么形式的基础主要取决于建筑的结构形式、荷载大小、场地地质状况、土层地质状况以及当地的具体施工条件和习惯做法。

6.2.1   按基础材料分

基础通常用砖、毛石、混凝土、灰土、三合土、四合土、毛石混凝土及钢筋混凝土等材料做成。其中钢筋混凝土基础由于能承受较大的拉力,可以做得宽而薄,称为扩展性基础,其余基础材料则具有共同的特点,即抗拉强度较小而抗压强度较大,因而基础高度较大,因为基础高度主要取决于基础的宽度和材料刚性角的大小,故称为刚性基础,如图 6 - 2 所示。

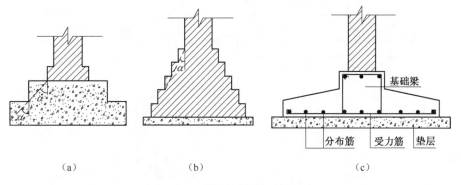

（a）　　　　　　　　　（b）　　　　　　　　　（c）

图 6 - 2　刚性基础与扩展性基础

（a）素混凝土（刚性）基础；（b）砖（刚性）基础；（c）钢筋混凝土（扩展性）基础。

6.2.2　按基础的构造及埋深分

1. 普通基础

1）条形基础

对一般性建筑而言,墙体下的基础通常做成长条形的,沿着墙体延伸,宽度保持不变,这种基础称为条形基础。

2）独立基础

柱下的基础一般做成正方形、矩形或圆形的,每个柱下单独设置,承担该柱的全部荷载,称为独立基础。

条形基础和独立基础均可以采用不同的基础材料做成各种刚性基础或扩展性基础,如图 6 - 3 所示。

2. 复杂浅基础

1）柱下条形基础

当建筑物的荷载较大或地基很软弱且很不均匀时,柱下的独立基础尺寸较大,彼此间的空隙很小。为提高基础的整体性,减小不均匀沉降,将柱下的独立基础做成一个条形的整体,中间用一个较大尺寸的刚性梁来提高基础的整体刚度,犹如一个巨大的钢板将众多颠簸飘摇的小船连成整片。这种基础称为柱下条形基础或联合基础,如图 6 - 4 所示。

2）井格基础

将柱下的独立基础沿建筑物纵横方向分别相连,就形成了双向柱下条形基础,通常称为井格基础,如图 6 - 5 所示。

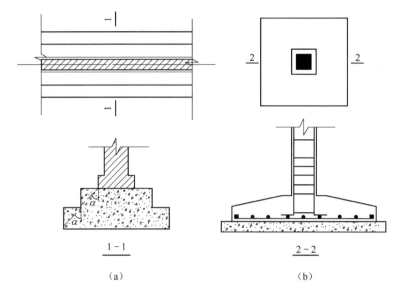

图 6-3 条形基础与独立基础

(a)条形基础;(b)独立基础。

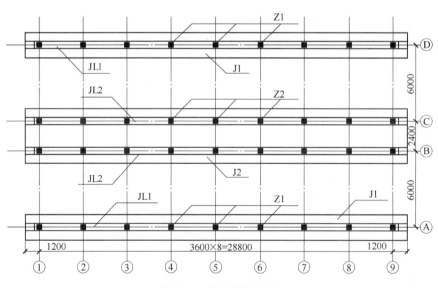

图 6-4 柱下条形基础

3)整板基础

将井格基础的底板面积进一步扩大,使其空隙全部填满,就是整板基础,又称为满堂基础、片筏基础、筏板基础或筏式基础。整板基础不仅用于框架

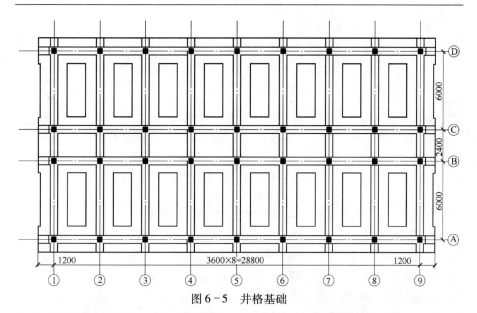

图 6-5　井格基础

结构,通常也用于软土地基上的砌体承重结构,如图 6-6 所示。

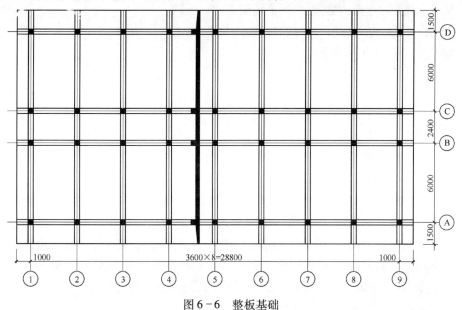

图 6-6　整板基础

4）薄壳基础

薄壳的特点是应力分布均匀,且多为压力。将基础做成空心的薄壳,可以大大减轻基础的自重。这种基础通常用于荷载特别大的构造物,如烟囱、水塔、输电塔及油罐等,如图6-7所示。

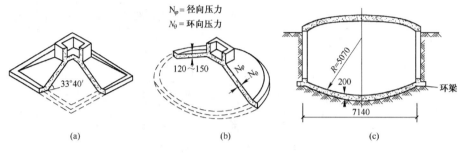

图6-7 薄壳基础

(a)折壳基础;(b)圆锥壳体基础;(c)球壳基础。

3. 深基础

上述的基础形式有一个共同的特点,其断面高度较小,埋置深度也就不大,无需特殊的施工方法,称为浅基础,主要用于低层和多层建筑。对许多大中城市而言,中高层和高层建筑已经成为建筑的主流。随着建筑高度的增加,荷载更大、更集中,浅基础已无法满足承载力和变形的要求,必须采用深基础。深基础的特点是埋深大(通常超过5m),构造复杂,施工难度大。深基础的主要形式如下:

1)桩基础

由桩身和承台两部分组成,承台连接上部结构,并将上部结构的荷载传递给桩身,再由桩身将荷载传递到深层的坚硬土层上,如图6-8所示。对许多中高层和高层建筑以及软土地区的建筑,桩基础的应用十分广泛。

图6-8 桩基础

2)箱形基础

对高层建筑来说,竖向荷载集中和水平荷载大是两个突出问题。将建筑的下面几层埋入土中,做成地下室,是成功解决上述两个突出问题的最佳办法。地下室的巨大空间搬走了底板以上的大量土层,大大减轻了基础底板上的荷载;地下室的四周做成防水的钢筋混凝土,解决了渗漏的问题,也提供了冬暖夏凉的各种环境,如图6-9所示。

3)地下连续墙

将钻孔灌注桩并排连接,形成地下的连续墙体,即可以作为深基础的基坑支护,也可以直接作为基础。在建筑物高度密集的大城市,采用地下连续墙可以很

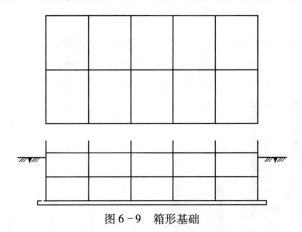

图 6-9　箱形基础

好的解决施工场地狭窄的问题。地下连续墙的构造形式,如图 6-10 所示。

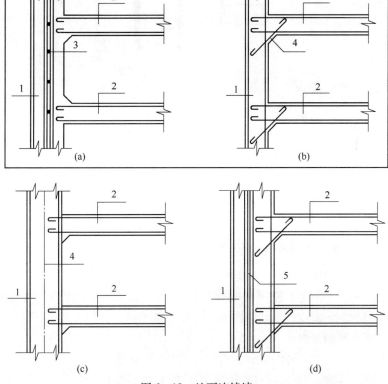

图 6-10　地下连续墙

(a)分离壁;(b)单独壁;(c)整体壁;(d)重壁。

1—地下连续墙;2—本体构造物;3—支点;4—结合部;5—衬垫材料。

4）沉井基础

深基础的施工中，因放坡而造成大面积的土方开挖，不仅工作量大，而且极易造成塌方。沉井基础是在地面预先做好的一个竖向筒形结构，施工时，在其内部边挖土，边下沉，建成后作为永久性基础，如图6-11所示。

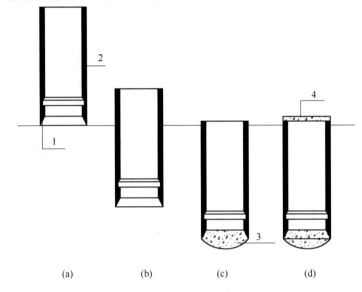

图6-11　沉井基础

(a)地面制作；(b)挖土下沉；(c)封底；(d)浇顶盖。

1—刃脚；2—井筒；3—封底；4—顶盖。

6.3　地下室构造

6.3.1　地下室的构造组成及分类

1. 地下室的组成

建筑物下部的地下使用空间称为地下室。地下室一般由墙身、底板、顶板、门窗、楼梯等部分组成。如图6-13所示。

2. 地下室的分类

(1) 按埋入地下的深度分为全地下室、半地下室。

① 全地下室。全地下室是指地下室地面在室外地面以下的高度超过地下室净高的1/2地下室。

② 半地下室。地下室地面在室外地坪以下的高度为地下室净高的1/3 ~

1/2 时为半地下室,通常利用采光井采光,如图 6-12 所示。

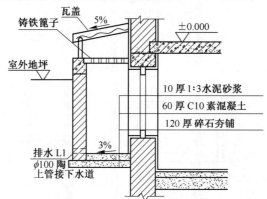

图 6-12　采光井的构造

（2）按使用功能的不同可以分为普通地下室和人防地下室。

① 普通地下室。通常用作高层建筑的地下停车库、设备用房。根据用途及结构需要可做成一层、二层、三层。

② 人防地下室。结合人防要求设置的地下空间,用以应付战争或其他紧急情况下人员的隐蔽和疏散,应有具备保障人身安全的各项技术措施。按人防地下室的使用功能和重要程度,人防地下室分为六级。设计应严格遵照人防工程的有关规范进行。

6.3.2　地下室防潮构造

当地下水的常年水位和最高水位均在地下室地坪标高以下时,须在地下室外墙外面设垂直防潮层,其做法是在墙体外表面先抹一层 20mm 厚的1:2.5水泥砂浆找平,再涂一道冷底子油和两道热沥青,然后在外侧回填低渗透性土壤如黏土、灰土等,并逐层夯实,土层宽度为 500mm 左右,以防地面雨水或其他地表水渗入外墙。

地下室的所有墙体都应设两道水平防潮层,一道设在地下室地坪附近,另一道设在室外地坪以上 150mm～200mm 处,使整个地下室防潮层连成整体,以防地潮沿地下墙身或勒脚处进入室内,如图 6-14 所示。

6.3.3　地下室防水构造

当设计最高水位高于地下室地坪时,地下室的外墙和底板都浸泡在水中,应考虑进行防水处理。常采用的防水措施有以下三种。

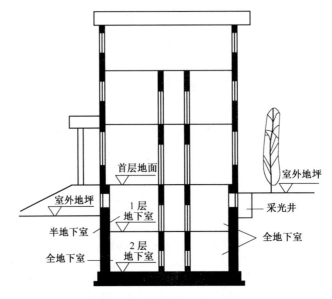

图 6 - 13　多层地下室示意

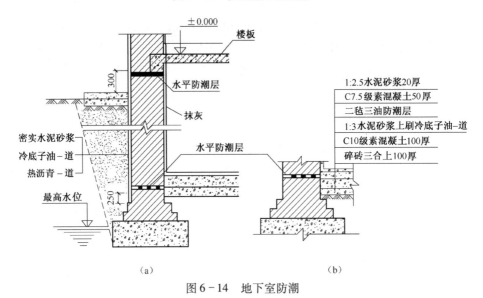

（a）　　　　　　　　　　　　　　　　（b）

图 6 - 14　地下室防潮

（a）墙身防潮；（b）地坪防潮。

1. 沥青卷材防水

采用卷材防水时,防水卷材的层数应按地下水的最大水头梯度选用,见表 6 - 1。

表 6 - 1　沥青卷材防水层数

最大计算水头/m	卷材承受压力/MPa	卷材层数
< 3	0.01 ~ 0.05	3
3 ~ 6	0.05 ~ 0.1	4
6 ~ 12	0.1 ~ 0.2	5
> 12	0.2 ~ 0.5	6

按照防水层的铺贴位置,分为外防水和内防水两种。

1）外防水

外防水是将防水层贴在地下室外地的外表面,这对防水有利,但维修困难。外防水构造要点是:先在墙外侧抹 20mm 厚的 1:3 水泥砂浆找平层,并刷冷底子油一道,然后选定油毡层数,分层粘贴防水卷材,防水层须高出最高地下水位 500mm ~ 1000mm 为宜。油毡防水层以上的地下室侧墙应抹水泥砂浆涂两道热沥青,直至室外散水处。垂直防水层外侧砌半砖厚的保护墙一道,如图 6 - 15 所示。

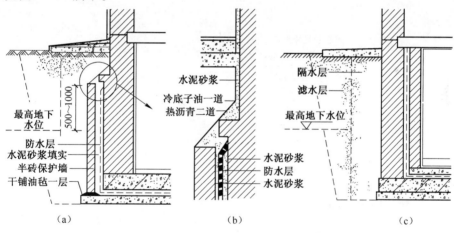

图 6 - 15　地下室防水构造
(a)外防水;(b)收头处理;(c)内防水。

2）内防水

内防水是将防水层贴在地下室外端的内表面,这样施工方便,容易维修,但对防水不利,常用于修缮工程。

地下室地坪的防水构造是先浇混凝土垫层,厚约 100mm;再以选定的油毡层数在地坪垫层上作防水后,并在防水层上抹 20mm ~ 30mm 厚的水泥砂浆保护层,以便于上面浇筑钢筋混凝土。为了保证水平防水层包向垂直培面,地坪防水层必须留出足够的长度以便与垂直防水层搭接,同时要做好转折处油毡的保护工作,以免因转折交接处的油毡断裂而影响地下室的防水。

2. 防水混凝土防水

当地下室地坪和墙体均为钢筋混凝土结构时,应采用抗渗性能好的防水混凝土材料,常采用的防水混凝土有普通混凝土和外加剂混凝土。普通混凝土主要是采用不同粒径的骨料进行级配,并提高混凝土中水泥砂浆的含量,使砂浆充满于骨料之间,从而堵塞因骨料间不密实而出现的渗水通路,以达到防水目的。外加剂混凝土是在混凝上中掺入加气剂或密实剂,以提高混凝土的抗渗性能,如图 6-16 所示。

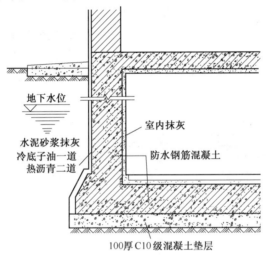

地下水位

水泥砂浆抹灰
冷底子油一道
热沥青二道

室内抹灰

防水钢筋混凝土

100厚C10级混凝土垫层

图 6-16　防水混凝土防水

3. 涂料防水

随着新型高分子合成防水材料的不断涌现,地下室的防水构造和处理不断更新,防水效果越来越好。如我国目前使用的三元乙丙橡胶卷树,能充分适应防水基层的伸缩及开裂变形,拉伸强度高,拉断延伸率大,能承受一定的冲击荷载,是耐久性极好的弹性卷材;又如聚氨酯除膜防水材料,有利于形成完整的防水徐层,对在建筑内有管道、转折和高差等特殊部位的防水处理极为有利。

本 章 小 结

　　本章主要介绍了地基与基础的相关概念、基础的类型及构造特点、地下室的组成与防水防潮构造。

　　基础是建筑物的重要组成部分之一,位于建筑物的最下面,承担建筑物的全部荷载并将其传给地基。直接接触基础的土层称为持力层,其下面的土层称为下卧层。如果土层的强度很低,或压缩性很高,则需要进行人工加固,称为人工地基,不经加固处理的则是天然地基。

　　基础的种类很多,按材料分可以分为钢筋混凝土基础和砖、毛石、混凝土、灰土、三合土、四合土、毛石混凝土等各种刚性基础;按构造形式分可以分为条形基础、独立基础、柱下条形基础、井格基础、整板基础、薄壳基础、桩基础、沉井基础、地下连续墙等。

　　地下室一般由墙身、底板、顶板、门窗、楼梯等部分组成。按埋入地下的深度分为全地下室、半地下室。

　　当地下水的常年水位和最高水位均在地下室地坪标高以下时,须在地下室外墙外面设垂直防潮层。

　　当设计最高水位高于地下室地坪时,地下室的外墙和底板都浸泡在水中,应考虑进行防水处理。常用的防水措施有沥青卷材防水、防水混凝土防水和涂料防水三种形式。

思考题与习题

1. 简述基础和地基的作用及设计要求。
2. 什么是天然地基? 什么是人工地基?
3. 什么是持力层? 什么是下卧层?
4. 什么是基础的埋深?
5. 什么是刚性基础? 常见的材料有哪些?
6. 按构造形式分,基础可以分为哪些类型? 各自的适用范围是什么?
7. 全地下室与半地下室有什么不同?
8. 为什么要对地下室作防潮、防水处理?
9. 地下室防潮构造的要点有哪些? 构造上要注意哪些问题?
10. 地下室在什么情况下要防水? 防水做法有哪几种?

第7章 墙 体

　　墙体是建筑重要的承重结构,同时也是建筑主要的围护结构。墙体在建筑中的位置不同,功能与作用也有所不同。墙体的类型较多,目前在民用建筑中应用最广泛的是砌筑墙。本章主要介绍不同砌块砌筑的墙体,同时介绍隔墙类型以及幕墙。

7.1　墙体的类型与设计要求

7.1.1　墙体类型

1. 按墙所处位置及方向分类

　　墙体按所处的位置一般分为外墙和内墙两大部分。外墙位于房屋外围,可以抵抗大气侵袭,保证内部空间舒适,又称为外围护墙。内墙位于房屋内部,主要起分割空间的作用。按墙的方向又可分为纵墙和横墙。沿建筑物的长轴方向布置的墙为纵墙,房屋包含内纵墙和外纵墙。沿建筑物的短轴方向布置的墙为横墙,房屋有内横墙和外横墙,外横墙一般称为山墙,墙的名称和位置,如图7-1所示。

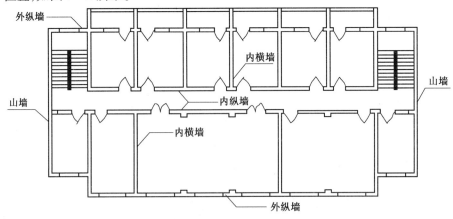

图7-1　墙体各部分名称

2. 按受力情况分类

按受力情况分,墙体可以分为承重墙和非承重墙两类。

承重墙直接承受楼板及屋顶传下来的荷载。非承重墙不承受外来荷载,又可分为自承重墙和隔墙。自承重墙仅承受自身重量并把自重传给基础;隔墙则把自重传给楼板层。框架结构中,墙体不承受外来荷载,自重由框架承受,故称为框架填充墙。

3. 按构造方式分类

按构造方法分可以分为实体墙、空体墙和组合墙三类。实体墙由单一材料组成,如砖墙、实心砌块墙等。空体墙又分为空心墙和空斗墙两种。空心墙是用各种空心砖砌成的墙体,如空心砌块墙、空心板材墙等;空斗墙是用标准砖平砌、侧砌组合形成的墙体,这种墙体节省材料,自重轻,隔热性能好,但是强度低,抗震性能较差。组合墙是由两种以上材料组合而成,可以满足保温、隔热、隔声的功能要求,如混凝土、加气混凝土复合板材墙。

4. 按施工方法分类

按施工方法可分为板筑墙、板材墙和块材墙三种。板筑墙是在现场立模,现浇而成的墙体,如现浇混凝土墙等。板材墙是预先制成墙板,施工时安装的墙,如预制混凝土大板墙等。块材墙是利用块材组砌而成的墙称为块材墙,如砖墙、石墙等。

7.1.2　墙体的设计要求

住宅、学校、商店、医院等大量性民用建筑,通常采用砌体结构,即由墙体承受屋顶和楼板的荷载,并连同自重一起将垂直荷载传至基础和地基。

除了承重,墙体还应具备保温、隔热、隔声、防火、防潮等功能。

1. 结构方面的要求

1)结构布置方案

墙体是多层砌体房屋的围护构件,也是主要的承重结构。墙体布置必须同时考虑建筑和结构两方面的要求,既满足建筑设计的房间布置、空间大小划分等使用要求,又应选择合理的墙体承重结构布置方案,使之安全承担作用在房屋上的各种荷载,坚固耐久,经济合理。

结构布置是指梁、板、墙、柱等结构构件在房屋中的总体布局。大量性民用建筑的结构布置方案,通常有以下几种。

(1)横墙承重方案。适用于房间的使用面积不大,墙体位置比较固定的建筑,如住宅、宿舍、旅馆等。可按房屋的开间设置横墙,楼板的两端搁置在横墙上,横墙承受楼板等外来荷载,连同自身的重量传给基础。横墙的间距是楼板的长度,也是开间,一般在4.2m以内较为经济。这种方案因横墙数量多,房屋空间刚度大,整体性好,对抵抗风力、地震力和调整地基不均匀沉降极为有利,但建筑空间组合不够灵活。在横墙承重方案中,纵墙起围护、隔离并将横墙连成整体的作用。纵墙只承担自身的重量,因而对在纵墙上开设门、窗限制较少。

(2)纵墙承重方案。适用于房间的使用上要求有较大空间,墙体位置在同层或上下层之间可能有变化的建筑,如教学楼中的教室、阅览室、实验室等。通常把大梁或楼板搁置在内、外纵墙上,此时纵墙承受楼板自重及活荷载,连同自身的重量传给基础和地基。在纵墙承重方案中,由于横墙数量少,房屋刚度差,应适当设置承重横墙,与楼板一起形成纵墙的侧向支撑,以保证房屋空间刚度及整体性的要求。这种方案空间变化较为灵活,但设在纵墙上的门、窗大小和位置将受到一定限制。相对横墙承重方案来说,纵墙承重方案楼板材料用量较多。

(3)纵横墙承重方案。适用于房间变化较多的建筑,如医院、实验室等。结构方案可根据需要布置,房屋中一部分用横墙承重,另一部分用纵墙承重,形成纵横墙混合承重方案。这种方案建筑组合灵活,空间刚度较好,墙体材料用量较多,适用于开间、进深变化较多的建筑。

(4)半框架承重方案。当建筑需要大空间时,如商店、综合楼等,采用内部框架承重,四周为墙承重,楼板自重及活荷载传给梁、柱或墙。房屋的总刚度主要由框架保证,因而水泥及钢材用量较多。

2)墙体承载力和稳定性

(1)墙体承载力。墙体承载力是指墙体承受荷载的能力。大量性民用建筑,一般横墙数量多,空间刚度大,但仍需验算承重墙或柱在控制截面处的承载力。承重墙应有足够的承载力来承受楼板及屋顶竖向荷载。地震区还应考虑地震作用下墙体承载力,对多层砌体房屋一般只考虑水平方向的地震作用。

(2)墙体的稳定性。墙体的高厚比是墙体稳定的重要保证。墙、柱高厚比是指墙、柱的计算高度 H 与墙厚 h 的比值。高厚比越大,构件越细长,其稳定性越差。墙体高厚比必须控制在允许高厚比限值以内。允许高厚比限值结构上有明确的规定,它是综合考虑了砂浆强度等级、材料质量、施工水平、横墙间距等诸多因素确定的。

砖墙材料是脆性的,抗变形能力小。如果层数过多,重量过大,砖墙就有可能破碎或错位,甚至被压垮。特别是地震区,房屋的破坏程度随层数增多而加重,因而对房屋的高度及层数有一定的限制,见表 3 - 1。

2. 功能方面的要求

1)保温要求

采暖建筑的外墙应有足够的保温能力,寒冷地区冬季室内温度高于室外,热量从室内传至室外。为了减少损失,防止凝结水及空气渗透,应采取以下措施。

(1)提高外墙保温能力减少热损失。一般有三种做法:第一,增加外墙厚度,使传热过程延缓,达到保温目的。但是墙体加厚,会增加墙体材料和占用建筑面积,缩小有效空间。以北方地区砖墙为例,因保温要求,一般可由一砖墙增加到一砖半墙,如果再增加就不经济了。第二,选用孔隙率高、密度轻的材料做外墙,如加气混凝土等。这些材料导热系数小,保温效果好,但强度不高,不能承受较大的荷载,一般用于框架填充墙等。第三,采用多种材料的组合墙,解决保温和承重双重问题,如加气混凝土和钢筋混凝土组合墙等,但是施工麻烦,造价较高。多用于大板建筑或高标建筑中。

(2)防止外墙中出现凝结水。为了避免采暖建筑热损失,冬季通常是门窗紧闭,生活用水及人的呼吸使室内湿度增高,形成高温高湿的室内环境。温度越高,空气中含的水蒸气越多。当室内热空气传至外墙时,墙体内的温度较低,蒸汽在墙内形成凝结水。由于水的导热系数较大,外墙的保温能力明显降低。为了避免这种情况发生,应在靠室内高温一侧,设置隔热汽层,阻止水蒸气进入墙体。隔蒸汽层常用卷材、防水涂料或薄膜等材料。

(3)防止外墙出现空气渗透。墙体材料一般不够密实,有很多微小的孔洞。墙体上设置的门窗等构件,因安装不严密或材料收缩等,会产生一些贯通性缝隙。由于这些孔洞和缝隙的存在,冬季室外风的压力使冷空气从迎风墙面渗透到室内,而室内外有温差,室内热空气从内墙渗透到室外,所以风压及热压使外墙出现了空气渗透,造成热损失,对保温不利。为了防止外墙出现空气渗透,一般采用以下措施:选择密实度高的墙体材料,墙体内外加抹灰层,加强构件间的缝隙处理等。

2)隔热要求

炎热地区夏季太阳辐射强烈,室外热量通过外墙传入室内,使室内温度升高,产生过热现象,影响人们工作和生活,甚至损害人的健康。外墙应具有足够的隔热能力,一般可采取以下措施。

(1)外墙选用热阻大、重量大的材料,如砖墙、土墙等,使外墙内表面的温度波动减小,提高其热稳定性。

（2）外墙表面选用光滑、平整、浅色的材料，以增加对太阳的反射能力。

（3）总平面及个体建筑设计合理，争取良好取向，避免西晒，组织流畅的穿堂风，采用必要的遮阳措施，搞好绿化以改善环境小气候。

3）隔声要求

为使室内具有安静的环境，防止受到噪声的干扰，应根据建筑使用性质的不同进行噪声控制，如城市住宅42dB、教室38dB、剧场34dB等。墙体主要隔离由空气直接传播的噪声。空气声在墙体中的传播途径有两种：一是通过墙体的缝隙和缝孔传播；二是在声波作用下墙体受到振动，声音透过墙体而传播。建筑内部的噪声，如说话声、家用电器等，室外噪声如汽车声、喧闹声等，从各个构件传入室内。控制噪声，对墙体一般采用以下措施。

（1）加强墙体的密缝处理。墙体与门窗、通风管道等连接处缝隙应进行密缝处理。

（2）增加墙体密实性及厚度，避免噪声穿透墙体及增强体振动。砖墙具有较好的隔声能力，如240mm厚墙体的隔声量为49dB。当然仅仅依靠增加墙的厚度来提高隔声是不经济也是不合理的。

（3）采用有空气间层或多孔性材料的夹层墙。由于空气或玻璃棉等多孔材料具有减振和吸声作用，可以大大提高墙体的隔声能力。

（4）在总图布置中考虑隔声问题，将不需考虑噪声干扰的建筑靠近城市干道布置，这样对后排建筑反而起到隔声作用。也可选用枝叶茂密四季常青的绿化带降低噪声。

4）其他方面的要求

（1）防火要求。选择燃烧性能和耐火极限符合防火规范规定的材料。在较大的建筑中应设置防火墙，把建筑分为若干区段，以防止火灾蔓延。根据防火规范，一、二级耐火等级建筑，防火墙最大间距为150m，三级为100m，四级为60m。

（2）防水防潮要求。在卫生间、厨房、实验室等有水的房间及地下室的墙应采取防水防潮措施。

（3）建筑工业化要求。在大量民用建筑中，墙体材料应符合工业化生产、运输、制作、安装等方面的要求。

7.2 砌筑墙体

砌筑墙体是由砖或砌块用砂浆砌筑而成的墙体，是建筑的主要构件之一。

7.2.1 砖墙构造

1. 基本概念

1）标准砖与砂浆

砖墙属于砌筑墙体,具有保温、隔热、隔音等许多优点,但也存在施工速度慢、自重大、劳动强度大等很多缺点。砖墙由砖和砂浆两种材料组成,砂浆将砖或砌块胶结在一起筑成墙体。

砖的种类很多,从所采用的原材料上看有黏土砖、灰砂砖、水泥砖、矿渣砖等。从形状来看有实心砖及多孔砖。砖的规格与尺寸也有多种形式,普通黏土砖是全国统一规格的标准尺寸,即 240mm×115mm×53mm,砖的长宽高之比为 4:2:1,但与现行的模数制不协调。砖的其他尺寸还有 190mm×190mm×90mm 或 240mm×115mm×180mm 等。砖的等级按抗压强度划分为五级:MU30、MU25、MU20、MU15、MU10。

砂浆由胶结材料(水泥、石灰)和填充材料(砂、石屑、矿渣、粉煤灰)用水搅拌而成。常用的有水泥砂浆、混合砂浆和石灰砂浆。水泥砂浆的强度和防潮性能最好,混合砂浆次之,石灰砂浆最差。但砂浆的和易性刚为相反,石灰砂浆最好,水泥砂浆最差,因而砌筑墙体一般采用混合砂浆,只有在有水的环境中才使用水泥砂浆。砂浆的等级按抗压强度划分为 M15、M10、M7.5、M5、M2.5。

2）墙体的砌筑方式

砖墙的砌筑方式是指砖块在砌体中的排列方式,为了保证墙体的坚固,砖块的排列应遵循内外搭接、上下错缝的原则。错缝长度不应小于 60mm,且应便于砌筑及少砍砖,否则会影响墙体的强度和稳定性。在墙的组砌中,砖块的长边平行于墙面的砖称为顺砖,砖块的长边垂直于墙体的砖称为丁砖。上下皮砖之间的水平缝称为横缝,左右两砖之间的垂直缝称为竖缝,砖砌筑时切忌出现竖直通缝,否则会影响墙的强度和稳定性。

砖墙的叠砌方式可分为下列几种:全顺式、一顺一丁式、多顺一丁式、十字式,如图 7-2 所示。

3）砖墙的基本尺寸

砖墙的基本尺寸包括墙厚和墙段两个方向的尺寸,在满足结构和功能要求的同时,应尽量满足砖的规格。以标准砖为例,根据砖块的尺寸、数量、灰缝可形成不同的墙体厚度和墙段长度。

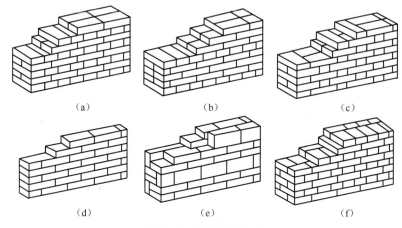

图 7-2　砖的砌筑方式

(a)240 砖墙,一顺一丁式;(b)240 砖墙,多顺一丁式;(c)240 砖墙,十字式;

(d)120 砖墙;(e)180 砖墙;(f)370 砖墙。

(1)墙厚:标准砖的长、宽、高规格为 240mm×115mm×53mm,砖块间灰缝宽度为 10mm。砖厚加灰缝、砖宽加灰缝后与砖长形成 1:2:4 的比例特征,组砌灵活。常见墙厚有 12 墙、24 墙、37 墙和 49 墙。

(2)墙身长度:当墙身过长时,其稳定性就差,故每隔一定距离应有垂直于它的横墙或其他构件来增强其稳定性。横墙间距超过 16m 时,墙身做法则应根据砌体结构设计规范的要求进行加强。

(3)墙身高度:墙身高度主要是指房屋的层高。按建筑设计确定,同时要考虑到水平侧推力的影响,保证墙体的稳定性。

(4)砖墙洞口与墙段的尺寸:砖墙洞口主要是指门窗洞口,其尺寸应符合模数要求,尽量减少与此不符的门窗规格,以有利于工业化生产。国家及地区的通用标准图集是以扩大模数 3m 为倍数的,故门窗洞口尺寸多为 300mm 的倍数,1000mm 以内的小洞口可采用基本模数 100mm 的倍数。

墙段多指转角墙和窗间墙,其长度取值以模数 125mm 为基础。墙段由砖块和灰缝组成,即砖宽加缝宽:115mm+10mm=125mm,而建筑的进深、开间、门窗都是按扩大模数 300mm 进行设计的,这样一幢建筑中采用两种模数必然给建筑、施工带来很多困难。只有靠调整竖向灰缝大小的方法来解决。竖缝宽度大小的取值范围为 8mm~12mm,墙段长调整余地大,墙段短,调整余地小。

2. 砖墙的细部构造

墙体作为建筑物主要的承重或围护构件,不同部位必须进行不同的处理,才可能保证其耐久、适用。砖墙主要的细部构造包括勒脚、墙角构造、门窗洞口构造、墙身的加固构造以及变形缝构造。

1)勒脚

外墙与室外地面接近的部位称为勒脚。由于勒脚常易遭到雨水的浸溅及土壤中水分的侵蚀,造成墙身风化,墙面潮湿、粉刷脱落等破坏,影响了房屋的竖固、耐久、美观和使用,因而此部位必须采取一定的防潮、防水措施。

勒脚的做法通常有以下几种:

(1)抹灰勒脚:对勒脚的外表面作水泥砂浆或其他有效的抹面处理。

(2)贴面勒脚:标准较高的建筑可外贴天然石材或人工石材,如花岗岩、水磨石板等,以达到耐久性强、美观的效果。

(3)勒脚墙体采用条石、混凝土等坚固耐久的材料替代砖勒脚。如图7-3所示。

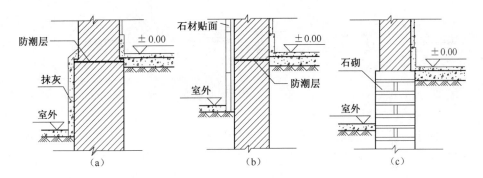

图 7-3　勒脚的种类

2)外墙周围的排水处理

为了防止雨水及室外地面水浸入墙体和基础,沿建筑物周围勒脚与室外地坪相接处设排水沟(明沟、暗沟)或散水,使其附近的地面积水迅速排走。

明沟为有组织排水,可用砖砌、石砌和混凝土浇筑。沟底应设微坡,坡度为 0.5% ~1% ,使雨水流向窨井。若用砖砌明沟,应根据砖的尺寸来砌筑,沟内需用水泥砂浆抹面,如图 7-4 所示。

3)散水

散水是沿建筑物外墙设置的倾斜坡面,是无组织排水,坡度一般为 3% ~5% ,宽度一般为 600mm ~1000mm 。散水的外延应设滴水砖(石)带,散水与外墙交接处应设分隔缝,并以弹性材料嵌缝,以防墙体下沉时散水与墙体裂开,起不到防潮、防水的作用,散水构造做法如图 7-5 所示。

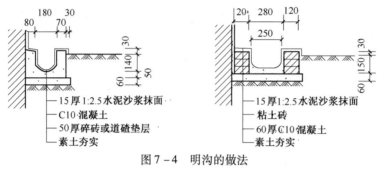

图 7 - 4　明沟的做法

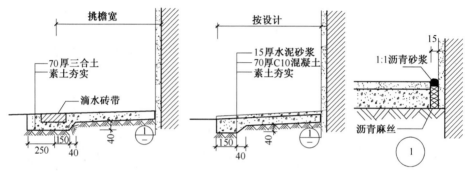

图 7 - 5　散水构造做法

4）设置防潮层

由于砖或其他砖块基础的毛细管作用,土壤中的水分易从基础墙处上升,腐蚀墙身,因此必须在内、外墙脚部设置连续的防潮层以隔绝地下水的作用。

当地面为不透水垫层(如混凝土等密实材料)时,水平防潮层通常设在低于室内地坪 60mm(即一皮砖)处,同时高于室外地面 150mm,以防雨水侵蚀墙身,如图 7 - 6(a)所示。当室内地面垫层为透水材料(如炉渣、碎石等)时,水平防潮层的位置应平齐或高于室内地面 60mm 处,如图 7 - 6(b)所示。

当内墙两侧室内地面有标高差时,应该设置两道水平防潮层,并在两防潮层之间内墙的内侧设垂直防潮层,如图 7 - 6(c)所示。

墙身水平防潮层主要有以下几种做法。

(1)油毡防潮层。在防潮层部位先抹 20mm 后砂浆找平,然后用热沥青贴一毡二油。油毡的搭接长度应≥100mm,油毡的宽比找平层每侧宽 10mm。

(2)防水砂浆防潮层。1:2 水泥砂浆加 3% ~ 5% 的防水剂,厚度为 20mm ~ 25mm,或用防水砂浆砌三皮砖做防潮层。

(3)细石混凝土防潮层。60mm 厚细石混凝土带,内配 3 根 φ6 或 φ8 钢筋做防潮层,如图 7 - 7 所示。

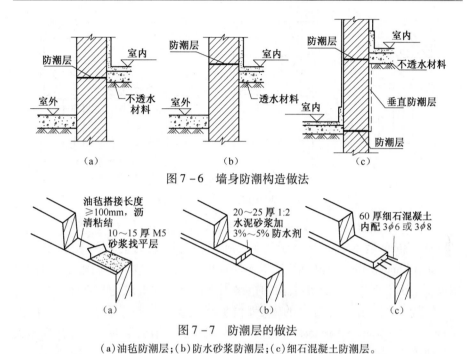

图 7－6　墙身防潮构造做法

图 7－7　防潮层的做法

（a）油毡防潮层；（b）防水砂浆防潮层；（c）细石混凝土防潮层。

5）门窗上部承重构件

门窗上部承重构件的作用是为了承担门窗洞口上部荷载,并将它传到两侧构件上。

（1）砖拱。又称砌砖平拱,采用砖侧砌而成。灰缝上宽下窄,宽不得大于20mm,窄不得小于5mm。砖的行数为单,立砖居中,为拱心砖,砌时应将中心提高大约跨度的1/50,以待凝固前的受力下降。

（2）钢筋砖过梁。在洞口顶部配置钢筋,其上用砖平砌,形成能承受弯矩的加筋砖砌体。钢筋为 $\phi6$,间距小于120mm,伸入墙内1倍～1.5倍砖长。过梁跨度不超过2m,高度不应少于5皮砖,且不小于1/5洞口跨度。该种过梁的砌法是,先在门窗顶支模板,铺 M5 号水泥砂浆20mm～30mm厚,按要求在其中配置钢筋,然后砌砖。

（3）钢筋混凝土过梁。钢筋混凝土过梁承载能力强,跨度大,适应性好。其种类有现浇和预制两种,钢筋混凝土过梁在现场支模,轧钢筋,浇筑混凝土。预制装配式过梁事先预制好后直接进入现场安装,施工速度快,属最常用的一种方式,钢筋混凝土过梁,如图 7－8 所示。

常用钢筋混凝土过梁有矩形和 L 形两种断面形式。钢筋混凝土过梁断面

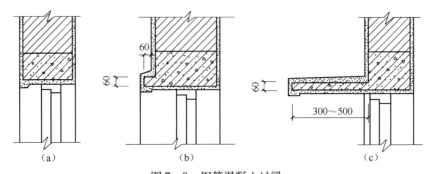

图 7-8 钢筋混凝土过梁

(a)平墙过梁;(b)带窗套过梁;(c)带窗楣过梁。

尺寸主要根据荷载的多少、跨度的大小计算确定。过梁的宽度一般同墙宽,如115mm、240mm 等(即宽度等于半砖的倍数)。过梁的高度可做成 60mm、120mm、180mm、240mm 等(即高度等于转厚的倍数)。过梁两端搁入墙内的支承长度不小于 240mm。矩形断面的过梁用于没有特殊要求的外立面墙或内墙中。L 形断面多用于有窗套的窗、带窗楣板的窗。出挑部分尺寸一般厚度60mm、长度 300mm~500mm,也可按设计给定。由于钢筋混凝土的导热性多大于其他砌块,寒冷地区为了避免过梁内产生凝结水,也多采用 L 形过梁。

6)窗台构造

外窗的窗洞下部设窗台,目的是排除窗面留下的雨水,防止其渗入墙身和沿窗缝渗入室内。外墙面材料为面砖时,可不必设窗台。窗台可用砖砌挑出,也可采用钢筋混凝土窗台的形式。砖砌窗台的做法是将砖侧立斜砌或平砌,并挑出外墙面 60mm。然后表面抹水泥沙浆,或做贴面处理,或可做成水泥砂浆勾缝的清水窗台,稍有坡度。注意抹灰与窗槛下的交接处理必须密实,防止雨水渗入室内。窗台下必须抹滴水槽避免雨水污染墙面。预制钢筋混凝土窗台构造特点与砖窗台相同,如图 7-9 所示。

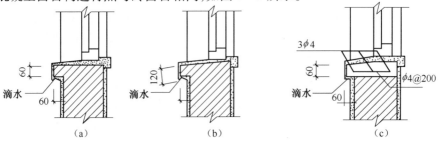

图 7-9 窗台构造做法

(a)60mm 厚砖窗台;(b)120mm 厚砖窗台;(c)混凝土窗台。

7) 墙身的加固

墙身的尺寸,是指墙的高度、长度和厚度。这些尺寸的大小要根据设计的要求而定,但必须符合一定的比例制约,以保证墙身的稳定性。若其尺寸比例超出制约,则需要加固。可采用壁柱(墙墩、扶壁)、门垛、构造柱、圈梁等做法。

(1) 墙墩。墙墩是墙中柱状的突出部分,通常直通到顶,以承受上部梁及屋架的荷载,并增加墙身强度及稳定性。墙墩所用的砂浆的标号较墙体的高。

(2) 扶壁。扶壁形似墙墩,主要的不同之处在于,扶壁主要是增加墙的稳定作用,其上不考虑荷载。

(3) 门垛。墙体上开设门洞一般应设门垛,特别在墙体端部开启与之垂直的门洞时必须设置门垛,以保证墙身稳定和门框的安装。门垛长度一般为120mm 或 240mm。

(4) 构造柱。为了增强建筑物的整体性和稳定性,多层砌体结构建筑的墙体中还应设置钢筋混凝土构造柱,并与各层圈梁相连接,形成能够抗弯剪的空间构架。构造柱一般设置在外墙四角、错层部位横墙与外纵墙交接处、较大洞口两侧、大房间内外墙交接处等。此外,房屋的层数不同,地震烈度不同,构造柱的设置要求也不一致。构造柱的最小截面尺寸为 240mm × 180mm,竖向钢筋多用 4ϕ12,箍筋间距不大于 250mm。随烈度和层数的增加,建筑四角的构造柱可适当加大截面和钢筋等级。构造柱的施工方式是先砌墙,后浇混凝土,并沿墙高每隔 500mm 设置伸入墙体不小于 1m 的 2ϕ6 拉接钢筋。构造柱可不单独设置基础,但应伸入室外地面以下 500mm,或锚入浅于 500mm 的基础圈梁内,如图 7 - 10 所示。

(5) 圈梁。圈梁是沿墙体布置的钢筋混凝土卧梁,目的是增加房屋的整体刚度和稳定性,减轻地基不均匀沉降及地震力的影响。圈梁应闭合,如遇洞口必须断开时,应在洞口上端设附加圈梁,并应上下搭接。圈梁宽度同墙厚,当墙厚不小于 240mm 时,其宽度不应小于墙厚的 2/3。圈梁的高度不应小于 120mm。纵向钢筋不应小于 4ϕ10。

厂房、仓库、食堂等空旷单层房屋,当檐口标高在 5 ~ 8m 时,应在檐口标高处设置一道;檐口标高大于 8m 时,应适当增加。

住宅、办公楼等多层砌体房屋,3 ~ 4 层时应在底层和檐口标高处各设一道,超过 4 层时尚应在所有纵横墙上隔层设置。

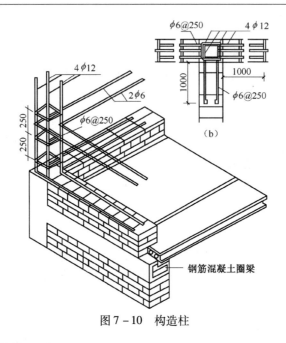

图 7 – 10　构造柱

7.2.2　砌块墙体构造

砌块一般为石料或以水泥、硅酸盐、天然孰料煤灰、石灰等胶结材料与煤渣等骨料,经过原料处理加压或冲击,振动成型,再以干或温热养护而制成的砌墙块材。它既能减少对耕地的破坏,又施工方便、适应性强,便于就地取材、造价低廉,我国目前许多地区都在提倡采用。

1. 砌块的类型与规格

砌块按其构造方式可分为实心砌块和空心砌块,空心砌块有单排方孔、单排圆孔和多排扁孔三种形式,多排扁孔砌块有利于保温,如图 7 – 11 所示。

图 7 – 11　空心砌块的形式

砌块按其重量和尺寸大小分为大、中、小三种规格。重量在 20kg 以下,系列中主规格高度在 155mm ~ 380mm 之间的称为小型砌块;重量在 20kg ~ 350kg 之间,高度在 380mm ~ 980mm 之间的称作中型砌块;重量大于 350kg,高度大于 980mm 的称作大型砌块。砌块的厚度多为 190mm 或 200mm。

2. 砌块墙体的特点

用砌块砌筑墙体要求排列整齐、有规律性,以便施工;上下皮错缝搭接,避免通缝;纵横墙交接处和转角处砌块也应彼此搭接,有时还应加筋,以提高墙体的整体性,保证墙体强度和刚度;当采用混凝土空心砌块时,上下皮砌块应孔对孔、肋对肋,使其之间有足够的接触面,扩大受压面积;尽可能减少镶砖,必须镶砖时,应分散、对称布置,以保证砌体受力均匀;优先采用大规格的砌块,尽量减少砌块规格,充分利用吊装机械的设备能力。

3. 砌块墙体的细部构造

1)圈梁

圈梁的作用是加强砌块墙体的整体性,圈梁可预制和现浇,圈梁通常与窗过梁合用。在抗震设防区,圈梁设置在楼板同一标高处,将楼板与之联牢箍紧,形成闭合的平面框架,对抗震有很大的作用。

2)砌块灰缝

砌块灰缝有平缝、凹槽缝和高低缝,平缝制作简单,多用于水平缝,凹槽缝灌浆方便,多用于垂直缝,缝宽视砌块尺寸而定,小型砌块为 10mm ~ 15mm,中型砌块为 15mm ~ 20mm,砂浆强度等级不低于 M5。垂直灰缝若大于 40mm,必须用 100 号细石混凝土灌缝。

当上下皮砌块出现通缝,或错缝距离不足 150mm 时,应在水平缝通缝处加钢筋网片,使之拉结成整体,如图 7 – 12 所示。

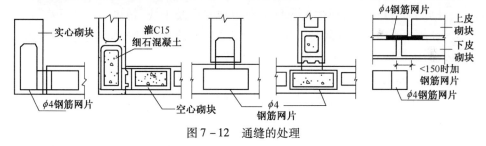

图 7 – 12　通缝的处理

3)砌块墙心柱构造

当采用混凝土空心砌块时应在房屋四角、外墙转角、楼梯间四角设置墙芯柱,墙芯柱用混凝土填入砌块孔中,并在孔中插入通长钢筋,如图 7 – 13 所示。

7.2.3　隔墙构造

非承重内墙一般称为隔墙,起分隔房间的作用。隔墙的作用在于分隔,不承受外来荷载,本身重量有楼板和墙下小梁来承担,因此隔墙应满足自重轻、厚度薄、隔声、防潮、耐火性好、便于安装和拆卸的特点。隔墙的类型很多,常见隔墙有砌筑隔墙、立筋隔墙和条板隔墙。

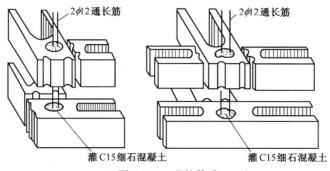

图 7 – 13 芯柱构造

1. 砌筑隔墙

砌筑隔墙是指用标准转、多孔砖、空心砌块以及各种轻质砌块等砌筑的墙体。普通砖隔墙一般采用半砖隔，用普通黏土砖顺砌而成，其标志尺寸为120mm。不同等级的砌筑砂浆对应相应的隔墙长度和高度，当长度超过 6m时，应设砖壁柱。半砖隔墙构造上要求隔墙与承重墙或柱之间连接牢固，一般沿高度每隔500mm砌入 $2\phi4$ 的通长钢筋，还应沿隔墙高度每隔1200mm设一道30mm厚水泥砂浆层，内放 $2\phi6$ 拉结钢筋。半砖隔墙的特点是墙体坚固耐久、隔声性能较好，布置灵活，但稳定性较差、自重大、作业量大、不易拆装。

砌块隔墙重量轻、块体大。目前常用加气混凝土块、粉煤灰硅酸盐砌块、水泥炉渣空心砖等砌筑隔墙。砌块大多质轻、空隙率大、隔热性能好，但吸水性较强，因此应在砌块下方先砌3皮 ~5皮黏土砖。

2. 立筋隔墙

立筋隔墙又称为骨架隔墙，由骨架和面层两部分组成。它是以骨架为依托，把面层钉结、涂抹或粘贴在骨架上形成的隔墙。

骨架有木骨架、轻钢骨架、石膏骨架、石棉水泥骨架和铝合金骨架等。骨架由上槛、下槛、墙筋、斜撑及横撑等组成。墙筋的间距取决于面板的尺寸，一般为400mm ~600mm。骨架的安装过程是先用射钉将上、下槛固定在楼板上，然后安装龙骨（墙筋和横撑）。

面层有人造板面层和抹灰面层。根据不同的面板和骨架材料可分别采用钉子、自攻螺钉、膨胀铆钉或金属夹子等，将面板固定在立筋骨架上。

3. 条板隔墙

条板隔墙是指用各种轻质材料制成的各种预制薄型板安装而成的隔墙。目前多采用条板，如加气混凝土条板、石膏条板、炭化石灰板、石膏珍珠岩板以及各种复合板（如泰柏板）。这些板自重轻，安装方便。

条板厚度大多为 60mm～100mm,宽度为 600mm～1000mm,长度略小于房间净高。安装时,条板下部先用一对对口木楔顶紧,然后用细石混凝土堵严,板缝用黏结砂浆或黏结剂进行黏结,并用胶泥刮缝,平整后再做表面装修。

7.3　墙面装修

为了满足建筑物的使用要求,提高建筑的艺术效果,保护墙体免受外界影响,保护结构、改善墙体热功性能,必须对墙面进行装修。墙面装修按其位置不同可分为外墙面和内墙面装修两大类。因材料和做法的不同,外墙面装修又分为抹灰类、涂料类、贴面类、板材类等;内墙面装修则可分为抹灰类、贴面类、涂料类、裱糊类等。

7.3.1　抹灰涂料类墙面

抹灰墙面的组成与基本做法:墙面抹灰通常由三层构成:底层(找平层)、中层(垫层)、面层。底层的底灰(又叫刮糙)根据基层材料的不同和受水侵蚀的情况而定。一般的砖石基层可采用水泥砂浆或混合砂浆打底。如遇骨架板条基层时,则采用掺入纸筋、麻刀或其他纤维的石灰砂浆做底灰,加强黏结、防止开裂。中层抹灰材料同底层,起进一步找平的作用。采用机械喷涂时,底层与中层可同时进行。面层主要起装饰作用,根据所选材料和施工方法形成各种不同性质与外观的抹灰。面层上的刷浆、喷浆或涂料不属于面灰。外墙抹灰要先对墙面进行分格,以便于施工接茬、控制抹灰层伸缩和今后的维修。

分隔线有三种形式:凹线、凸线和嵌线。凹线常用木引条成型,先用水泥砂浆将其临时固定,待做好面层后再将其抽出,即成型。PVC 成品分隔条,抹灰时砌入面层即可。凸线也称线角,外墙面的线角有檐口、腰线、勒脚等,当线角凸出墙面超过 30mm 时,可将墙身的砖、混凝土出挑,或用其他材料成型后再抹灰。嵌线用于要进行打磨的抹灰墙面,如水磨石等。嵌线材料有玻璃、金属或其他材料。内墙面抹灰要求大面平整、均匀、无裂痕。施工时,首先要清理基层,有时还需用水冲洗,以保证灰浆与基层黏结紧密,然后拉线找平,做灰饼、冲筋以保证抹灰面层平整。由于阳角处易受损,抹灰前在内墙阳角、门洞转角、柱子四角处用强度较高的水泥砂浆或预埋角钢做护角,然后再做底层或面层抹灰。

常用抹灰墙面的种类:抹灰饰面均是以石灰、水泥等为胶结材料,掺入砂、石骨料用水拌合后,采用抹、刷、磨、斩、粘等多种方法进行施工。按面层材料及做法可分为一般抹灰和装饰抹灰。

抹灰类墙面的色彩处理:抹灰墙面为了美观起见,常在砂浆中掺入颜料增加装饰效果。颜料的选择需根据其本身的性能、砂浆的酸碱性、设计的色彩要求而定。颜料主要分为有机颜料和无机颜料两大类;又可分为天然与合成两大类。无机颜料遮盖力强、密度大、耐热耐光,但颜色不够鲜艳;有机颜料色彩鲜艳、易着色,但耐热耐光性差、强度不高。

涂料类墙面是在木基层表面或抹灰墙面上,喷、刷涂料涂层的饰面装修。涂料饰面主要以涂层起保护和装饰作用。按涂料种类不同,饰面可分为刷浆类饰面、涂料类饰面、油漆类饰面。涂料类饰面虽然抗腐蚀能力差,但施工简单、省工省时、维修方便,应用较为方便。

7.3.2 铺贴类墙面

铺贴类墙面多用于外墙、潮湿度较大、有特殊要求的内墙。铺贴类墙面包括陶瓷贴面类墙面、天然石材墙面、人造石材墙面、装饰水泥墙面等。

1. 陶瓷贴面类墙面

1)面砖饰面

面砖多由瓷土或陶土焙烧而成,常见的面砖有釉面砖、无釉面砖、仿花岗岩瓷砖、劈离砖等。无釉面砖多用于外墙,其质地坚硬、强度高、吸水率低,是高级建筑外墙装修的常用材料。釉面砖表面光滑、色彩丰富美观、易于清洗、吸水率低,可用于建筑外墙装饰,大多用于厨房、卫生间的墙裙贴面。面砖种类繁多,安装时先将其放入水中浸泡,取出沥干水分,用水泥石灰砂浆或掺有107胶的水泥砂浆满刮于背面,贴于水泥砂浆打底的墙上轻巧粘牢。外墙面砖之间常留出一定缝隙,以便湿气排除;内墙安装紧密,不留缝隙。

2)陶瓷(玻璃)锦砖饰面

陶瓷(玻璃)锦砖俗称马赛克(玻璃马赛克),是高温烧制而成的小块型材。为了便于粘贴,首先将其正面粘贴于一定尺寸的牛皮纸上,施工时,纸面向上,待砂浆半凝,将纸洗去,校正缝隙,修正饰面。此类饰面质地坚硬、耐磨、耐酸碱、不易变形,价格便宜,但较易脱落。

2. 石材墙面

天然石材的种类:①花岗岩(岩浆岩),除花岗石外,还包括安山岩、辉绿岩、辉长岩、片麻岩等。花岗岩构造密实,抗压强度高,空隙率、吸水率小,耐磨、抗腐蚀能力强。花岗岩的色彩较多,色泽可以保持很长时间,是较为理想的高级外墙饰面。②大理石,这是一种变质岩,属于中质石材,质地坚密,但表面硬度不大,易加工打磨成表面光滑的板材。大理石的化学稳定性不太

好,一般用于室内。大理石的颜色很多,在表面磨光后,纹理雅致、色泽艳丽,
为了使其表面美感保持较长的时间,往往在其表面上光打蜡或涂刷有机硅等
涂料,防止其腐蚀。③青石板,系水成岩,质软、易风化,易于裁割加工,造价
不高,色泽质朴、富有野趣。

人造石材的种类:常用人造石材有水磨石、大理石、水刷石、斩假石等,属
于复合装饰材料,其色泽纹理不及天然石材,但可人为控制,造价低。人造石
材墙面板一般经过分块、制模、浇制、表面加工等步骤制成,待板达到预定强
度后进行安装。水磨石板分为普通板与美术板。人造大理石板有水泥型、树
脂型、复合型、烧结型。饰面板材施工时容易破碎,为了防止这类情况发生,
预制时应配以 8 号铅丝,或配以 $\phi4$、$\phi6$ 钢筋网。面积超过 $0.25m^2$ 的板面,一
般在板的上边预埋铁件或 U 型钢件。

石材墙面的基本构造:石材的自重较大,在安装前必须做好准备工作,如颜
色、规格的统一编号,天然石材的安装孔、砂浆巢的打凿,石材接缝处的处理等。

7.3.3　裱糊类墙面

裱糊类墙面多用于内墙面的装修,饰面材料的种类很多,有墙纸、墙布、
锦缎、皮革、薄木等。下面仅介绍最常用的两种形式墙纸与墙布的施工方法。

墙纸可分为普通墙纸、发泡墙纸、特种墙纸三大类。它们各有不同的性
能:普通墙纸有单色压花和印花压花两种,价格便宜、经济实用;发泡墙纸经
过加热发泡,有装饰和吸声双效功能;特种墙纸有耐水、防火等特殊功能,多
用于特殊要求的场所。常用的墙布有玻璃纤维墙布和无纺墙布,玻璃纤维墙
布强度大、韧性好、耐水、耐火、可擦洗,但遮盖力较差,且易磨损;无纺布色彩
鲜艳不褪色、有弹性有透气性可擦洗。

糊裱类墙面的基层要坚实牢固、表面平整光洁、色泽一致。在裱糊前要
对基层进行处理,首先要清扫墙面、满刮腻子、用砂纸打磨光滑。墙纸和墙布
在施工前,要做浸水或润水处理,使其充分膨胀;为了防止基层吸水过快,要
先用稀释的 107 胶满刷一遍,再涂刷黏结剂。然后按先上后下,先高后低的原
则,对准基层的垂直准线,用胶辊或刮板将其赶平压实,排除气泡。当饰面无
拼花要求时,将两幅材料重叠 20mm ~ 30mm,用直尺在搭接中部压紧后进行
裁切,揭去多余部分,刮平接缝。当有拼花要求时,要使花纹重叠搭接。

7.4　墙 体 保 温

为了提高建筑物的保温性能,合理设计维护结构的构造方案极为重要。围

绕建筑外围护结构展开的保温隔热工作重点仍在外墙。提高外墙保温能力、减少热损失,一般有三种方法:①单纯增加外墙厚度,使传热过程延缓,达到保温隔热的目的。②采用导热系数小、保温效果好的材料作外墙围护构件。③采用多种组合材料的组合墙解决保温隔热问题。随着国内墙体改革浪潮的兴起,建筑节能已纳入国家强制性规范的设计要求。目前常用的有以下几种方式:外墙外保温墙体、外墙内保温墙体、外墙夹心保温构造。

7.4.1　保温材料及其特性

在一般的建筑保温中,人们把在常温(20℃)下,导热系数小于0.233W/(m·K)的材料称为保温材料。保温材料是建筑材料的一个分支,它具有单位质量体积小、导热系数小的特点,其中导热系数小是最主要的特点。

我国的保温材料品种多,产量大,应用范围广。主要有岩棉、矿渣棉、玻璃棉、硅酸铝纤维、聚苯乙烯泡沫塑料(EPS)、挤塑聚苯乙烯泡沫塑料(XPS)、酚醛泡沫塑料、橡塑泡沫塑料、泡沫玻璃、膨胀珍珠岩、膨胀蛭石、硅藻土、稻草板、木屑板、加气混凝土、复合硅酸盐保温涂料、复合硅酸盐保温粉以及其各种各样的制品和深加工的各类产品系列,还有绝热纸、绝热铝箔等。

7.4.2　建筑热工分区

目前我国《民用建筑热工设计规范》(GB 50176—93)将全国划分为五个建筑热工设计分区。

(1)严寒地区:应加强建筑物的防寒措施,不考虑夏季防热。

(2)寒冷地区:应以满足冬季保温设计为主,适当兼顾夏季防热。

(3)夏热冬冷地区:必须满足夏季防热要求,适当兼顾冬季保温。

(4)夏热冬暖地区:必须充分满足夏季防热要求,一般不考虑冬季保温。

(5)温和地区:部分地区应考虑冬季保温,一般不考虑夏季防热。

7.4.3　外墙外保温墙体

这是一种将保温隔热材料放在外墙外侧(即低温一侧)的复合墙体,具有较强的耐候性、防水性和防水蒸气渗透性。同时具有绝热性能优越,能消除热桥,减少保温材料内部凝结水的可能性,便于室内装修等优点。但是由于保温材料直接做在室外,需承受的自然因素如风雨、冻晒、磨损与撞击等影响较多,因而对此种墙体的构造处理要求很高。必须对外墙面另加保护层和防水饰面,在我国寒冷地区外保护层厚度要达到30mm～40mm,如图7-14所示。

7.4.4　外墙内保温墙体

外墙内保温是将绝热材料置于承重墙内侧,这种复合墙体在我国的应用也较为广泛,外墙内保温墙体,施工简便、保温隔热效果好、综合造价低、特别适用于夏热冬冷地区。由于保温材料的蓄热系数小,有利于室内温度的快速升高或降低,其性价比较高。但绝热材料强度较低,需要设置面层防护,如图7-15所示。

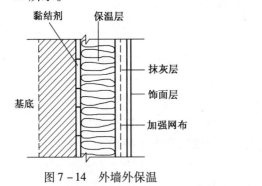 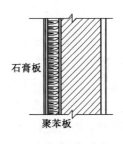

图 7-14　外墙外保温　　　　　　　图 7-15　外墙内保温

7.4.5　外墙中保温

外墙中保温在砖砌体或砌块墙体中间留出空间,使外墙形成夹心构件,即双层结构的外墙中间放置保温材料,或留出封闭的空气间层,外墙夹心保温构造,如图7-16所示。这种发放可使保温材料不易受潮,且对保温材料的要求也较低。但是要注意将材料填充严密,避免内部形成空气对流,并做好内外墙体的拉结。外墙空气间层的厚度一般为40mm~60mm。

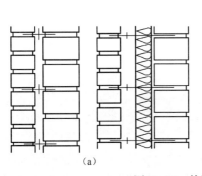 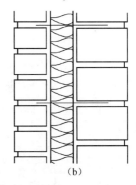

（a）　　　　　　　　　　　　　　　　（b）

图 7-16　外墙夹心保温构造

（a）外墙夹心保温构造;（b）外墙利用空气间层保温构。

本 章 小 结

墙体是建筑物的主要维护构件和结构构件,本章主要介绍墙体的类型与设计要求、砌筑墙体、墙面装修以及外墙保温的内容。学习本章,重点掌握砖墙做法、常用墙面装修做法等。

思考题与习题

1. 简述墙体的设计要求。
2. 墙承重结构有哪几种布置方式?并阐明它们各自的特点。
3. 简述墙脚水平防潮层的位置和常规的做法。
4. 隔墙的作用是什么?有哪三种基本形式?举例说明。
5. 抹灰类墙面装修中,抹灰层的组成、作用和厚度是什么?
6. 勒脚的作用是什么?常用的材料做法有哪几种?
7. 砖墙组砌的要点是什么?
8. 实体砖墙的组砌方式主要有哪几种?
9. 确定砖墙厚度的因素主要有哪几种?
10. 内墙两侧室内地面有高差,防潮层如何设置?
11. 简述外墙保温有哪些做法。
12. 窗台构造中应考虑哪些问题?

第8章 楼 地 层

楼地层包括楼板层与地坪层,是分隔建筑空间的水平承重结构。楼板层不仅要承担楼板上的全部荷载,并将这些荷载合理有序地传给墙或柱,最终传到基础上,还要对墙柱进行水平支撑,以减少在风力和地震力作用下墙柱的侧向变形,起到加强建筑物空间整体刚度、保持建筑物主体稳定的作用。针对不同使用性质的空间,楼板层还应具备一定的隔声、防火、防水、防潮等能力。地坪层一般只承担底层地面上的荷载,并直接传给地坪层下面的土层,当然对竖向结构的水平支撑及各种功能性作用与楼板层相同。

8.1 概 述

8.1.1 楼板层的构造组成

楼板层的构造层次包括结构层、面层、附加层、顶棚。地坪层的构造层次包括夯实地面、垫层、面层、附加层等,如图8-1所示。

图 8-1 楼板层的构造组成

(1)面层。位于楼地层的最上层,起着供人行走踩踏、保护楼地层、分布荷载和绝缘的作用,同时对室内起美化装饰作用。

(2)结构层。主要功能在于承受楼板层上的全部荷载并将这些荷载传给墙或柱;同时还对墙身起水平支撑作用,以加强建筑物的整体刚度。

(3)附加层。又称功能层,根据楼地层的具体要求而设置,主要作用是隔声、隔热、保温、防水、防潮、防腐蚀、防静电等。根据需要,有时和面层合二为一,有时又和吊顶合为一体。

（4）顶棚层。位于楼板层最下层,主要作用是保护楼板、安装灯具、遮挡各种水平管线,改善使用功能、装饰美化室内空间。

（5）垫层。地坪层的结构层,承担地面全部荷载。

（6）夯实土壤。地坪层的基础,最终承担地面的荷载。

8.1.2　楼板层的设计要求

1. 强度和刚度

楼板层应保证在其自重和全部活荷载作用下安全可靠,不发生任何破坏,这就要求楼板层具有足够的强度,其材料选择及截面设计(厚度及配筋等)应通过结构计算来确定。为保证楼板层在荷载作用下不发生过大变形,以保证其良好的使用环境。结构规范规定楼板的允许挠度不大于跨度的 $1/250$,以此确定的楼板最小厚度保证了楼板的刚度。

2. 隔声性能

楼板应当具备一定的隔声能力,避免对上下楼层产生影响。不同使用性质的房间对隔声的要求不同,比如住宅楼板的隔声标准规定一级隔声标准 $65dB$,二级隔声标准 $75dB$ 等。对一些特殊性质的房间如广播室、录音室、演播室等的隔声要求则更高。

楼板主要是隔绝固体传声,如人的脚步声、搬动家具、敲击楼板等都属于固体传声,会对楼下产生噪声。防止固体传声的措施主要如下:

（1）在楼板表面铺设地毯、橡胶、塑料毡等柔性材料,或在面层镶铺软木砖,从而减弱撞击楼板层的声能,减弱楼板本身的振动。

（2）在楼板与面层之间加弹性垫层以降低楼板的振动,即"浮筑式楼板"。弹性垫层可做成片状、条状和块状,使楼板与面层完全隔离,起到较好的隔声效果,如图 8－2 所示,但施工麻烦,采用较少。

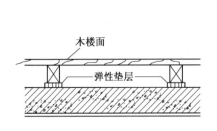
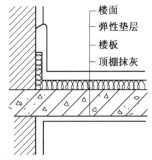

图 8－2　浮筑式楼板

（3）在楼板下加设吊顶,使固体噪声不直接传入下层空间,而用隔绝空气声的办法来降低固体传声。吊顶的面层应很密实,不留缝隙,以免降低阴声效果。吊顶与楼板的连接采用弹性连接时隔声效果更好,如图 8 - 3 所示。

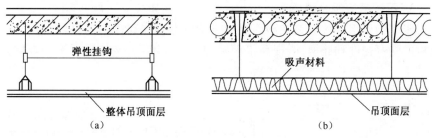

图 8 - 3　隔声吊顶

（a）弹性连接;（b）铺隔声材料。

3. 防火性能

《建筑设计防火规范》规定:一级耐火等级建筑的楼板应采用非燃烧体,耐火极限不少于 1.5h,二级时耐火极限不少于 1h,三级时耐火极限不少于 0.5h,四级时耐火极限不少于 0.25h,以保证在火灾发生时在一定时间内不至于造成楼板坍塌。

4. 防潮、防水性能

对卫生间、盥洗室、厨房或学校的实验室、医院的检验室等有水的房间,必须进行防潮防水处理,防止水的渗漏影响下层空间的正常使用或者渗入墙体,使结构内部产生冷凝水,破坏墙体和内外饰面。

5. 管线敷设要求

现代建筑中,各种管道、电线、网线越来越多,线路的敷设主要通过墙体和楼板层来完成。为保证室内平面布置更加灵活,空间使用更加完整,在楼板层的设计中,必须仔细考虑各种设备管线的走向。

在多层房屋中楼板层的造价占总造价的 20% ~ 30%,因此在进行结构选型和确定构造方案时,应与建筑物的质量标准和房间使用要求相适应,减少材料消耗造价,降低工程造价,满足建筑经济的要求。

8.1.3　楼板的类型

1. 木楼板

木楼板自重轻,保温隔热性能好、舒适、有弹性,只在木材产地采用较多,但耐火性和耐久性均较差,且造价偏高,为节约木材和满足防火要求,现采用较少。

2. 钢筋混凝土楼板

钢筋混凝土楼板强度高,刚度大,耐火性和耐久性好,还具有良好的可塑性,应用十分广泛。按施工方法的不同,可分为现浇式、装配式和装配整体式三种。

3. 压型钢板组合楼板

压型钢板组合楼板是在钢筋混凝土基础上发展起来的,利用钢衬板作为楼板的受弯构件和底模,既提高了楼板的强度和刚度,又加快了施工进度,是目前正大力推广的一种新型楼板,如图8-4所示。

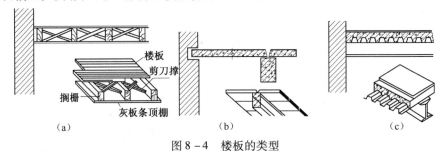

图 8-4 楼板的类型
(a)木楼板;(b)钢筋混凝土楼板;(c)压型钢板组合楼板。

8.2 钢筋混凝土楼板

8.2.1 装配式钢筋混凝土楼板

装配式钢筋混凝土楼板系指在构件预制加工厂或施工现场外预先制作,然后运到工地现场进行安装的钢筋混凝土楼板。预制板的长度一般与房屋的开间或进深一致,为3m的倍数;板的宽度根据制作、吊装和运输条件以及有利于板的排列组合确定,一般为1m的倍数;板的截面尺寸由结构计算确定。

1. 板的类型

预制钢筋混凝土楼板有预应力和非预应力两种。预应力楼板是指在构件制作过程中,预先在受拉区施加压力,结构受荷后,受拉区产生的拉应力和预先给的压应力平衡。预应力楼板的抗裂性和刚度均好于非预应力楼板,且板型规整,节约材料,自重减轻,造价降低。预应力楼板和非预应力楼板相比,可节约钢材30%~50%,节约混凝土10%~30%。

预制钢筋混凝土楼板常用类型有实心平板、槽形扳、空心板三种。

1) 实心平板

实心平板规格较小,跨度一般在1.5m左右,板厚一般为60mm,各地的规格不同,如中南地区标准图集中规定平板的板宽为 500mm、600mm、700mm 三种规格,板长为 1200mm、1500mm、1800mm、2100mm、2400mm 五种规格。

平板支承长度按照以下规定:搁置在钢筋混凝土梁上时不小于 80mm,搁置在内墙时不小于 100mm,搁置在外墙时不小于 120mm。

预制实心平板由于其跨度小,板面上下平整,隔声差,常用于过道和小房间、卫生间的楼板,也可用于架空搁板、管沟盖板、阳台板、雨篷板等处。

2)槽形板

槽形板减轻了板的自重,具有省材料,便于在板上开洞等优点,但隔声效果差。

槽形板是一种肋板结合的预制构件,即在实心板的两侧设有边肋,作用在板上的荷载都由边肋来承担,板宽为 500mm ~ 1200mm,非预应力槽形板跨长通常为 3mm ~ 6m。板肋高 130mm ~ 240mm,板厚仅 30mm。

槽形板做楼板时,正置槽形板由于板底不平,通常做吊顶遮盖,为避免板端肋被破坏,可在板端伸入墙内部分堵砖填实。倒置槽板受力不如正置槽板合理,但可在槽内填充轻质材料,以解决楼板的隔声和保温隔热问题,还可以获得平整的顶棚。槽形板的板面较薄,自重较轻,可以根据需要打洞穿管,而不影响板的强度和刚度,常用于管道较多的房间,如厨房、卫生间、库房等,如图 8-5 所示。

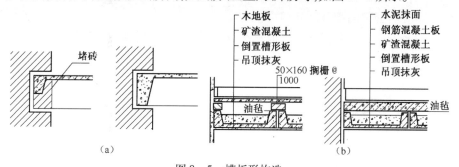

图 8-5　槽板形构造

(a)正槽板板端搁置在墙上;(b)反槽板构造。

3)空心板

空心板也是一种梁板结合的预制构件,其结构计算理论与槽形板相似,两者的材料消耗也相近,但空心板上下板面平整,且隔声效果优于槽形板,因此是目前广泛采用的一种形式。

空心板根据板内抽孔形状的不同,分为方孔板、椭圆孔板和圆孔板。方孔板比较经济,但脱模困难;圆孔板的刚度较好,制作也方便,节省材料,隔声隔热较好,因此广泛采用,但板面不能任意打洞。根据板的宽度,圆孔板的孔数有单孔、双孔、三孔、多孔。目前我国预应力空心板的跨度可达到 6m、6.6m、7.2m 等,板的厚度为 120mm~300mm,如图 8-6 所示。

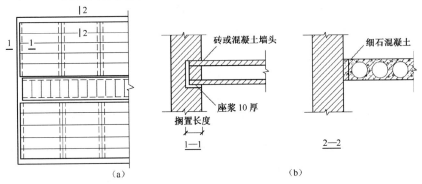

图 8-6　空心板在墙上的搁置

(a)平面图;(b)节点图。

2. 板的结构布置方式

板的结构布置方式应根据房间的平面尺寸及房间的使用要求进行结构布置,可采用墙承重系统和框架承重系统。

(1) 当预制板直接搁置在墙上时称为板式结构布置,用于住宅、宿舍、办公楼等横墙密集的小开间建筑中。

(2) 当预制板搁置在梁上时称为梁板式结构布置,多用于教学楼、实验楼等开间进深较大的建筑中,如图 8-7 所示。

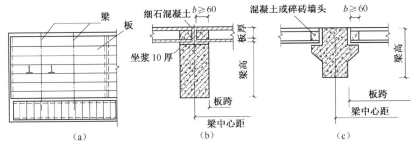

图 8-7　楼板在梁上的搁置

(a)结构平面图;(b)板搁置在矩形梁上;(c)板搁置在花篮梁上。

在选择板型时,一般要求板的规格、类型越少越好。因为板的规格过多,不仅给板的制作增加麻烦,而是施工也较复杂,甚至容易搞错。此外,在空心板安装前,应在板端的圆孔内填塞 C15 混凝土(堵头),以避免板端被压坏。

3. 板的搁置要求

预制板的搁置长度与实心平板相同。铺板前,先在墙或梁上用 10mm~

20mm 厚 M5 水泥砂浆找平(俗称座浆),然后再铺板,使板与墙或梁有较好的联结,同时也使墙体受力均匀。

当采用梁板式结构时,板在梁上的搁置方式一般有两种,一种是板直接搁置在梁顶上,另一种是板搁置在花篮梁或十字梁上,这时板的顶面与梁顶面平齐。在梁高不变的情况下,梁底净高相应也增加了一个板厚。

4. 板缝处理

为了便于板的安装,板的标志尺寸和构造尺寸之间有 10mm ~ 20mm 的差值,这样就形成了板缝。为了加强其整体性,必须在板缝填入水泥砂浆或细石混凝土(即灌缝)。

图 8 - 8 为三种常见的板间侧缝形式:"V" 形缝具有制作简单的优点,但易开裂,连接不够牢固;"U" 形缝上面开口较大易于舀浆,但仍不够牢固;"凹"槽缝连接牢固,但盛浆捣实较困难,如图 8 - 8 所示。

图 8 - 8 板缝形式

预制板板缝起着连接相邻两块板协同工作的作用,使楼板成为一个整体。在具体布置房间的楼板时,往往出现不足以排一块板的缝隙。

(1)当缝隙小于 60mm 时,可调节板缝,当缝隙在 60mm ~ 120mm 之间时,可在灌缝的混凝土中加配 $2\phi6$ 通长钢筋。

(2)当缝隙在 100mm ~ 200mm 之间时,设现浇钢筋混凝土板带,是将板带设在墙边或有穿管的部位。

(3)当缝隙大于 200mm 时,调整板的规格。

板的端缝处理,一般只需将板缝内填实细石混凝土,使之相互连接。为了增强建筑物抗水平力的能力,可将板端外露的钢筋交错搭接在一起,然后浇筑细石混凝土灌缝,以增强板的整体性和抗震能力,如图 8 - 9 所示。

5. 楼板与隔墙

当房间内没有重质块材隔墙和砌筑隔墙且重量由楼板承受时,必须从结构上予以考虑。在确定隔墙位置时,不宜将隔墙直接隔置在楼板上,而应采取一些构造措施。如在隔墙下部设置钢筋混凝土小梁,通过梁将隔墙荷载传给墙体;当楼板结构层为预制槽形板时,可将隔墙设置在槽形板的纵肋上;当楼板结构层为空心板时,可将板缝拉开,在板缝内配置钢筋后浇筑 C20 细石混凝土形成钢筋混凝土小梁,再次其上设置隔墙,如图 8 - 10 所示。

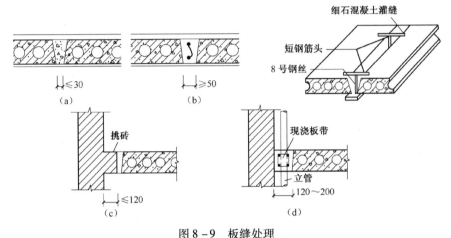

图 8-9　板缝处理

(a)细西石混凝土灌缝;(b)灌缝内加 2 钢筋;(c)挑砖;(d)现浇板带。

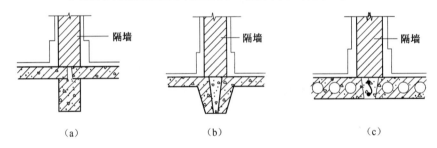

图 8-10　隔墙下部结构处理

(a)隔墙搁在梁上;(b)隔墙搁在槽板纵肋上;(c)板缝配筋。

8.2.2　现浇钢筋混凝土楼板

现浇钢筋混凝土楼板整体性好,特别适用于有抗震设防要求的多层房屋和对整体性要求较高的其他建筑,对有管道穿过的房间、平面形状不规整的房间、尺度不符合模数要求的房间和防水要求较高的房间,都适合采用现浇钢筋混凝土楼板。

1.　平板式楼板

在墙体承重建筑中,当房间较小,楼面荷载可直接通过楼板传给墙体而不需要另设梁。这种厚度一致的楼板称为平板式楼板,多用于厨房、卫生间、走廊等较小空间。楼板根据受力特点和支承情况,分为单向板和双向板。为满足施工要求和经济要求,对各种板式楼板的最小厚度和最大厚度。一般规定如下:

单向板时(板的长边与短边之比>3):

屋面板板厚60mm～80mm。

民用建筑楼板厚70mm～100mm。

工业建筑楼板厚80mm～180mm；

双向板时(板的长边与短边之比＜2)：板厚为80mm～160mm。

此外，板的支承长度也有具体规定：当板支承在砖石墙体上，其支承长度对外墙不应小于120mm，对内墙不应小于100mm。

2. 肋梁楼板

肋梁楼板是最常见的楼板形式时称为双向板肋梁楼板。

单向板肋梁楼板由板、次梁和主梁组成。其荷载传递路线为板→次梁→主梁→柱(或墙)。主梁的经济跨度为5m～8m，主梁高为主梁跨度的1/14～1/8，主梁宽与高之比为1/3～1/2，次梁的经济跨度为4m～6m，次梁高为次梁跨度的1/18～1/12，宽度为梁高的1/3～1/2，次梁跨度即为主梁间距；板的厚度确定同板式楼板，由于板的混凝土用量占整个肋梁楼板混凝土用量的50%～70%，因此板宜取薄些，通常板跨不大于3m，其经济跨度为1.7m～2.5m。不仅由房间大小、平面形式来决定，而且还应从采光效果来考虑。当次梁与窗口光线垂直时，光线照射在次梁上使梁在顶棚上产生较多的阴影，影响亮度和采光均匀度。当次梁和光线平行时采光效果较好，如图8-11所示。

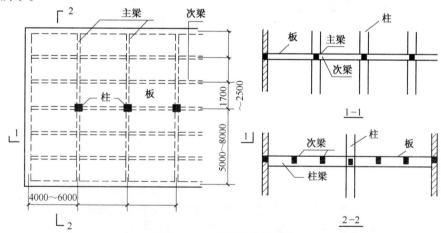

图8-11 单向板肋形楼盖

双向板肋梁楼板常无主次梁之分，由板和梁组成，荷载传递路线为板→梁→柱(或墙)。由于双向板肋梁楼板梁较少，顶棚平整美观，但楼板跨较大时，板厚也明显增加，增加了造价，因而一般用在区住宅、旅馆等。

当双向板肋梁楼板的板跨相同，且两个方向的梁截面也相同时，就形成了井式楼板。井式楼板实际上是一块扩大了的双向板,梁则是板内的加劲肋,适用于正方形平面的长宽之比不大于1.5的矩形平面,井式楼板中板的跨度为3.5m~6m,梁的跨度可达20m~30m,梁截面高度不小于梁跨的1/15,宽度为梁高的1/4~1/2,不少于120mm。井式楼板可与墙体正交放置或斜交放置。由于井式楼板可以用于较大的无柱空间,而且楼板底部的井格整齐划一,很有韵律,稍加处理就可形成艺术效果很好的顶棚,所以常用在门厅、大厅、会议室、餐厅、小型礼堂、歌舞厅等处。也有的将井式楼板中的板去掉,将井格设在中庭的顶棚上,采光和通风效果很好,也很美观。

3. 无梁楼板

无梁楼板为等厚的平板直接支承在柱上,分为有柱帽和无柱帽两种,如图8-12和图8-13所示。当楼面荷载比较小时,可采用无柱帽楼板;当楼面荷载较大时,为提高楼板的承载能力、刚度和抗冲切能力,必须在柱顶加设柱帽。无梁楼板的柱可设计成方形、矩形、多边形和圆形;柱帽可根据室内空间要求和柱截面形式进行设计;板的最小厚度不小于150mm且不小于板跨的1/35~1/32。无梁楼板的柱网一般布置为正方形或矩形,柱距一般不超过6m。无梁楼板四周应设圈梁,梁高不小于2.5倍的板厚和1/15的板跨。

图8-12 井式楼盖

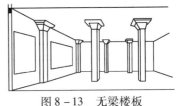

图8-13 无梁楼板

无梁楼板具有净空高度大、顶棚平整、采光通风及卫生条件构较好、施工简便等优点。适用于商店、书库、仓库等荷载较大的建筑。

4. 压型钢板组合楼板

压型钢板组合楼板是利用截面为凹凸相间的压型钢板做衬板与现浇混凝上面层浇筑在一起支承在钢梁上的板成为整体性很强的一种楼板。

钢衬板组合楼板主要由楼面层、组合板和钢梁三部分所构成,组合板包括现浇混凝土和钢衬板。此外可根据需要吊顶棚。

由于混凝土、钢衬板共同受力,即混凝土承受剪力与压力,钢衬板承受下部的压弯应力,因此,压型钢衬板起着模板和受拉钢筋的双重作用。这样组合楼板受正弯矩部分不需放置或绑扎受力钢筋,仅需部分构造钢筋即可。此外,还可利用压型钢板肋间的空隙敷设室内电力管线,亦可在钢衬板底部焊接架设悬吊管道、通风管和吊顶棚的支柱,从而充分利用了楼板结构中的空间。在国外高层建筑中得到广泛的应用。

　　钢材板与钢梁之间的连接,一船采用焊接、自攻螺接连接、膨胀铆钉固接和压边咬接等方式,如图 8 - 14 所示。

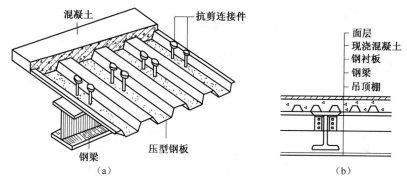

图 8 - 14　压型钢板组合楼板
(a)立体图;(b)构造层次。

8.2.3　装配整体式钢筋混凝土楼板

　　装配整体式楼板,是在楼板中预制部分构件,然后在现场安装,再以整体浇筑的办法连接而成的楼板结构,或在现浇(预制)密肋小梁间安放预制空心砌块并现浇面板,具有整体性强和模板利用率高等特点。

　　近年来,城市高层建筑和大开间建筑不断涌现。设计时为了加强建筑物的整体性,多采用现浇楼板,这样会耗费大量模板,很不经济。解决这一矛盾的办法是采用预制薄板(预应力)与现浇混凝土面层叠合而成的装配整体式楼板,又称预制薄板叠合楼板。

　　这种楼板以预制混凝土薄板为永久模板而承受施工荷载,板面现浇混凝土叠合层,所有楼板层中的管线等均事先埋在叠合层内,现浇层内只需配置少量支座负筋。预制薄板底面平整,不必抹灰,作为顶棚可直接喷浆或粘贴装饰墙纸。

　　由于预制薄板具有结构、模板、装修三方面的功能,因而叠合楼板具有良好的整体性和连续性,对结构有利。这种楼板跨度大、厚度小,结构自重可以减轻。目前已广泛应用于住宅、宾馆、学校、办公楼、医院以及仓库等建筑中。

　　叠合楼板的跨度一般为 4m ~ 6m,最大可达 9m,通常以 5.4m 以内较为经济。预应力薄板厚 50m ~ 70mm,板宽 1.1m ~ 1.8m。

　　为了保证预制薄板与叠合层有较好的连接,薄板上表面需做处理。通常有两种做法:一是在上表面作刻槽处理,刻槽直径 50mm,深 20mm,间距 150mm;另一种是在薄板表面露出较规则的三角形的结合钢筋。

现浇叠合层的混凝土强度为 C20 级,厚度一般为 100mm ~ 120mm。叠合楼板的总厚度取决于板的跨度,一般为 150mm ~ 250mm。楼板厚度以大于或等于薄板厚度的两倍为宜,如图 8 – 15 所示。

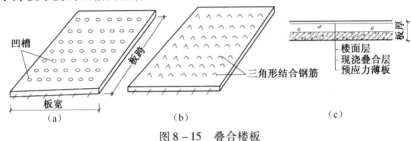

图 8 – 15　叠合楼板

(a)板面刻槽;(b)板面露出三角形连接钢筋;(c)构造层次。

8.3　顶　棚

顶棚又称平顶或天花板,是楼板层的最下面部分,是建筑物室内主要饰面之一。作为顶棚,则要求表面光洁,美观,能反射光线,改善室内照度以提高室内装饰效果;对某些有特殊要求的房间,还要求顶棚具有隔声吸音或反射声音、保温、隔热、管道敷设等方面的功能,以满足使用要求。

一般顶棚多为水平式,但根据房间用途的不同,可做成弧形、折线形等各种形状。顶棚的构造形式有直接式顶棚和悬吊式顶棚两种。设计时应根据建筑物的使用功能、装修标准和经济条件来选择适宜的顶棚形式。

8.3.1　直接式顶棚

直接式顶棚系指直接在钢筋混凝土屋面板或楼板下表面直接喷浆、抹灰或粘贴装修材料的一种构造方法,如图 8 – 16 所示。当板底平整时,可直接喷刷大白浆或 106 涂料;当楼板结构层为钢筋混凝土预制板时,可用 1∶3 水泥砂浆填缝刮平,再喷刷涂料。这类顶棚构造简单,施工方便。

具体做法和构造与内墙面的抹灰类、涂刷类、裱糊类基本相同,常用于装饰要求不高的一般建筑,如办公室、住宅、教学楼等。

此外,有的是将屋盖结构暴露在外,不另做顶棚,称为"结构顶棚"。例如网架结构,构成网架的杆件本身很有规律,有结构自身的艺术表现力,能获得优美的韵律感。又如拱结构屋盖,结构自身具有优美曲面,可以形成富有韵

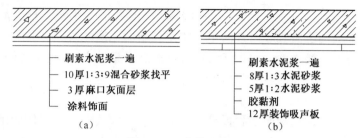

图 8 - 16　直接式顶棚
(a)抹灰顶棚;(b)贴面顶棚。

律的拱面顶棚。结构顶棚的装饰重点,在于巧妙地组合照明、通风、防火、吸声等设备,以显示出顶棚与结构韵律的和谐,形成统一的、优美的空间景观。结构顶棚广泛用于体育建筑反展览大厅等公共建筑。

8.3.2　悬吊式顶棚

悬吊式顶棚又称"吊顶"。它离开屋顶或楼板的下表面有一定的距离,通过悬挂物与主体结构联结在一起。这类顶棚类型较多,构造复杂。

1. 吊顶的类型

(1)根据结构构造形式的不同,吊顶可分为整体式吊顶、活动式装配吊顶、隐蔽式装配吊顶、相开敞式吊顶等。

(2)根据材料的不同,吊顶可分为板材吊顶、轻钢龙骨吊顶、金属吊顶等。

2. 吊顶的构造组成

吊顶一般由龙骨与面层两部分组成。

1)吊顶龙骨

吊顶龙骨分为主龙骨与次龙骨,主龙骨为吊顶的承重结构,次龙骨则是吊顶的基层。主龙骨通过吊筋或吊件固定在屋顶(或楼板)结构上,次龙骨用同样的方法固定在主龙骨上,如图 8 - 17 所示。

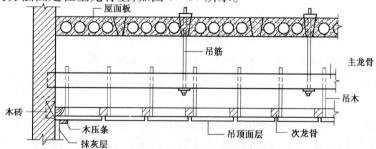

图 8 - 17　吊顶构造组成

龙骨可用木材、轻钢、铝合金等材料制作,其断面大小视其材料品种、是否上人和面层构造做法等因素而定。主龙骨断面比次龙骨大,间距约为2m。悬吊主龙骨的吊筋为$\phi 8 \sim \phi 10$钢筋,间距也是不超过2m。次龙骨间距视面层材料而定,间距一般不超过600mm。

2)吊顶面层

吊顶面层分为抹灰面层和板材面层两大类。抹灰面层为湿作业施工,费工费时,从发展眼光看,趋向采用板材面层,既可加快施工速度,又容易保证施工质量。板材吊顶有植物板材、矿物板材和金属板材等。

3. 抹灰吊预构造

抹灰吊顶的龙骨可用木或型钢。当采用木龙骨时,主龙骨断面宽60mm～80mm,高120mm～150mm,中距约1m。次龙骨断面一般为40mm×60mm,中距400mm～500mm,用吊木固定于主龙骨上。当采用型钢龙骨时,主龙骨选用槽钢,次龙骨为角钢(20mm×20mm×3mm),间距同上。

抹灰面层有以下几种做法:板条抹灰、板条钢板网抹灰、钢板网抹灰。板条抹灰一般采用木龙骨,其构造做法如图8-18所示。这种顶棚是传统做法,构造简单,造价低,但抹灰层出于干缩或结构变形的影响,很容易脱落,且不防火,通常用于装修要求较低的建筑。

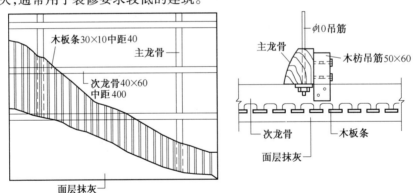

图8-18　板条抹灰顶棚

板条钢板网抹灰顶棚的做法是在前一种顶棚的基础上加钉一层钢板网,以防止抹灰层的开裂脱落,如图8-19所示。这种做法适用于装修质量较高的建筑。

钢板网抹灰吊顶一般采用钢龙骨,钢板网固定在钢筋上,如图8-20所示。这种做法未使用木材,可以提高顶棚的防火性、耐久性和抗裂性,多用于公共建筑的大厅顶棚和防火要求较高的建筑。

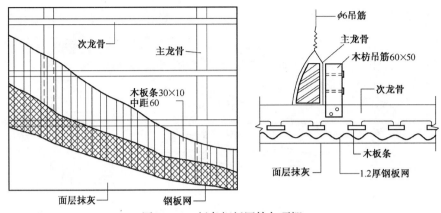

图 8 – 19 板条钢板网抹灰顶棚

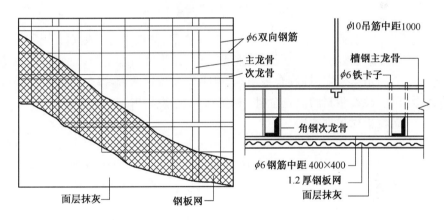

图 8 – 20 钢板网抹灰顶棚

4. 木质板材吊顶构造

木质板材的品种甚多,如胶合板、硬质纤维板、软质纤维板、装饰吸声板、木丝板、刨花板等,其中用得最多的是胶合板和纤维板。植物板材吊顶的优点是施工速度快、干作业,故比抹灰用顶应用更广。

吊顶龙骨一般用木材制作,龙骨布置成格子状,如图 8 – 21 所示,分格大小应与板材规格相协调。例如胶合板的规格为 915mm × 1830mm、1220mm × 1830mm,硬质纤维板的规格为 915mm × 1830mm、1050mm × 2200mm、1150mm × 2350mm,龙骨的间距最好采用 450mm。

为了防止植物板材因吸湿而产生凹凸变形,面板宜锯成小块板铺钉在次龙骨上,板块接头必须留 3mm ~ 6mm 的间隙作为预防板面翘曲的措施。板缝缝形根据设计要求可做成密缝、斜槽缝、立缝等形式,如图 8 – 21 所示。胶合板应采

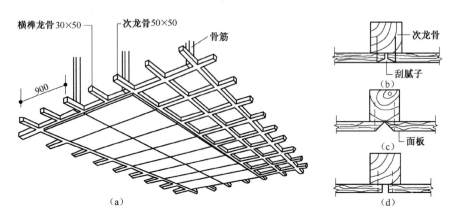

图 8 - 21　木质板材吊顶构造
(a)仰视图;(b)密缝;(c)斜槽缝;(d)立缝。

用较厚的五夹板,而不宜用三夹板,以防翘曲变形,如选用纤维板则宜用硬质纤维板。为了提高植物板材抗吸湿的能力,可在面板铺钉前进行表面处理,以防止板材吸湿变形。例如铺胶合板吊顶,可事先在板材两面涂刷一退油漆;铺纤维板吊顶时,可在板材两面先涂刷一遍猪血,待干燥后再刷一道油漆。

5. 矿物板材吊顶构造

矿物板材吊顶常用石膏板、石棉水泥板、矿棉板等板材作面层,轻钢或铝合金型材作龙骨。这类吊顶的优点是自重轻、施工安装快、无湿作业、耐火性能优于植物板材吊顶和抹灰吊顶,故在公共建筑或高级工程中应用较广。

轻钢和铝合金龙骨的布置方式有两种。

1)龙骨外露的布置方式

这种布置方式的主龙骨采用槽形断面的轻钢型材,次龙骨为 T 形断面的铝合金型材。次龙骨双向布置,矿物板材置于次龙骨翼缘上,次龙骨露在顶棚表面成方格形,方格大小 500mm 左右。悬吊主龙骨的吊链件为槽形断面,吊挂点间距为 0.9m ~ 1.2m,最大不超过 1.5m。次龙骨与主龙骨的连接采用 U 形连接吊钩,如图 8 - 22 所示。

2)不露龙骨的布置方式

这种布置方式的主龙骨仍采用槽形断面的轻钢型材,但次龙骨采用 U 形断面轻钢型材,用专门的吊挂件将次龙骨固定在主龙骨上,而板用自攻螺钉固定于次龙骨上。主次龙骨的布置示意图,如图 8 - 23 所示。主次龙骨及面板的连接节点构造,如图 8 - 24 所示。

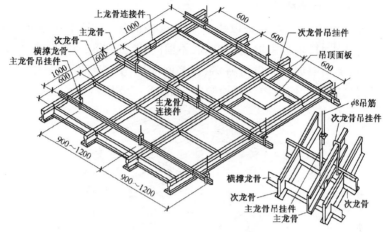

图 8 – 22 龙骨外露的吊顶

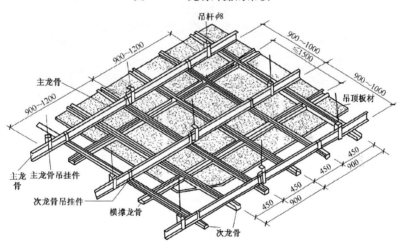

图 8 – 23 不露龙骨吊顶的龙骨布置

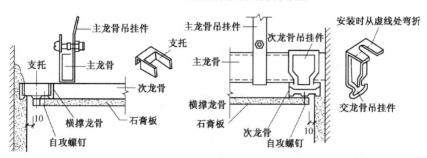

图 8 – 24 不露龙骨吊顶的节点构造

6. 金属板材吊顶构造

金属板材吊顶最常用的是以铝合金条板作面层,龙骨采用轻钢型材,当吊顶无吸音要求时,条板采取密铺方式,不留间隙,如图 8 - 25 所示;当有吸声要求时,条板上面需加铺吸声材料,条板之间应留出一定的间隙,以便投射到顶棚的声能从间隙处被吸声材料所吸收,如图 8 - 26 所示。

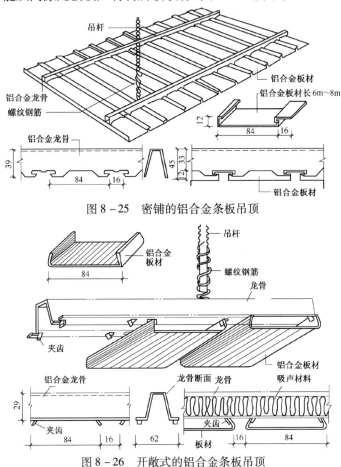

图 8 - 25　密铺的铝合金条板吊顶

图 8 - 26　开敞式的铝合金条板吊顶

8.4　地坪层与地面

8.4.1　地坪层构造

地坪层指建筑物底层地面,直接座落在其下的夯实土层上,地坪层须承受地坪上的全部荷载,并均匀地传给地坪以下土层。按地坪层与土层间的关系不同,可分为实铺地层和空铺地层两类。

1. 实铺地层

地坪的基本组成部分有面层、垫层和基层,对有特殊要求的地坪,常在面层和垫层之间增设一些附加层,如图8-27所示。

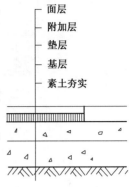

图8-27　地坪层构造

1）面层

地坪的面层又称地面,和楼面一样,是直接承受人、家具、设备的重量及各种物理化学作用的表面层,起着保护结构层和美化室内的作用。地面的做法和楼面相同。

2）垫层

垫层是基层和面层之间的填充层,其作用是找平和承重传力,一般采用60mm~100mm厚的C10混凝土垫层。垫层材料分为刚性和柔性两大类。

刚性垫层如混凝土、碎砖三合土等,有足够的整体刚度,受力后不产生塑性变形,多用于整体地面和小块块料地面。

柔性垫层如砂、碎石、炉渣等松散材料,无整体刚度,受力后产生塑性变形,多用于块料地面。

3）基层

基层即地基,一般为原土层或填土分层夯实。当上部荷载较大时,增设100mm~150mm厚2:8灰土,或100mm~150mm厚碎砖、道渣、三合土。

4）附加层

附加层是针对某些有特殊使用要求而设置的一些构造层次,如防水层、防潮层、保温层、隔热层、隔声层和管道敷设层等。

2. 空铺地层

为防止底层房间受潮或满足某些特殊使用要求(如舞台、体育训练、比赛场、幼儿园等的地层需要有较好的弹性)将地层架空形成空铺地层。其构造作法是在夯实土或混凝上垫层上砌筑地垅墙或砖墩上架梁,在地垅墙或梁上铺设钢筋混凝土预制板。若做木地层就在地垅墙或梁上设些垫木、钉木龙骨再铺木地板,这样利用地层与土层之间的空间进行通风,便可带走地潮,如图8-28所示。

8.4.2　地面设计要求

地面是人们日常生活、工作和生产直接接触的部分,也是建筑中直接承

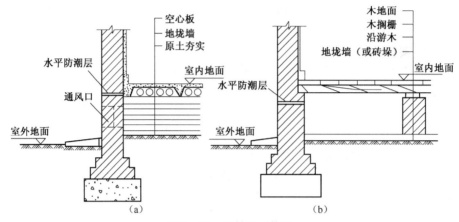

图 8-28 空铺地层构造

(a)预制钢筋混凝土板空铺地层;(b)木板空铺地层。

受荷载,经常受到摩擦、清扫和冲洗的部分。设计地面应满足下列要求。

(1)具有足够的坚固性。家具设备等作用下不易被磨损和破坏,且表面平整、光洁、易清洁和不起灰。

(2)保温性能好。要求地面材料的导热系数小,给人以温暖舒适的感觉,冬期时走在上面不致感到寒冷。

(3)具有一定的弹性。当人们行走时不致有过硬的感觉,同时,有弹性的地面对防撞击声有利。

(4)易于清洁。

(5)满足某些特殊要求。对有水作用的房间,地面应防水防潮;对有火灾隐患的房间,应防火耐燃烧;对有化学物质作用的房间应耐腐蚀;对有仪器和药品的房间,地面应无毒、易清洁;对经常有油污染的房间,地面应防油渗。

(6)美观经济。综上所述,即在进行地面设计或施工时,应根据房间的使用功能和装修标准,选择适宜的面层和附加层。

8.4.3 地面的类型

地面的名称是依据面层所用材料来命名的。按面层所用材料和施工方式不同,常见地面做法可分为以下几类。

(1)整体地面。有水泥砂浆地面、细石混凝土地面、水泥石屑地面、水磨石地面等。

(2)块材地面。有砖铺地面、水泥地砖等面砖地面、缸砖及陶瓷锦砖地面等。

（3）塑料地面。有聚氯乙烯塑料地面、涂料地面。

（4）木地面。常采用条木地面和拼花木地面。

8.4.4　地面构造

1. 整体地面

1）水泥砂浆地面

水泥砂浆地面构造简单,坚固、耐磨、防水,造价低廉,但导热系数大,冬天感觉阴冷,吸水性差,易结露、易起灰,不易清洁,是一种广为采用的低档地面或进行二次装修的商品房的地面。水泥砂浆地面是在混凝土垫层或结构层上抹水泥砂浆。通常有单层和双层两种做法。单层做法只抹一层 20mm～25mm 厚 1：2 或 1：2.5 水泥砂浆;双层做法是增加一层 10mm～20mm 厚 1：3 水泥砂浆找平,表面再抹 5mm～10mm 厚 1：2 水泥砂浆抹平压光。虽增加了工序,但不易开裂。

2）水泥石屑地面

将水泥砂浆里的中粗砂换成 3mm～6mm 的石屑即为水泥石屑地面,或称豆石或瓜米石地面。在垫层或结构层上直接做 25 厚 1：2 水泥石屑,水灰比不大于 0.4,刮平拍实,碾压多遍,出浆后抹光。这种地面表面光洁,不起尘,造价低,但强度高,性能近似水磨石。

防滑水泥地面是将砂浆面层做成瓦垄状、齿榴状。在砂浆面层内掺入一定数量的氧化铁红或其他颜料即为彩色水泥地面。

3）水磨石地面

水磨石地面是将天然石料(大理石、方解石)的石碴做成水泥石屑面层,经磨光打蜡制成。这种地面质地美观,表面光洁,不起尘,具有很好的耐磨性、耐久性、耐油耐碱、防火防水,通常用于公共建筑的门厅、走道、主要房间地面、墙裙及住宅的浴室、厨房、厕所等处。

水磨石地面为分层构造,底层为 18mm 厚 1：3 水泥砂浆,找平层为 12mm 厚 1：1.5～1：2 水泥石碴(粒径为 8mm～10mm),分格条一般高 10mm,用 1：1 水泥砂浆固定,如图 8-29 所示。

施工中先将找平层做好,在找平层上按设计的方格网图案嵌固玻璃塑料分格条(或铜条、铝条)。分格条一般高 10mm,用 1：1 水泥砂浆固定。将拌和好的水泥石屑铺入压实,经浇水养护后磨光,一般须粗磨、中磨、精磨,用草酸水溶液洗净,最后打蜡抛光。普通水磨石地面采用普通水泥掺白石子,玻璃条分格;美术水磨石可用白水泥加各种颜料和各色石子,用铜条分格,可形成各种优美的图案,其造价比普通水磨石约高 4 倍。还可以将破碎的大理石块铺入面层,不分格,缝隙处填补水泥石碴,磨光后即成冰裂水磨石。

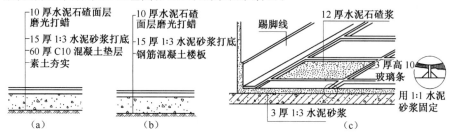

图 8 - 29　水磨石地面

(a)底层地面;(b)楼层地面;(c)分隔条。

2. 块材地面

块材地面是利用各种人造的和天然的预制块材、板材镶铺在基层上面。常用块材有陶瓷地砖、马赛克、水泥花砖、大理石板、花岗石板等,常用铺砌或胶结材料起胶结和找平作用,有水泥砂浆、油膏、细砂、细炉渣等做结合层。

1)铺砖地面

铺砖地面有黏土砖地面、水泥砖地面、预制混凝土块地面等。铺设方式有两种:干铺和湿铺。干铺是在基层上铺一层 20mm ~ 40mm 厚砂子,将砖块等直接铺设在砂上,板块间用砂或砂浆填缝。湿铺是在基层上铺 1∶3 水泥砂浆 12mm ~ 20mm 厚,用 1∶1 水泥砂浆灌缝。

2)缸砖、地面砖及陶瓷锦砖地面

缸砖是陶土加矿物颜料烧制而成的一种无釉砖块,主要有红棕色和深米黄色两种,缸砖质地细密坚硬,强度较高,耐磨、耐水、耐油、耐酸碱,易于清洁不起灰,施工简单,因此广泛应用于卫生间、盥洗室、浴室、厨房、实验室及有腐蚀性液体的房间地面。

地面砖的各项性能都优于缸砖,且色彩图案丰富,装饰效果好,造价也较高,多用于装修标准较高的建筑物地面。

缸砖、地面砖构造做法:20mm 厚 1∶3 水泥砂浆找平,3mm ~ 4mm 厚水泥胶(水泥∶107 胶∶水为 1∶0.1∶0.2)粘贴缸砖,用素水泥浆擦缝。

陶瓷锦砖质地坚硬,经久耐用,色泽多样,耐磨、防水、耐腐蚀、易清洁,适用于有水、有腐蚀的地面。做法类同缸砖,后用滚筒压平,使水泥胶挤入缝隙,用水洗去牛皮纸,用白水泥浆擦缝,如图 8 - 30 所示。

3)天然石板地面

常用的天然石板指大理石和花岗石板,由于它们质地坚硬,色泽丰富艳丽,属高档地面装饰材料,特别是磨光花岗石板,色泽花纹丝毫不亚于大理石

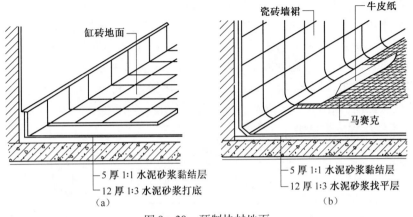

图 8-30　预制块材地面

(a)缸砖地面;(b)陶瓷锦砖地面。

板,耐磨、耐腐蚀等性能均优于大理石,但造价昂贵,一般多用于高级宾馆、会堂、公共建筑的大厅、门厅等处。做法是在基层上刷素水泥浆一道,30mm 厚1:3干硬性水泥砂浆拢平,面上抹 2mm 厚素水泥(洒适量清水),粘贴 20mm厚大理石板(花岗石板),素水泥浆擦缝。粗琢面的花岗石板可用在纪念性建筑、公共建筑的室外台阶、踏步上,既耐磨又防滑,如图 8-31 所示。

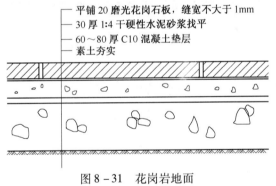

图 8-31　花岗岩地面

3. 木地面

木地板的主要特点是有弹性,不起灰、不返潮、易清洁、保温性好,常用于高级住宅、宾馆体育馆、健身房、剧院舞台等建筑中。木地面按其用材规格分为普通木地面、硬木条地面和饼花木地面三种。按构造方式有空铺、实铺和粘贴三种。

1) 空铺木地面

常用于底层地面,由于占用空间多,费材料,因而采用较少。

2）实铺木地面

将木地板直接钉在钢筋混凝土基层上的木搁栅上,木搁栅绑扎后预埋在钢筋混凝土楼板内的 10 号双股镀锌铁丝上。或用 V 形铁件嵌固,木搁栅为 50mm×60mm 方木,中距 400mm,40mm×50mm 横撑中距 1000mm 与木搁栅钉牢。为了防腐,可在基层上刷冷底子油和热沥青,搁栅及地板背面满涂防腐油或煤焦油,如图 8－32 所示。

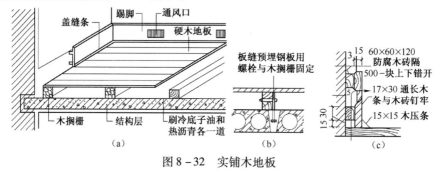

图 8－32　实铺木地板

(a)木地板构造;(b)格栅固定方式;(c)通风铁脚板构造。

3）粘贴木地面

粘贴木地面做法是先在钢筋混凝土基层上采用沥青砂浆找平,然后刷冷底子油一道,热沥青一道,用2mm 厚沥青胶环氧树脂乳胶等随涂随铺贴20mm厚硬木长条地板。

当面层为小席纹拼花木地板时,可直接用黏结剂涂刷在水泥砂浆找平层上进行粘贴。粘贴式木地面既省空间又省去木搁栅,较其他构造方式经济,但水地板容易受潮起翘,干燥时又易裂缝,因此施工时一定要保证粘贴质量。

木地板做好后应采用油漆打蜡来保护地面。普通木地板做色漆地面、硬木条地板做清漆地面。做法是用腻子将拼缝、凹坑填实刮平,待腻子干后用1号木砂纸打磨平滑,清除灰屑,然后刷2遍~3遍色漆或清漆,最后打蜡上光,如图 8－33所示。

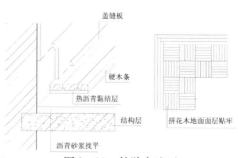

图 8－33　粘贴木地面

4. 塑料地面

常用的塑料地毡为聚氯乙烯塑料地毡和聚氯乙烯石棉地板。

聚氯乙烯塑料地毡（又称地板胶），是软质卷材，目前市面上出售的地毡宽度多为 2m 左右，厚度 1mm ~ 2mm，可直接干铺在地面上，也可用聚氨酯等黏合剂粘贴，如图 8 - 34 所示。

聚氯乙烯石棉地板是在聚氯乙烯树脂中掺入 60% ~ 80% 的石棉绒和碳酸钙填料。由于树脂少、填料多，所以质地较硬，常做成 300mm × 300mm 的小块地板，用黏结剂拼花对缝粘贴。

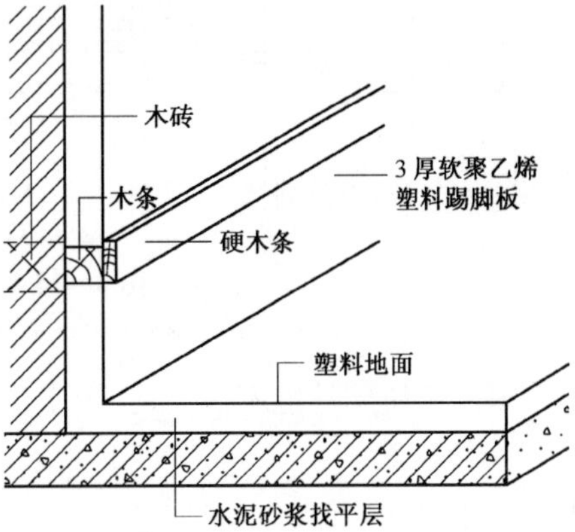

塑料地面具有步感舒适、柔软、富

图 8 - 34　塑料地毡地面

有弹性、轻质、耐磨、防水、防潮、耐腐蚀、绝缘、隔声、阻燃、易清洁、施工方便等特点，且色泽明亮、图案多样，多用于住宅及公共建筑以及工业厂房中要求较高清洁环境的房间。缺点是不耐高温，怕明火，易老化。

5. 涂料地面

涂料类地面耐磨性好，耐腐蚀、耐水防潮，整体性好，易清洁，不起灰，弥补了水泥砂浆和混凝土地面的缺陷，同时价格低廉，易于推广。

涂料地面常用涂料有过氯乙烯溶液涂料、苯乙烯焦油涂料、聚乙烯醇缩丁醛涂料等，这些涂料地面施工方便、造价较低，可以提高水泥地面的耐磨性、柔韧性和不透水性。但由于是溶剂型涂料，在施工中会逸散出有害气体污染环境，同时涂层较薄，磨损较快。

8.5　阳台与雨篷

阳台是连接室内的室外平台，给居住在建筑里的人们提供一个舒适的室外活动空间，是多层住宅、高层住宅和旅馆等建筑中不可缺少的一部分。

雨篷位于建筑物出入口的上方，用来遮挡雨雪，保护外门免受侵蚀，给人们提供一个从室外到室内的过渡空间，并起到保护门和丰富建筑立面的作用。

8.5.1　阳台

1. 阳台的类型、组成和要求

1）阳台的类型

阳台按其与外墙面的关系分为挑阳台、凹阳台、半挑半凹阳台;按其在建筑中所处的位置可分为中间阳台和转角阳台,如图 8-35 所示。

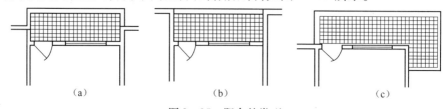

图 8-35　阳台的类型
(a)半挑半凹阳台;(b)凹阳台;(c)转角阳台。

阳台按使用功能不同又可分为生活阳台(靠近卧室或客厅)和服务阳台(靠近厨房)。

2)阳台的组成

阳台由承重梁、板和栏杆组成。

3)阳台的设计要求

(1)安全适用。悬挑阳台的挑出长度不宜过大,应保证在荷载作用下不发生倾覆现象,以 1m~1.5m 为宜;过小不便使用、过大增加结构自重。低层、多层住宅阳台栏杆净高不低于 1.05m,中高层住宅阳台栏杆净高不低于 1.1m,但也不大于 1.2m。阳台栏杆形式应防坠落(垂直栏杆间净距不应大于 110mm,防攀爬(不设水平栏杆),以免造成恶果。放置花盆处,也应采取防坠落措施。

(2)坚固耐久。阳台所用材应经久耐用,承重结构宜采用钢筋混凝土,金属构件应做防锈处理,表面装修应注意色彩的耐久性和抗污染性。

(3)排水顺畅。为防止阳台上的雨水流入室内,设计时要求将阳台地面标高低于室内地面标高 60mm 左右,并将地面抹出 0.5% 的排水坡将水导入排水孔,使雨水能顺利排出,还应考虑地区气候特点。南方地区宜采用有助于空气流通的空透式栏杆,而北方寒冷地区和中高层住宅应采用实体栏杆,并满足立面美观的要求,为建筑物的形象增添风采。

2. 阳台结构布置方式

1)挑梁式

当楼板为预制楼板,结构布置为横墙承重时,可选择挑梁式。即从横墙内外伸挑梁,其上搁置预制楼板,阳台荷载通过挑梁传给纵横墙,由压在挑梁上的墙体和楼板来抵抗阳台的倾覆力矩。这种结构布置简单、传力直接明确、阳台长度与房间开间一致,也可将阳台长度延长几个房间形成通长阳台。挑梁根部截面高度 $h = (1/5 \sim 1/6)l$, l 为悬挑净长,截面宽度 $b = (1/2 \sim 1/3)$

h,如图8－36所示。

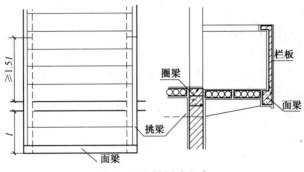

图8－36　挑梁式阳台

为美观起见,可在挑梁端头设置面梁,既可以遮挡挑梁头,又可以承受阳台栏杆重量,还可以加强阳台的整体性。

2）挑板式

当楼板为现浇楼板时,可选择挑板式。即从楼板外延挑出平板,板底平整美观而且阳台平面形式可做成半圆形、弧形、梯形、斜三角等各种形状。挑板厚度不小于挑出长度的1/12,如图8－37所示。

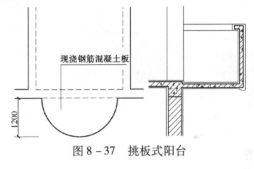

图8－37　挑板式阳台

3）压梁式

阳台板与墙梁现浇在一起,墙梁的截面应比圈梁大,以保证阳台的稳定,而且阳台悬挑不宜过长,一般为1.2m左右,并在墙梁两端设拖梁压入墙内,如图8－38所示。

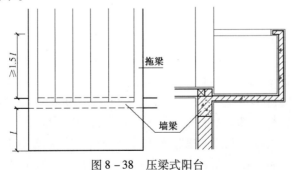

图8－38　压梁式阳台

3. 阳台的细部构造

1）阳台栏杆

阳台栏杆是设置在阳台外围的垂直构件。主要供人们扶倚之用，以保障人身安全，且对整个建筑物起装饰美化作用。栏杆的形式有实体、空花和混合式。按材料可分为砖砌、钢筋混凝土和金属栏杆，如图 8-39 所示。

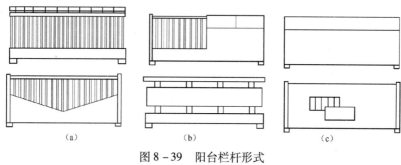

图 8-39　阳台栏杆形式

（a）空花式；（b）混合式；（c）实体式。

砖砌栏板一般为 120mm 厚，在挑梁端部浇 120mm × 120mm 钢筋混凝土小立柱，并从中向两边伸出 $2\phi6@500mm$ 的拉接筋 300mm 长与砖砌栏杆拉接以保证其牢固性。

钢筋混凝土栏板为现浇和预制两种。现浇栏板厚 60mm～80mm，用 C20 细石混凝土现浇。

预制栏杆有实体和空心两种，实体栏杆厚为 40mm，空心栏杆厚度为 60mm，下端预埋铁件，上端伸出钢筋可与面梁和扶手连接，应用较为广泛。

金属栏杆一般采用□18 方钢、$\phi18$ 圆钢、40×6 扁钢、40×4 扇钢等焊接成各种形式的镂花。

2）栏杆扶手

栏杆扶手有金属和钢筋混凝土两种。

金属扶手一般为 DN50 钢管与金属栏杆焊接。

钢筋混凝土扶手用途广泛，形式多样，有不带花台、带花台、带花池等。不带花台栏杆扶手直接用作栏杆压顶，宽度有 80mm、120mm、160mm；带花台的栏杆扶手，在外侧设保护栏杆，一般高 180mm～200mm，花台净高 240mm；花池一般设在栏杆中部，也可以设在底部和上部，用 C20 细石混凝土预制后安装，也可现浇，但施工比较麻烦，花池内部净宽和净高均不小于 240mm，壁厚为 40mm～60mm，在其底设 DN32 泄水管，如图 8-40 所示。

3）细部构造

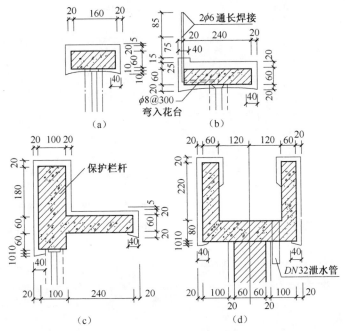

图 8 - 40　阳台扶手构造

(a)不带花台;(b)、(c)带花台面;(d)带花池。

阳台细部构造主要包括栏杆与扶手的连接、栏杆与面梁(或称止水带)的连接、栏杆与墙的连接、栏杆与花池的连接等。

(1) 栏杆与扶手的连接方式有焊接、现浇等方式。在扶手和栏杆上预埋铁件,安装时焊在一起即为焊接。这种连接方法施工简单,坚固安全;从栏杆或栏板内伸出钢筋与扶手内钢筋相连,再支模现浇扶手为现浇。这种做法整体性好,但施工较复杂;当栏杆与扶手均为钢筋混凝土时,适于现浇的方法;当栏板为砖砌时,可直接在上部现浇混凝土扶手、花台或花池,如图 8 -41 所示。

(2) 栏杆与面梁或阳台板的连接方式有焊接、隼接坐浆、现浇等。当阳台为现浇板时,必须在板边现浇 100mm 高混凝土挡水带;当阳台板为预制板时,其面梁顶应高出阳台板面 100mm,以防积水顺板边流淌,污染表面。金属栏杆可直接与面梁上预埋件焊接。现浇钢筋混凝土栏板可直接从面梁内伸出锚固筋,然后扎筋、支模、现浇细石混凝土;砖砌栏板可直接砌筑在面梁上;预制的钢筋混凝土栏杆可与面梁中预埋件焊接,也可预留插筋插入预留孔内,然后用水泥砂浆填实固牢,如图 8 -42 所示。

(3) 扶手与墙的连接,应将扶手或扶手中的钢筋伸入外墙的预留洞中,用

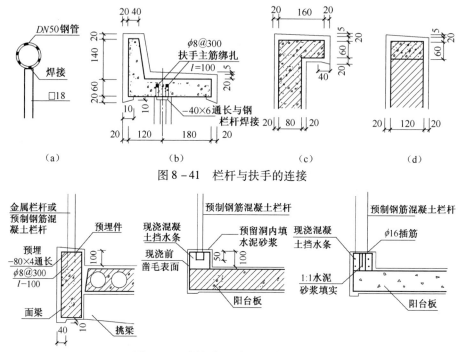

图 8 - 41　栏杆与扶手的连接

图 8 - 42　栏杆与面墙及阳台板的连接

细石混凝土或水泥砂浆填实固牢;现浇钢筋混凝土栏杆与墙连接时,应在墙体内预埋 240mm × 240mm × 120mmC20 细石混凝土块,从中伸出 2ϕ6,长300mm,与扶手中的钢筋绑扎后再进行现浇,如图 8 - 43 所示。

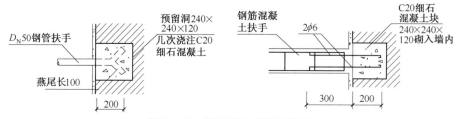

图 8 - 43　栏扶手与墙体的连接

（4）花池与栏杆的连接有现浇和插筋两种。当花池较小,可先预制,在与栏板交接处预留 2 根 ~ 3 根长 300mmϕ6 钢筋,与栏杆钢筋绑扎,然后整浇;当花池较大时,必须现浇,且在花池两端设 120mm × 120mm 钢筋混凝土立柱,立柱内伸出拉结筋与池壁相连,且伸入侧壁不小于 200mm。

　　4）阳台隔板

　　阳台隔板用于连接双阳台,有砖砌和钢筋混凝土隔板两种。砖砌隔板一般采用 60mm 和 120mm 厚两种,由于荷载较大且整体性较差,所以现多采用钢筋混凝土隔板。隔板采用 C20 细石混凝土预制 60mm 厚,下部预埋铁件与阳台预埋铁件焊接,其余各边伸出 $\phi6$ 钢筋与墙体、跳梁和阳台栏杆、扶手相连,如图 8 – 44 所示。

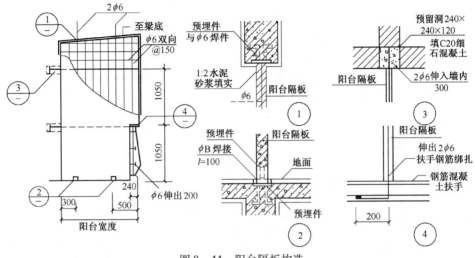

图 8 – 44　阳台隔板构造

5）阳台排水

由于阳台为室外构件,每逢雨雪天易于积水,为保证阳台排水通畅,防止雨水倒溜室内,必须采取一些排水措施。阳台排水有外排水和内排水两种。外排水适用于低层和多层建筑,即立阳台外侧设置泄水管将水排出。泄水管可采用 DN40 ~ DN50 镀锌铁管和塑料管。外挑长度不少于 80mm,以防雨水溅到下层阳台。内排水适用于高层建筑和高标准建筑,即在阳台内侧设置排水立管和地漏,将雨水直接排入地下管网,保证建筑立面美观,如图 8 – 45 所示。

8.5.2　雨篷

由于建筑物的性质,出入口的大小和位置、地区气候差异,以及立面造型要求等因素的影响,雨篷的形式是多种多样的。根据雨篷板的支承方式不同,有悬板式和梁板式两种。

1. 悬板式

悬板式雨篷外挑长度一般为 0.9m ~ 1.5m,板根报部厚度不小于挑出长度的 1/12,雨篷宽度比门洞每边宽 250mm,雨篷排水方式可采用无组织排水和有组织排水两种。雨篷顶面距过梁顶面 250mm 高,板底抹灰可抹 1: 2 水泥

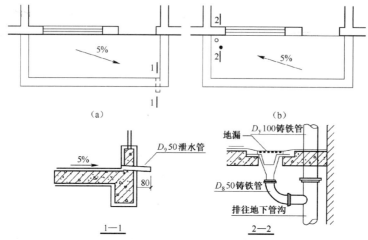

图 8-45 阳台排水构造

砂浆内掺 5% 防水剂的防水砂浆 15mm 厚,如图 8-46 所示。

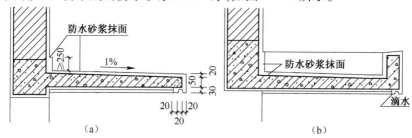

图 8-46 悬板式雨篷构造

(a)变截面;(b)板端加肋。

2. 梁板式

梁板式雨篷多用在宽度较大的入口处,如影剧院、商场等主要出入口处。悬挑梁从建筑物的柱上挑出,为使板底平整,多做成倒梁式,如图 8-47 所示。

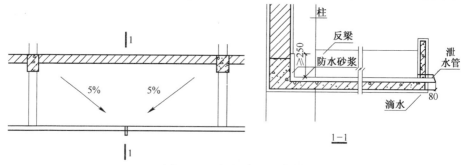

图 8-47 梁板式雨篷构造

本 章 小 结

本章主要介绍了楼地层的构造组成、设计要求、楼板的类型,钢筋混凝土楼板、顶棚、地坪层与地面以及阳台和雨篷的构造。

楼地层是建筑的水平分隔、承重构件,主要由面层、附加层、结构层、顶棚四部分组成。楼板层的设计应满足建筑的使用、结构承载、施工以及经济等方面的要求。

钢筋混凝土楼板按照施工方法的不同可分为现浇式、装配式和装配整体式三种。装配式钢筋混凝土楼板有平板、槽型板、空心板,施工方便,但整体性较差;现浇式钢筋混凝土楼板有现浇肋梁楼板、井式楼板和无梁楼板,因其整体性好,抗震性能优越,是现代建筑的首选方案。装配整体式楼板包括密肋填充块楼板和叠合式楼板。

地坪层由面层、垫层和素土夯实层构成。

楼地面按其材料和做法可分为整体地面、块材地面、塑料地面和木地面。

顶棚分为直接顶棚和吊顶棚。

阳台是住宅建筑的重要特征,有凹阳台和凸阳台之分,其结构布置方式主要有挑梁搭板和悬挑阳台板式。雨篷则通常作为建筑物出入口的标志,一般采用悬板式和梁板式。

思考题与习题

1. 楼板层的构造层次包括哪些?
2. 楼板层与地坪层有什么相同之处和不同之处?
3. 楼板层的基本组成及设计要求有哪些?
4. 楼板层隔绝固体传声的方式有哪几种? 绘图说明。
5. 简述装配式钢筋混凝土楼板的细部构造。
6. 简述现浇肋梁楼板的布置原则。
7. 井式楼板和无梁楼板的特点是什么? 简述其各自的适用范围。
8. 简述地坪层的组成及作用。
9. 水泥砂浆地面、水磨石地面的组成及优缺点分别是什么?
10. 常用的块料地面有哪几种? 简述其优缺点和适用范围。
11. 简述塑料地面的优缺点及主要类型。
12. 直接抹灰顶棚有哪些类型? 各自的适用范围是什么?
13. 绘图说明挑阳台的结构布置形式。
14. 雨篷的结构形式有哪几种? 适用范围是什么?

第9章 楼 梯

9.1 楼梯的组成及形式

9.1.1 楼梯的组成

楼梯由梯段、平台和栏杆扶手三部分组成。

1. 楼梯梯段

楼梯梯段是指若干个踏步组成的倾斜构件。板式楼梯的梯段由踏步和梯段板构成;梁式楼梯由梯段板及梯段梁构成。

踏步的作用是方便人们上下垂直交通;梯段板(梁)是支承踏步及其上部可变荷载的承重部分。对梯段的设计的主要要求包括适用和安全。为方便使用和具有足够的引导性,楼梯的每段梯段踏步数不应超过 18 级,亦不应小于 3 级。

2. 楼梯平台

楼梯平台是指联系相邻梯段的水平构件。楼梯平台包括楼层平台和休息平台。

楼层平台是指在楼层标高处楼面与梯段连接的水平部分;休息平台又称中间平台或者转身平台,是指非楼层处连接相邻梯段的水平部分。楼梯平台的作用是缓冲疲劳和转换楼梯方向。

3. 楼梯栏杆扶手

楼梯栏杆扶手包括栏杆(或栏板)和扶手两部分,是指梯段及平台临空边缘的安全保护和倚扶构件。楼梯至少需在一侧设置扶手,梯段净宽达三股人流时应在两侧设置扶手,达四股人流时宜加设中间扶手。

9.1.2 楼梯的形式

按梯段按数量和形式的不同分为:单跑楼梯、双跑楼梯、三跑楼梯或四跑楼梯、双分平行楼梯、剪刀式楼梯、弧形楼梯或螺旋楼梯。楼梯的形式如图9-1 所示。

图 9-1　楼梯的形式

(a)直跑楼梯(单跑);(b)直跑楼梯(双跑);(c)折角楼梯;(d)双分折角楼梯;

(e)三跑楼梯;(f)双跑楼梯;(g)双分平行楼梯;(h)剪刀楼梯;(i)弧形楼梯;(j)螺旋楼梯。

1. 单跑楼梯

单跑楼梯是直跑楼梯中最简单的形式,用一个直跑梯段连接相邻楼(地)层,通常用于层高不大的建筑。当层高较大时,直跑楼梯应增加休息平台。

2. 双跑楼梯

双跑楼梯相邻楼(地)层之间用两个梯段180°折返连接,中间设休息平台,是最常用的楼梯形式。

3. 三跑楼梯或四跑楼梯

三跑楼梯或四跑楼梯常见形式中用三个或四个梯段90°转折连接相邻楼层。

4. 双分平行楼梯

双分平行楼梯是上述双跑楼梯的变形,通常以单个居中梯段作为第一跑,在其两侧设置两个平行梯段作为第二跑,常用于公共建筑。

5. 剪刀式楼梯

剪刀式楼梯通常由两个直行单跑楼梯交叉而成,或由两个双跑楼梯反向连接而成。常用于人流有多向性选择要求的建筑。

6. 弧形楼梯或螺旋楼梯

弧形楼梯或螺旋楼梯平面呈弧形或圆形,具有明显的导向性和优美轻盈的造型。应当指出,疏散用楼梯和疏散通道上的阶梯不宜采用螺旋楼梯和扇形踏步。当必须采用时,踏步上下两级所形成的平面角度不应大于10°,且每级离扶手250mm处的踏步深度不应小于220mm。

7. 其他形式

其他形式除上述基本形式外,楼梯的形式还可以做多种变化、组合。

9.2　楼梯的坡度及主要尺寸

9.2.1　楼梯的坡度

踏步的高度和宽度反映楼梯的坡度。影响楼梯坡度的主要因素是楼梯的使用频繁程度和使用人员及其数量。使用的人数较多,使用的频繁程度较高,楼梯的坡度要求相对平缓;反之,则可相对较陡,以减少楼梯占用的空间。若建筑物的层高不变,楼梯坡度越大,楼梯间的进深越小,行走越吃力;坡度越小,楼梯间的进深越大,楼梯间占用的空间面积越大。

9.2.2　踏步尺寸

踏步尺寸包括踏步高度(又称踢面)和踏步宽度(又称踏面)。踏步的高度用"h"表示,踏步的宽度用"b"表示。为了在踏步宽度一定时增加行走舒适度,可将踏面出挑20mm～30mm。

楼梯踏步高宽比是根据楼梯坡度要求和不同类型人体自然跨度(步距)要求确定的,符合安全和方便舒适的要求。坡度一般控制在30°左右,对仅供少数人使用的服务楼梯则放宽要求,但不宜超过45°。步距是按照 $2h + b = $ 水平跨步距离公式,式中 h 为踏步高度, b 为踏步宽度,成人和儿童、男性和女性、青壮年和老年人均有所不同,一般在 560mm ~ 630mm 范围内,少年儿童在560mm 左右,成年人平均在 600mm 左右。踏步高宽比能反映楼梯坡度和步距,见表 9 - 1。

表 9 - 1　楼梯坡度及步距

楼梯类别	最小宽度/m	最大高度/m	坡度/(°)	步距/m
住宅公共楼梯	0.26	0.175	33.94	0.61
幼儿园、小学等	0.26	0.15	29.98	0.56
电影院、商场等	0.28	0.16	29.74	0.60
其他建筑等	0.26	0.17	33.18	0.60
专用疏散楼梯等	0.25	0.18	35.75	0.61
服务楼梯、住宅套内楼梯	0.22	0.20	42.27	0.62

9.2.3　梯段宽度

双跑楼梯的楼梯间墙体的内表面之间的距离包括两个梯段的宽度和一个梯井的宽度。一个梯段的宽度是指楼梯间墙体内表面至梯段边缘之间的水平距离。梯井宽度是指相邻两个梯段之间的水平距离。一般情况下,预留梯井主要是为了方便施工时立模整体浇注梯段板。在公共建筑中,也可以加大梯井宽度形成中庭。为了保护少年儿童生命安全,托儿所、幼儿园、中小学及少年儿童专用活动场所的楼梯,梯井净宽大于 0.2m 时,必须采取防止少年儿童攀滑措施。

楼梯梯段宽度在防火规范中是以每股人流为 0.55m 计,并规定,按两股人流,最小宽度不应小于 1.10m,这对疏散楼梯是适用的,而对平时用作交通的楼梯布完全适用,尤其是人员密集的公共建筑(如商场、剧场、体育馆等)主要楼梯应考虑多股人流通行,使垂直交通不出现拥挤和阻塞现象。此外,人流宽度按 0.55m 计算是最小值,实际上人体在行进中有一定摆幅和相互间空隙,因此每股人流为 0.55m + (0 ~ 0.15)m,单人行走楼梯梯段宽度还应适当加宽。

9.2.4　楼梯平台宽度

楼梯平台宽度不应小于梯段宽度,且不小于 1.2m,当有搬运大型物件需要时,应当适当加宽。

9.2.5　栏杆扶手的高度

扶手高度一般指扶手上表面至踏步前缘线的垂直距离。扶手高度不宜小于 900mm,供儿童使用的楼梯应当在 500mm ~ 600mm 的高度增设扶手。当水平梯段长度大于 0.50m 时,扶手高度不应小于 1.05m。水平楼梯栏杆高度,如图9 - 2所示。托儿所、幼儿园、中小学及少年儿童专用活动场所的楼梯

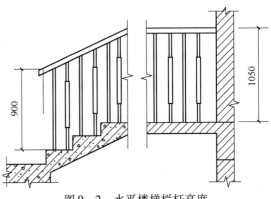

图 9 - 2　水平楼梯栏杆高度

栏杆应采取不易攀登的构造,当采用垂直杆件做栏杆时,其杆件净距不应大于 0.11m。

9.2.6　楼梯净空高度

1. 楼梯净空高度的度量方法和要求

净空高度为自踏步前缘(包括踏步前缘线 0.3m 范围内)量自上方突出物下缘间的垂直高度。

平台净高:楼梯平台处的净高不应小于 2m。

梯段净高:楼梯梯段处的净高不应小于 2.2m。

2. 提高底层平台净空的措施

当底层平台下作为通道净空高度不满足要求时,采取以下措施来提高净空高度。

(1)底层采用长短跑梯段。起步第一跑设为长跑,以提高中间平台标高。长短跑楼梯剖面图,如图 9 - 3 所示。

(2)局部降低底层平台下地坪标高。降低楼梯间地坪图如图 9 - 4 所示。

(3)综合上述两种方法。采用长短跑梯段的同时,降低底层中间平台下地坪标高,如图 9 - 4 所示。

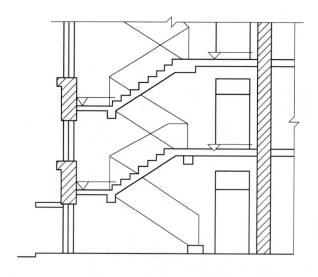

图9-3　长短跑楼梯剖面图

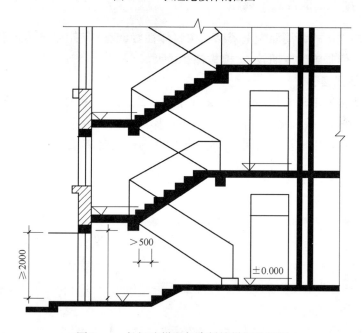

图9-4　长短跑梯段与降低楼梯间地坪图

（4）底层采用单跑楼梯。直跑单跑楼梯直接从地坪上二层。底层单跑楼梯图，如图9-5所示。

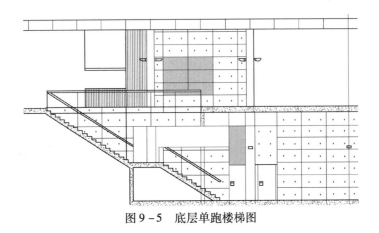

图9-5　底层单跑楼梯图

9.3　钢筋混凝土楼梯

9.3.1　现浇钢筋混凝土楼梯

现浇整体式钢筋混凝土楼梯结构整体性好,能适应各种楼梯间平面和楼梯形式。但是施工周期较长,模板耗费量大。

1. 板式楼梯

板式楼梯由板式梯段、平台梁和平台板组成。这种楼梯是现场立模板、扎钢筋、整体浇筑而成。它的传力顺序是梯段板由平台梁支承。当层高比较小的时候也可以取消平台梁,做成折板形式的板式楼梯,如图9-6所示。

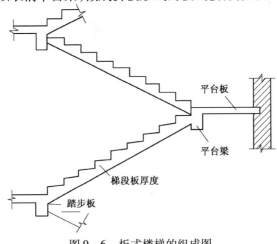

图9-6　板式楼梯的组成图

2. 梁式楼梯

梁式楼梯由梯段板、梯段梁平台板平台梁组成。与板式楼梯主要区别在于增加了斜向的梯段梁,它的传力顺序是梯段板由梯段梁支承,梯段梁由平台梁支承。这种结构形式用于层高较高的建筑,宜减小梯段板的跨度。有时,可以取消平台梁,梯段斜梁采用折梁的形式,如图 9 - 7 所示。

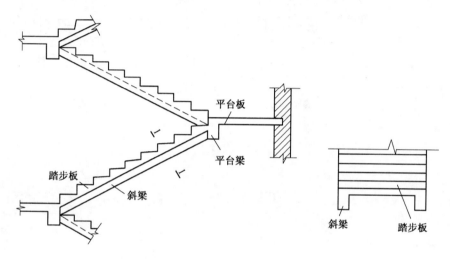

图 9 - 7 梁式楼梯组成图

9.3.2 预制装配式钢筋混凝土楼梯

1. 墙承式钢筋混凝土楼梯

预制装配墙承式钢筋混凝土楼梯是指预制钢筋混凝土踏步板直接搁置在墙上的一种楼梯形式。其踏步板一般采用"一"字形、L 形或折角形断面。这种楼梯由于在梯段之间有墙,搬运家具不方便,也阻挡视线,上下人流容易相撞。通常在中间墙上开设观察口,也可以将中间墙两端靠平台部分局部收进。

2. 墙悬臂式钢筋混凝土楼梯

这种楼梯的优点是楼梯间空间轻巧通透,结构部分所占空间较少,可以节约平台梁等构件材料。但是楼梯间整体刚度极差,不能用于有抗震设防要求的地区。其用于嵌固踏步板的墙体厚度应当不小于 240mm,砌墙砖的标号不小于 MU10,砌筑砂浆标号不小于 M5,踏步板悬挑长度一般不大于

1800mm,以保证嵌固端牢固。

3. 大构件装配式钢筋混凝土楼梯

梯段、平台、平台梁都可以划分为较大单元的构件,在构件厂预制后到现场装配。这种形式对制作安装的精度和施工设备要求较高。见装配式楼梯构造图,如图9-8所示。

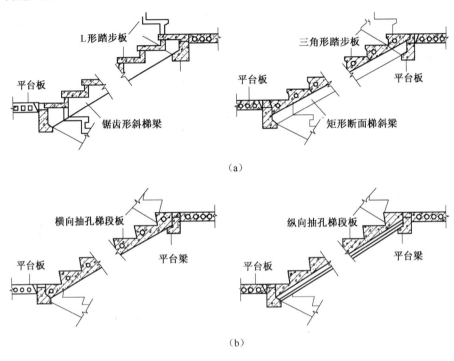

(a)

(b)

图9-8 装配式楼梯构造图

9.4 楼梯的设计实例及细部构造

9.4.1 楼梯设计实例

现以某住宅楼梯为例具体说明楼梯设计的详细过程。

楼梯的数量、位置(间距)及宽度在平面组合时,根据平面组合的需要及防火设计的要求予以确定。对于多层住宅,楼梯间的开间一般为2.4m~2.7m,进深4.2m~6.0m。

假定楼梯间的尺寸为2.4m×4.8m,五层,层高2.7m,首层为2.2m车库,室内外高差 0.45m,车库地面标高同室外地面。

1. 选择楼梯类型

多层住宅楼梯一般为双跑平行楼梯,低层住宅也可为直跑楼梯、转角楼梯等形式。本案为多层住宅,所以选择双跑平行楼梯。

2. 选择楼梯井尺寸

住宅楼梯的楼梯井一般为 100mm ~ 200mm,根据开间大小确定。本案楼梯间开间较小,所以按最小尺寸确定,选择 100mm,则楼梯段净宽为:

$$B = (2400 - 100 - 200)/2 = 1050mm$$

3. 选择踏步尺寸

为了节省开间,住宅楼梯的坡度比公共建筑略陡些。公共建筑的踏步尺寸通常固定为 300mm × 150mm(此为最佳舒适度踏步尺寸),住宅楼梯的踏步宽度一般为 260mm ~ 290mm,根据楼梯间的进深确定。本案楼梯间进深 4.8m,按 270mm 选择。

住宅的层高一般为 2.6m ~ 2.9m,每层楼梯踏步数量一般为 16 ~ 18 级。本案层高 2.7m,选择 16 级,则每步高度为:

$$h = 2700/16 = 168.75mm(较为合适,通常为 150mm ~ 180mm)$$

4. 确定平台宽度

先按最低要求选择平台净宽 1050mm,则另一端剩余净宽为:

4800 – 200(墙厚) – 1050(平台宽度) – 270 × 7(标准层楼梯段长度)
= 1660mm

进户门处,门洞宽度 900mm,墙垛尺寸 100mm,踏步起点到门洞边缘距离为 660mm,不影响开门。由于尺寸较大,可是当增加平台宽度,调整为净宽 1100mm。

标准层平面如图 9 – 9 所示。

5. 底层设计

楼梯间各部分的净空高度需满足人流通行的最低要求,底层往往不能满足,需要特殊处理。

本案底层为车库,楼梯间不与车库相通,但需直通一层。在楼梯间门口先做 3 级台阶,高度为 450mm,则楼梯间底层至一层的高差缩小为 1750mm,按每步 175mm 考虑,需做 10 级。

将 10 级踏步做成直跑,直通一层,此时需验算各部分的水平距离。由于第一个梯段比标准层多2级,其水平位置按标准层向两侧各延伸一步,其具体尺寸见图9-11。

　　楼梯其余各层平面图及1-1剖面图分别如图9-10~9-13所示。

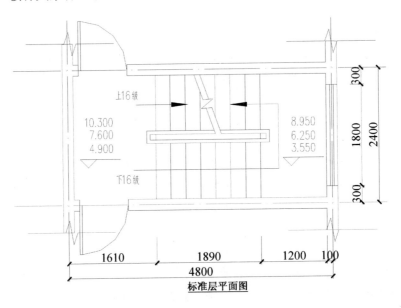

标准层平面图

图9-9　某住宅楼梯标准层平面图

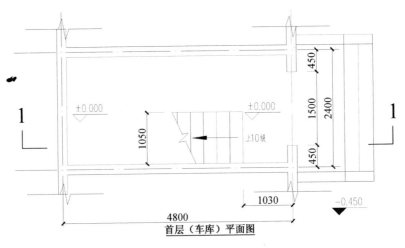

首层（车库）平面图

图9-10　某住宅楼梯首层平面图

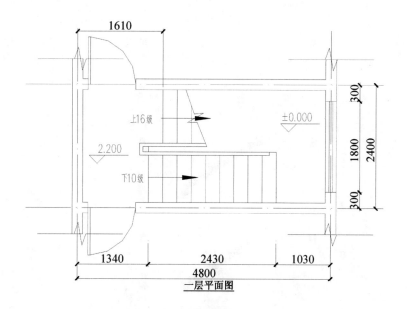

图 9 - 11　某住宅楼梯一层平面图

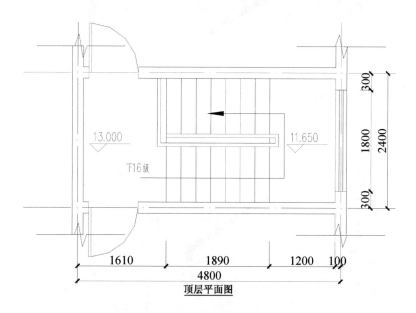

图 9 - 12　某住宅楼梯顶层平面图

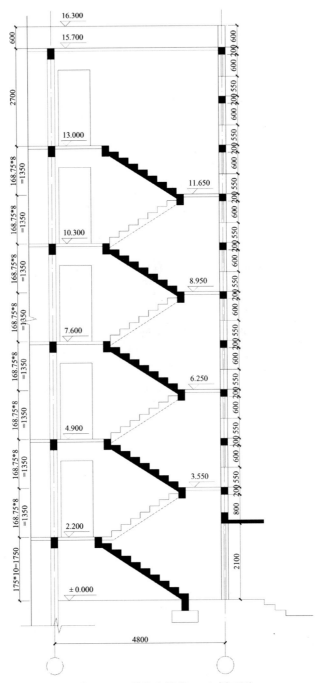

图 9 - 13　某住宅楼梯 1 - 1 剖面图

9.4.2 楼梯的细部构造

1. 防滑处理

楼梯的踏步面层应便于行走,耐磨、防滑,便于清洁,也要求美观。

楼梯踏步面层装修做法常与门厅或走道的楼地面面层装修做法相同,常用的有水泥砂浆、水磨石、大理石和缸砖等。踏步表面应采取防滑和耐磨措施,通常是在踏步接口处做防滑条。防滑材料可选用水泥铁屑、金刚砂、橡胶条、金属条(铸铁、铜条、铝条)和马赛克等。防滑条或防滑凹槽长度一般按踏步长度每边减去150mm,还可以采用耐磨材料如缸砖、铸铁等做防滑包口,同时起到防滑和保护作用楼梯阳角的作用。标准较高的建筑,还可以采用铺设地毯或防滑塑料及防滑贴面的措施,这种处理使得行走起来感觉到一定的弹性,增加了舒适度。

2. 栏杆扶手

1) 栏杆和扶手常见形式

栏杆形式可分为空花式、栏板式、混合式等几种类型。

(1) 空花式。杆件形成的空花尺寸不宜过大,通常控制在120mm ~ 150mm,如图9 – 14 所示。

(2) 栏板式。栏板材料常选用玻璃、砖、钢丝网水泥抹灰、钢筋混凝土等,现在较为少见。

(3) 混合式。混合式是指空花式和栏板式两种栏杆形式的组合,其栏杆竖杆常采用钢材或者不锈钢等材料 ,其栏板部分常采用轻质美观材料制作,如图9 –15 所示。

2) 栏杆扶手的连接构造

楼梯扶手常用木材、塑料、金属管材(钢管、铝合金管、铜管和不锈钢管等)制作。

(1) 栏杆与扶手连接。木材或

图9 – 14　空花式栏杆扶手

塑料扶手,一般在栏杆竖杆顶部设通长扁钢与扶手底面或侧面槽口榫接,用木螺钉固定。金属管材扶手与栏杆竖杆连接一般采用焊接或者螺栓连接。

（2）栏杆与梯段、平台连接。一般在梯段和平台上预埋钢板焊接或预留孔插连接（锚接）。当直接在墙上装设扶手时，扶手距墙面应保持100mm左右，一般在墙上留洞，扶手连接杆伸入洞内，用细石混凝土嵌固（锚接）。

（3）楼梯起步和梯段转折处栏杆扶手处理。在梯段起步和转折处，为保持栏杆高度一致和扶手的连续，需要根据不同的实际情况进行处理。上下梯段齐步时，上下扶手在转折处同时向平台延伸半步，使两扶手高度相

图9－15　混合式栏杆扶手

等，连接自然。若扶手在转折处不伸入平台，下跑梯段扶手在转折处需上弯形成鹤颈扶手。一定情况下，可以采用直线转折的硬接方式。

9.5　电梯与自动扶梯

9.5.1　电梯

1. 电梯的类型

电梯按其用途可分为乘客电梯、住宅电梯、病床电梯、客货电梯、载货电梯和杂物电梯等。高层民用建筑除了设普通货梯外，有时还应设置消防梯。

2. 电梯的组成

电梯主要由机房、井道和轿厢三大部分组成。在电梯井道内有轿厢和保持平衡的平衡锤，通过机房内的曳引机和控制屏进行操纵来运送人和货物。

3. 电梯的构造要求

1）电梯井道

（1）井道的尺寸。井道的高度包括底层端站地面至顶层端站楼面的高

度、井道顶层高度和井道底坑深度。井道顶层高度一般为 3.8m～5.6m,底坑深度为 1.4m～3.0m。

（2）井道的防火和通风。电梯井道应选用坚固耐火的材料,设不小于 300mm×600mm 的通风口,井道上除了开设电梯门洞和通风空洞外,不应开设其他洞口。

（3）井道的隔振、隔声。一般在机房基座下设弹性垫层外,还应在机房与井道间设隔声层,高度为 1.5m～1.8m。

（4）井道底坑。坑底一般采用混凝土垫层,厚度按缓冲器反力确定。

2）电梯门套

可以由水泥砂浆抹灰,水磨石或者木板装修,较高级的还可以采用大理石或者金属装修。

3）电梯机房

电梯机房一般至少有两个面每边扩出 600mm 以上的宽度,高度多为 2.5m～3.5m。机房应当有良好的自然采光通风,其维护结构应具有一定的防火、防水和保温隔热性能。

9.5.2　自动扶梯

设置自动扶梯时,应符合下列有关规定。

（1）自动扶梯不得计作安全出口。

（2）出入口畅通区的宽度不应小于 2.5m,畅通区有密集人流通行时,其宽度应加大。

（3）栏板应平整、光滑和无突出物;扶手带顶面距自动扶梯踏步前缘垂直高度不应小于 0.9m;扶手带外边至任何障碍物不应小于 0.5m,否则应采取措施防止障碍物引起人员伤害。

（4）扶手带中心线与平行墙面或楼板开口边缘间的距离不宜小于0.5m,否则应采取措施防止障碍物引起人员伤害。

（5）自动扶梯的梯级垂直净高不应小于 2.3m。

（6）自动扶梯的倾斜角不应超过 30°,当提升高度不超过 6m,额定速度不超过 0.5m/s 时,倾斜角允许增至 35°。

（7）自动扶梯单向设置时,应就近布置相匹配的楼梯。

（8）设置自动扶梯形成的上下贯通空间,应符合有关防火分区的要求。

9.6 室外台阶与坡道

9.6.1 室外台阶

1. 室外台阶的组成与形式

室外台阶由踏步和平台组成。常见布置形式有三面踏步式、两面踏步式、单面踏步式及踏步坡道结合式等。平台面应当比室内地面低 20mm ~ 60mm,并向外找坡 1% ~ 3% ,以利于排水。

2. 室外台阶构造

室外台阶处于室外的环境,是频繁使用的建筑构件。应当坚固耐磨,具有良好的耐久性、抗冻性和抗水性,应避免因沉降等因素引起的裂缝。

室外台阶按材料的不同,分为混凝土台阶、石台阶和钢筋混凝土台阶等几种类型。常用混凝土作为台阶的结构层,室外台阶的层次构造由面层、混凝土结构层和垫层组成。普通的台阶面层可以采用水泥砂浆或水磨石面层,也可以采用缸砖、马赛克、地砖等铺装材料,装饰或使用要求较高时,常采用花岗石面层。室外台阶的垫层可以采用灰土、三合土或者碎石等材料。当室外台阶较高时,通常在周边砌筑地垄墙与台阶结构层相结合,以提高台阶的抗变形能力,避免出现开裂现象。

室外台阶踏步的高宽比一般为 1:(2 ~ 4),踏步宽度不宜小于 300mm,常用 300mm ~ 400mm。踏步高度不宜大于 150mm,平台深度一般不小于 900mm。

9.6.2 坡道

为满足机动车、非机动车以及残疾人的通行,应设置相应的坡道。

室内坡道坡度不宜大于 1:8,室外坡道坡度不宜大于 1:10;室内坡道水平投影长度超过 15m 时,宜设休息平台,平台宽度应根据使用功能或设备尺寸所需缓冲空间而定;供轮椅使用的坡道不应大于 1:12,困难地段不应大于 1:8;自行车推行坡道每段长不宜超过 6m,坡度不宜大于 1:5;机动车行坡道应符合国家现行规定标准《汽车库建筑设计规范》JGJ 100 的规定;坡道应采取防滑措施。

本 章 小 结

楼梯的构造讲述了楼梯的组成及形式,楼梯的坡度及主要尺寸,钢筋混凝土楼梯的构造,楼梯的设计实例及细部构造,电梯与自动扶梯,室外台阶与坡道。重点内容包括:楼梯的组成和形式,钢筋混凝土双跑楼梯的各部位尺寸的确定,用楼梯平面图、剖面图和楼梯节点详图表达楼梯的设计成果,掌握楼梯各部位的空间关系,掌握室外台阶和汽车坡道、自行车坡道和残疾人坡道的一般设计方法。

思考题与习题

1. 楼梯由哪几部分组成?
2. 简述双跑楼梯与剪刀梯的区别与联系。
3. 简述楼梯踏步高度和宽度之间的关系。
4. 简述楼梯踏步高度和宽度的一般取值范围。
5. 如何体现楼梯坡度与使用人数和使用频繁程度之间的关系?
6. 楼梯平台的宽度如何确定?
7. 什么是梯井?
8. 为什么楼梯梯段的净高与平台的净高要求不同?
9. 楼梯底层平台下需要有人通行时,如何提高底层平台的高度?
10. 楼梯梯段处的扶手的高度的要求是多少? 如何度量?
11. 楼梯扶手的水平段长度超过 0.5m 时,扶手高度要求是多少?
12. 梁式楼梯与板式楼梯的区别是什么?
13. 简述栏杆与扶手的一般连接方式。
14. 栏杆与梯段、平台连接一般采用何种连接方式?
15. 楼梯的上下行符号以什么为基准来标注?
16. 鹤颈式扶手通常在何种情形下会出现?
17. 楼层平台与休息平台有什么区别?
18. 简述电梯的组成。
19. 自动扶梯能否计作安全疏散出口?
20. 简述室外台阶的踏步尺寸与楼梯踏步尺寸之间的关系。
21. 室外台阶的平台标高如何确定?
22. 室外台阶的平台的排水如何设计?
23. 简述室外台阶的设计要求。
24. 简述一般室外台阶的层次构造。
25. 残疾人坡道的坡度有什么要求?
26. 已知某三层建筑层高 3m,封闭式楼梯间开间 3.6m,进深 6m,墙厚 240mm,轴线经过墙体中线,室内外高差 450mm。设计该建筑的楼梯,要求: 绘制底层、二层、三层楼梯平面图,绘制该楼梯的剖面图,并标注必要的轴线、尺寸、标高、上下行符号、图名等。

第10章 屋顶设计

屋顶,也称屋盖或屋面,是建筑的主要组成部分,对于结构层以上的防水层、保温层而言,通常称为屋面。

10.1 概 述

10.1.1 屋顶的功能和设计要求

1. 屋顶的功能

屋顶和外墙同属于建筑外围的维护结构,位于建筑顶部的屋顶其主要功能是遮风避雨、阻滞太阳辐射和气温变化,为建筑内部空间创造一个良好的使用环境。

屋顶自身的巨大重量以及飘落到屋顶的雨雪、积灰形成的荷载必须要有屋顶承担,有些屋顶上还会种植花草或设有隔热板、隔热水池,还有些屋顶需要提供观光游览或各种集会。

对于一些大型性的公共建筑、私人别墅或景点建筑、纪念性建筑,屋顶的形式往往设计得特别的华丽、别致,以获得建筑师心中特别的形象。

2. 屋顶的设计要求

为了获得上述功能,屋顶在设计时应满足下列要求。

1) 结构承重要求

屋顶必须具有足够的强度、刚度和稳定性,以承担自身重量及作用于屋顶的风荷载、雪荷载、积灰荷载、施工荷载、人行荷载等;屋顶的跨度通常很大,结构设计时应对整体变形和局部变形进行仔细验算,防止产生过大的垂直挠度;风荷载、地震荷载以及有水平桁车的建筑,其侧向的稳定需要在屋顶设置足够的水平支撑。

2) 防水排水要求

防水和排水是屋顶构造设计的基本内容,也是最为重要的内容之一。

防水主要依靠屋面防水材料的防水性能和防水构造,防水性能好、铺设层次多、施工质量好,屋面防水质量就会高。屋顶的垂直构件与屋顶的接缝处往往是造成屋面渗漏的主要部位,其构造设计的合理性和施工质量的优劣是直接影响屋面防水的关键因素。

　　为防止雨水渗漏,应尽快将雨水排除屋面,排水的快慢主要取决于屋面的坡度和排水路径,也就是屋面的排水组织。

　　屋面工程应根据建筑物的性质、重要程度、功能要求以及防水层合理使用年限,按不同等级进行设防。按照《屋面工程技术规范 GB 50345—2004》的规定,屋面防水设防应符合表 10 – 1 的要求。

表 10 – 1　屋面防水等级和设防要求

项　　目	屋面防水等级			
	Ⅰ	Ⅱ	Ⅲ	Ⅳ
建筑物类型	特别重要或对防水有特殊要求的建筑	重要的建筑和高层建筑	一般的建筑	非永久性的建筑
防水层合理使用年限/年	25	15	10	5
防水层选用材料	宜选用合成高分子防水卷材、高聚物改性沥青防水卷材、金属板材、合成高分子防水涂料、细石混凝土等材料	宜选用高聚物改性沥青防水卷材、合成高分子防水卷材、金属板材、合成高分子防水涂料、细石混凝土、平瓦、油毡瓦等材料	宜选用三毡四油沥青防水卷材、高聚物改性沥青防水卷材、合成高分子防水卷材、金属板材、高聚物改性沥青防水涂料、合成高分子防水涂料、细石混凝土、平瓦、油毡瓦等材料	可选用二毡三油沥青防水卷材、高聚物改性沥青防水涂料等材料
设防要求	三道或三道以上防水设防	二道防水设防	一道防水设防	一道防水设防

　　注: 1. 屋面工程应根据建筑物的性质、重要程度、使用功能要求,将建筑屋面防水等级分为Ⅰ、Ⅱ、Ⅲ、Ⅳ级,防水层合理使用年限分别规定为25年、15年、10年、5年,并根据不同的防水等级规定防水层的材料选用及设防要求。

　　2. 根据不同的屋面防水等级和防水层合理使用年限,分别选用高、中、低档防水材料,进行一道或多道设防,作为设计人员进行屋面工程设计时的依据。屋面防水层多道设防时,可采用同种卷材或涂膜复合等。所谓一道防水设防,是具有单独防水能力的一个防水层次。

3）保温隔热要求

作为建筑顶部的外围结构,屋顶必须具有良好的保温和隔热性能,以保证建筑内部的适宜温度。

冬季室外温度明显低于室内,为了防止室内温度的散失,屋顶需要进行保温设计,尤其是北方寒冷地区和严寒地区。

夏季室外温度明显高于室内,屋顶是太阳向建筑内部辐射的第一通道,屋顶必须进行隔热设计,尤其是南方夏热冬暖地区。

我国幅员辽阔,地区差异极大,建筑的保温和隔热必须严格按照《民用建筑热工设计规范》GB 50176—93 的相关规定进行。

4）建筑造型要求

建筑的外形设计除了建筑的平面组合、空间组合、立面处理外,屋顶的形式也起着至关重要的作用。屋顶的形式除了与建筑的功能要求相适应外,与所在地区和民族风格有很大关系。

10.1.2　屋顶的组成与形式

1. 屋顶的组成

屋顶自上而下可以简单分为三个层次:屋面、支承结构、顶棚。

屋顶的保温、隔热、防火、种植、观光、集会等功能由位于屋顶顶部的各个构造层次来实现,这些构造层的重量由屋顶的结构来支承,支承结构的形式很多,因功能、跨度、美观设计而异。支承结构下面通常要做顶棚,以取得较好的顶层室内环境。

2. 屋顶的形式

屋顶的形式与建筑的使用功能、结构选型、建筑造型有关。屋顶的支承结构有平面结构和空间结构之分。平面结构分为梁板结构和屋架结构,梁板结构一般用于跨度较小的民用建筑,屋架一般用于单层工业厂房或坡顶建筑。空间结构分为折板结构、壳体结构、网架结构、悬索结构等,一般用于跨度较大的大型性公共建筑,如体育馆、影剧院等。

屋顶的形式通常分为平屋顶、坡屋顶、曲面屋顶和折板屋顶等,如图 10 - 1、图 10 - 2、图 10 - 3 所示。

10.1.3　屋顶的坡度

屋顶的坡度是指屋顶或屋面的倾斜程度。坡屋顶和曲面屋顶有着较大的天然坡度,即使是平屋顶,为了排水方便,也会有一定的坡度,通常为 2% ～

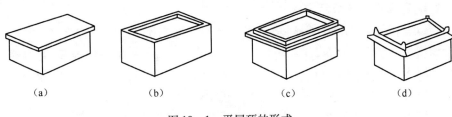

图 10 – 1　平屋顶的形式

（a）挑檐；（b）女儿墙；（c）挑檐女儿墙；（d）盝顶。

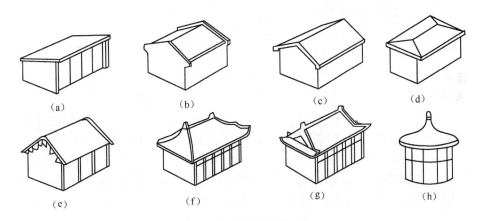

图 10 – 2　坡屋顶的形式

（a）单坡顶；（b）硬山顶；（c）悬山顶；（d）四坡顶；（e）卷棚顶；（f）庑殿顶；（g）歇山顶；（h）圆攒尖顶。

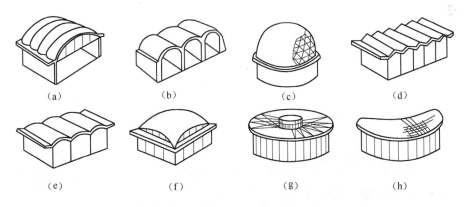

图 10 – 3　曲面屋顶和折板屋顶的形式

（a）双曲拱屋顶；（b）砖石拱屋顶；（c）球形网壳屋顶；（d）折板屋顶；

（e）筒壳屋顶；（d）扁壳屋顶 ；（g）车轮形悬索屋顶；（h）鞍形悬索屋顶。

3%,见表 10 – 2。

1. 屋顶坡度的表示方法

（1）坡度比：屋面倾斜高差与水平投影长度之比，如 1:2、1:3、1:4 等。一般用于坡屋顶，有时也用高跨比表示，如我国农村常见的双坡屋顶，其高跨比一般采用 1:4。

（2）角度法：屋面倾斜角，如 10°、20°、30° 等。

（3）百分比：平屋顶的坡度一般较小，通常采用百分比表示，如 2%、3% 等。

2. 屋顶常见坡度范围

屋顶坡度的大小首先取决于屋顶的结构形式，其次取决于屋面覆盖材料的形体尺寸。而屋顶的结构形式与建筑所在地的地理气候条件、民族风俗、建筑功能、建筑美观设计要求以及施工技术要求有关。屋面覆盖材料的面积越小，厚度越大，为了防止雨水滞留屋面，就需要较大的坡度；反之亦然。另外，降雨量大小与屋面坡度也有很大的关系，降雨量大的地区，屋面渗漏的可能性较大，屋顶的排水坡度应适当加大；反之，屋顶排水坡度则宜小一些。

《民用建筑设计通则》GB 50352—2005 明确了各种不同材料屋面的排水坡度，见表 10-2。其中，平屋面多采用 2%~3%，平瓦屋面（我国传统坡顶建筑）多采用高宽比 1:2（高跨比 1:4，角度 26°34'）。

表 10-2　屋面排水坡度

屋面类型	屋面排水坡度		
	百分比/%	度数/°	高宽比
卷材防水、刚性防水平屋面	2~5	1.15~2.86	1:50~1:20
平瓦屋面	20~50	11.3~26.57	1:5~1:2
波形瓦屋面	10~50	5.7~26.57	1:10~1:2
油毡瓦屋面	20 以上	11.3 以上	1:5 以上
网架结构、悬索结构金属瓦屋面	4 以上	2.29 以上	1:25 以上
压型钢板屋面	5~35	2.86~19.29	1:20~1:2.86
种植土屋面	1~3	0.57~1.72	1:100~1:33.3

3. 屋顶坡度的形成方法

1）材料找坡

材料找坡是指屋顶坡度由垫坡材料形成，一般用于坡向长度较小的屋面。为了减轻屋面荷载，应选用轻质材料找坡，如水泥炉渣、石灰炉渣等，找坡层起坡厚度不小于 20mm，找坡坡度宜为 2%，如图 10-4（a）所示。

2）结构找坡

结构找坡是屋顶结构（梁、屋架或墙体）自身带有排水坡度，屋面板上面的构造层均匀铺设。平屋顶采用结构找坡时的坡度不应小于 3%，如图 10－4（b）所示。

材料找坡的屋面板可以水平放置，天棚面平整，但材料找坡增加屋面荷载，材料和人工消耗较多；结构找坡无须在屋面上另加找坡材料，构造简单，不增加荷载，但天棚顶倾斜，室内空间不够规整。

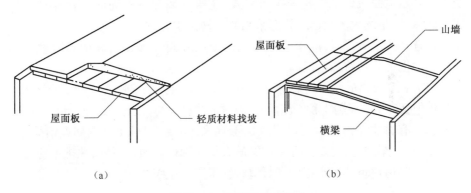

图 10－4　屋顶坡度的形成
（a）材料找坡；（b）结构找坡。

10.2　屋面排水设计

10.2.1　排水方式

屋面排水的方式可以简单分为无组织排和有组织排水水两大类。

1. 无组织排水

无组织排水是指将落到屋面的雨水直接从檐口滴落到地面，所以又称自由落水。

无组织排水无需专门的排水设施，具有构造简单、施工方便、造价低廉的优点，但雨水滴落到地面时会产生很大的反弹，外墙脚常被飞溅的雨水侵蚀，降低了外墙的坚固性和耐久性，滴落的雨水对建筑外围的路人行走产生影响。尤其是南方雨水较多地区，这些缺点就更加突出。所以，无组织排水一般用于一二层的低矮建筑或农村民房，表 10－3 提供了无组织排水设计的适用范围，可作为设计参考。

表 10 - 3　　可采用无组织排水的最大范围

年降雨量/mm	檐口最大高度/m	天窗高度/m	相邻屋面最大高差/m
≤900	8 ~ 10	9 ~ 12	4
>900	5 ~ 8	6 ~ 9	3

2. 有组织排水

有组织排水是指经过专门的设计将雨水经由天沟、雨水管等排水装置系统的引导至地面或地下管沟的排水方式,建筑外墙和室外地面、路面能得到很好的保护,是绝大多数建筑普遍采用的一种排水方式。

在选择排水方式时,除了上述提到的地区降雨量和建筑高度等因素外,还需考虑以下几种特殊情况。

(1)积灰较多的屋面应采用无组织排水。例如铸工车间、炼钢车间等在生产过程中会产生大量粉尘积于屋面,下雨时被冲进天沟,极容易造成管道堵塞。

(2)有腐蚀性介质的工业建筑也不宜采用有组织排水。例如铜冶炼车间、某些化工车间等,生产过程中散发的大量腐蚀性介质,极易腐蚀排水管道。

(3)临街建筑的排水指向人行道时宜采用有组织排水。

10.2.2　排水方案

对于有组织排水,雨水管位于室外的称为外排水,位于室内的称为内排水,而雨水从屋面排至雨水管的方法又有天沟和女儿墙等多种,具体采用何种方案,应根据建筑的体型、体量、建筑所在地的降雨量以及建筑设计的美观要求等综合确定。

1. 外排水方案

由于雨水管安装在室外,对建筑内部空间毫无影响,因而构造简单,被广泛采用。外排水方案主要有以下几种,如图 10 - 5 所示。

1)外天沟外排水

屋面雨水汇集到外墙内侧边缘,直接流入悬挑在室外的天沟内,天沟内做成不小于 1% 的纵向排水坡度,再从雨水管排至散水或明沟内。

对于错层建筑或当层高不同使得屋面出现高差时,应首先将较高屋面的雨水排至较低的屋面,再由较低一侧的外天沟排至地面。屋面落差较小时,可采用自由落水,较大时应采用有组织排水。

2)女儿墙外排水

考虑到建筑外墙立面的美观要求,将外墙高出屋面一定距离,使建筑立面形成一个完整的平面,排至屋檐处的雨水通过每隔一定距离设置的雨水口流出外墙,并直接流入雨水管。为了排水顺畅,建筑外墙内侧边缘用找坡材料做成具有一定坡度的自然天沟。用于自然天沟的容量较小,女儿墙外排水通常适用于降雨量较小的北方地区。

3）女儿墙挑檐沟外排水

既做女儿墙,又设外天沟,这种做法显然是重复和浪费,但在蓄水屋面中常采用这种形式,利用女儿墙作蓄水仓壁,挑檐沟则用来汇集从蓄水池中溢出的多余雨水。

4）暗管外排水

明装的雨水管有损建筑立面的美观,为了弥补这一缺失,在一些重要的公共建筑中,雨水管常被隐藏在假柱或空心墙中,假柱可以处理成建筑立面上的竖线条。

5）长天沟外排水

在多跨建筑中,屋面中间部分的雨水排至外纵墙的距离很长,这时可在两跨交接处设置纵向天沟,将雨水排至建筑两侧的山墙处两端,这就是长天沟外排水。这种形式避免了在室内设置雨水管,多用于单层厂房。为了避免天沟跨越房屋的横向温度缝,长天沟外排水方案适用于只出现一条温度缝的房屋,其纵向长度一般在100m以内。

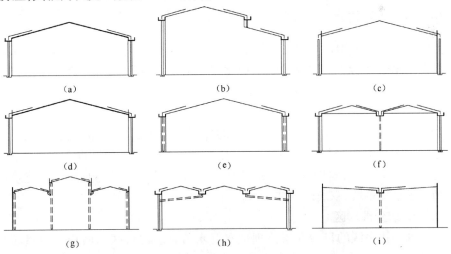

图 10 - 5　有组织排水方案

(a)外天沟外排水;(b)高低跨外排水;(c)女儿墙外排水;(d)女儿墙挑檐沟外排水;(e)暗管外排水
(f)长天沟外排水;(g)高低跨内排水;(h)内落外排水;(i)中间天沟内排水。

2. 内排水方案

外排水构造简单、雨水管不占用室内空间,因而得到广泛应用。但在有些情况下采用外排水并不恰当,例如在高层建筑中,室外雨水的维修既不方便,更不安全。在严寒地区,室外的雨水管有可能因雨水结冻而无法排水。对体量巨大的公共建筑和多跨厂房,用于平面尺寸较大的情况,很难讲屋面雨水全部排至室外。

上述种种情况下,自然应该考虑内排水,常见的内排水方案有以下几种。

1)高低跨内排水

高低跨双坡屋顶在两跨交界处也常常需要设置内天沟来汇集低跨屋面的雨水,两跨共用一根雨水管。

2)内落外排水

对于三跨厂房,当边跨不大时,也可用悬吊式水平雨水管将中间天沟的雨水引导至两边跨的雨水管中,构成所谓内落外排水。这种做法的优点是可以简化室内排水设施,尤其是工业建筑中,由于没有地下排水管沟,对工艺布置十分有利,但水平雨水管易被灰尘堵塞,有大量粉尘堆积的厂房不宜采用。

3)中间天沟内排水

适用于内廊式多层或高层建筑。雨水管可布置在走廊内,不影响走廊两旁的房间。

10.2.3 屋顶排水组织设计

屋顶排水组织设计的主要任务是将屋面划分成若干排水区,分别将雨水引向雨水管,做到排水线路简捷、雨水口负荷均匀、排水顺畅、避免屋顶积水而引起渗漏。一般按下列步骤进行。

1. 确定排水坡面的数目

为避免水流路线过长,由于雨水的冲刷力使防水层损坏,应合理地确定屋面排水坡面的数目。一般情况下,临街建筑平屋顶屋面宽度小于 12m 时,可采用单坡排水;宽度大于 12m 时,宜采用双坡排水。坡屋顶应结合建筑造型要求选择单坡、双坡或四坡排水。

2. 划分排水区

划分排水区的目的在于合理地布置水落管。排水区的面积是指屋面水平投影的面积,每一根水落管的屋面最大汇水面积不宜大于 200m²。

3. 确定天沟材料及断面尺寸

天沟又称檐沟,应根据屋顶类型进行选择。坡屋顶可用钢筋混凝土、镀锌铁皮、石棉水泥等材料做成槽形或三角形天沟,平屋顶一般用钢筋混凝土槽形天沟(即矩形天沟),当采用女儿墙外排水方案时,可在屋面与女儿墙内侧做成三角形天沟(自然天沟),如图 10-6 所示。

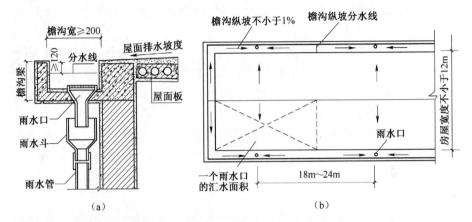

图 10-6　屋顶排水组织

(a)天沟与雨水管连接处节点图 ;(b)屋顶排水平面图。

钢筋混凝土矩形天沟的断面尺寸应根据地区降雨量和汇水面积的大小确定,天沟的净宽应不小于 200mm,沟底沿长度方向设置不小于 1% 的纵坡坡度,天沟上口与分水线的距离应不小于 120mm,坡度起伏最大 200mm,以此确定天沟高度。

4. 确定落水管规格及间距

落水管按材料的不同有铸铁、镀锌铁皮、塑料、石棉水泥和陶土等,目前多采用 PVC 塑料落水管,其直径有 50mm、75mm、100mm、120mm、150mm、200mm 几种规格,民用建筑多采用 100mm,面积较小的露台或阳台可采用 50mm 或 75mm 的落水管;落水管的位置应在实墙处,其间距一般为 18m~24m,距离过大,势必增加沟底垫坡材料厚度,减少天沟的容水量,造成雨水外溢。

10.3　平 屋 顶

平屋顶按屋面防水层的不同做法有刚性防水、卷材防水、涂料防水及粉剂防水等多种做法。

10.3.1　卷材防水屋面构造

卷材防水屋面,是指以防水卷材和黏结剂分层粘贴而构成防水层的屋面,适用于防水等级为Ⅰ级～Ⅳ级的屋面防水。

1. 防水材料

1)防水卷材

卷材防水屋面所用卷材有沥青类卷材、高聚物改性沥青类卷材、高分子类卷材等。

(1)沥青类卷材是我国20世纪普遍采用的屋面防水材料,价格低廉。因其为热施工,容易流淌,耐用年限仅为6年～8年,近年来已较少采用。取而代之的是高分子类卷材、高聚物改性沥青类卷材,其共同的优点是弹性好、抗腐蚀、耐低温、寿命长且为冷施工。

(2)高聚物改性沥青类防水卷材是以高分子聚合物改性沥青为涂盖层,纤维织物或纤维毡为胎体,粉状、粒状、片状或薄膜材料为覆盖材料制成的可卷的片状防水材料,如SABS改性沥青油毡、两生胶改性沥青聚酯油毡、丁苯橡胶改性沥青油毡等。

(3)合成高分子防水卷材是以各种合成橡胶、合成树脂或其混合物为主要原料,加入适量外加剂和填充料加工制成的弹性或弹塑性卷材,如三元乙丙橡胶卷材(EPDM)、聚氯乙烯防水卷材(PVC)等。

2)卷材胶黏剂

(1)沥青类卷材的胶黏剂主要有冷底子油和沥青胶。

冷底子油是将沥青稀释在煤油、轻柴油或汽油中而制成的,用于打底。

沥青胶是在沥青中加入填充料而制成的,有冷热两种,每种又分为石油沥青胶和煤油沥青胶,各自适用于相应类别的卷材。

(2)高分子类卷材、高聚物改性沥青类卷材的胶黏剂主要为各种溶剂型胶黏剂,分别与相应种类的卷材配套使用。

适用于改性沥青卷材的胶黏剂有RA-86型氯丁胶黏剂、SBS改性沥青胶黏剂等。

三元乙丙橡胶卷材防水屋面的基层处理剂有聚氨酯底胶,胶黏剂有氯丁橡胶为主体的CX-404胶。

聚氯乙烯橡胶卷树的胶黏剂有LYX603、CX404胶。

2. 卷材防水屋面的构造层次和做法

卷材防水屋面由多层材料叠合而成,其基本构造层次有结构层、找坡层、找平层、结合层、防水层和保护层,如图10-7所示。

1)结构层

通常为预制或现浇钢筋混凝土屋面板,要求具有足够的强度和刚度。

2）找坡层

找坡层应选用轻质材料，通常是在结构层上铺设 1：6～1：8 的水泥炉渣、石灰炉渣或水泥膨胀蛭石等。起步厚度至少 200mm，按设计排水坡度铺设。找坡层可以兼做保温层，其最低厚度应满足相关规范的规定或热工设计的具体要求。采用结构找坡时不设找坡层。

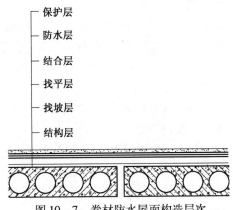

保护层
防水层
结合层
找平层
找坡层
结构层

图 10-7　卷材防水屋面构造层次

3）找平层

卷材防水层要求铺贴在坚固而平整的基层上，以避免卷材凹陷或断裂，因而在结构层或找坡层上应设置找平层。找平层一般为 20mm～30mm 厚的 1：3 水泥砂浆、细石混凝土和沥青砂浆，厚度视防水卷材的种类而定。

找平层宜设置分格缝，目的是防止找平层变形开裂而波及卷材防水层。分格缝的宽度一般为 20mm，缝内应填嵌密封材料。分格缝的留设部位视楼板类别和找平层类别而定，对于预制板，应设在板缝处；对于现浇板，找平层为水泥砂浆、细石混凝土时，最大间距为 6m，找平层为沥青砂浆时，最大间距为 4m。

分格缝上应附加 200mm～300mm 宽的卷材，用胶黏剂单边点贴覆盖，如图 10-8 所示。

4）结合层

结合层的作用是使卷材防水层与基层黏结牢固。结合层所用材料应根据卷材防水层材料的不同来选择，如油毡卷材、聚氯乙烯卷材及自粘型彩色三元乙丙复合卷材，用冷底子油在水泥砂浆找平层上喷涂一至二道；三元乙丙橡胶卷材则采用聚氨酯底胶；氯化聚乙烯橡胶卷材需用氯丁胶乳等。

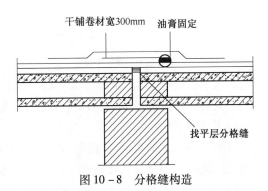

干铺卷材宽300mm　　油膏固定

找平层分格缝

图 10-8　分格缝构造

5）防水层

防水层是由胶结材料与卷材粘合而成，卷材连续搭接，形成屋面防水的主要部分。当屋面坡度较小时，卷材一般平行于屋脊铺设，从檐口到屋脊层层向上粘贴，上下搭接不小于70mm，左右搭接不小于100mm。

6）保护层

保护层为保护防水层而设的，其材料及做法，应根据防水层所用材料和屋面的利用情况而定。

（1）不上人屋面保护层采用粒径3mm～5mm的小石子（绿豆砂），绿豆砂要求浅色、耐风化、颗粒均匀；三元乙丙橡胶卷材采用银色着色剂，直接涂刷在防水层上表面；彩色三元乙丙复合卷材防水层直接用CX－404胶黏结，不需另加保护层。

（2）上人屋面的保护层通常可采用水泥砂浆或沥青砂浆铺贴缸砖、大阶砖、混凝土板等；也可现浇30mm～40mm厚C20细石混凝土。

卷材屋面的构造层次及做法，如图10－9所示。

保护层：a.粒径3mm～5mm绿豆砂（普通油毡）
　　　　 b.粒径1.5mm～2mm石粒或砂粒（SBS油毡自带）
　　　　 c.氯丁银粉胶、乙丙橡胶的甲苯溶液加铝粉
防水层：a.普通沥青油毡卷材（三毡四油）
　　　　 b.高聚物改性沥青防水卷材（如SBS改性沥青卷材）
　　　　 c.合成高分子防水卷材
结合层：a.冷底子油
　　　　 b.配套基层及卷材胶黏剂
找平层：20厚1∶3水泥砂浆
找坡层：按需要而设（如1∶8水泥炉渣）
结构层：钢筋混凝土板

保护层：20厚1∶3水泥砂浆黏贴400mm×400mm×30mm预制凝土块
防水层：a.普通沥青油毡卷材（三毡四油）
　　　　 b.高聚物改性沥青防水卷材（如SBS改性沥青卷材）
　　　　 c.合成高分子防水卷材
结合层：a.冷底子油
　　　　 b.配套基层及卷材胶黏剂
找平层：20厚1∶3水泥砂浆
找坡层：按需要而设（如1∶8水泥炉渣）
结构层：钢筋混凝土板

图10－9　卷材防水屋面构造做法

（a）不上人屋面；（b）上人屋面。

3. 卷材防水屋面的细部构造

屋顶细部是指屋面上的泛水、天沟、雨水口、洞口、变形缝等部位，这些部位是屋面防水的薄弱环节，需有专门的设计、精心的施工。

1）泛水构造

泛水指屋顶上沿所有垂直面所设的防水构造，突出于屋面之上的女儿墙、烟囱、楼梯间、变形缝、检修孔、立管等的壁面与屋顶的交接处是最容易漏水的地方。必须将屋面防水层延伸到这些垂直面上，形成立铺的防水层，称

为泛水。其做法及构造,如图 10 - 10 所示。

(1) 将屋面的卷材防水层继续铺至垂直面上,形成卷材泛水,其上再加铺一层附加卷材。泛水高度不得小于 250mm。

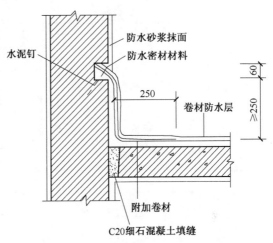

图 10 - 10　卷材防水屋面泛水构造做法

(2) 屋面与垂直面交接处应将卷材下的砂浆找平层抹成圆弧形,上刷卷材黏结剂,使卷材铺贴牢实,以免卷材架空或折断。圆弧半径视卷材类别而定,沥青类卷材为 100mm ~ 150mm,高聚物改性沥青类卷材为 50mm,合成高子防水卷材为 20mm 或 45°斜面。

(3) 做好泛水上口的卷材收头固定,防止卷材沿垂直墙面上下滑。一般做法是:在垂直墙中凿出通长凹槽,将卷材的收头压入槽内,用防水压条钉压后再用密封材料嵌填封严,外抹水泥砂浆保护。凹槽上部的墙体则用防水砂浆抹面。

2) 檐口构造

卷材防水屋面的檐口构造分为无组织排水挑檐和有组织排水挑檐沟及女儿墙檐口等几种,如图 10 - 11 所示。挑檐和挑檐沟构造都应注意处理好卷材的收头固定、檐口饰面并做好滴水。女儿墙檐口构造的关键是泛水的构造处理,其顶部通常做混凝土压顶,并设有坡度坡向屋面。

3) 雨水口构造

雨水口是用来将屋面雨水排至雨水管而在檐口处或天沟内开设的洞口。有组织外排水常用的有天沟雨水口及女儿墙雨水口两种形式。

(1) 直管式雨水口(外天沟或内天沟)。直管式雨水口有多种型号,根据降雨量和汇水面积加以选择,民用建筑常用的 UPVC 塑料雨水口和 65 型铸铁雨水口。图 10 - 12 所示为 65 型铸铁雨水口的构造,它是由套管、环形筒、顶盖、顶盖底座组成的。套管呈漏斗型,安装在天沟板或屋面板上,屋面卷材粘贴在套管内壁上,表面涂防晒油膏,再用环形筒嵌入套管,将卷材压紧,嵌入深度至少为 100mm。环形筒与底座的接缝用油膏嵌封。

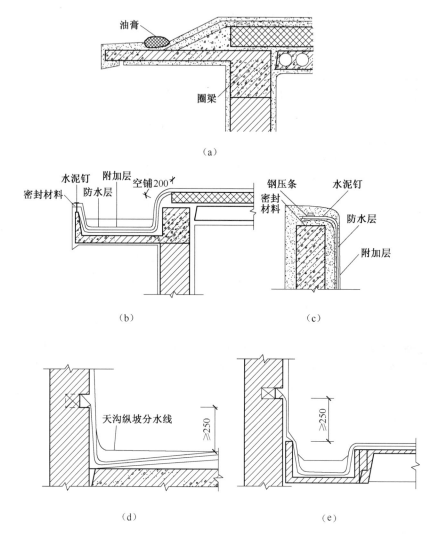

图 10 - 11　卷材防水屋面檐口构造

(a)自由落水檐口;(b)外天沟檐口;(c)卷材收头;(d)女儿墙三角形天沟;(e)女儿墙内天沟。

（2）弯管式雨水口（女儿墙）。弯管式雨水口为 90°弯曲状，如图 10 - 13 所示。

4）屋面变形缝构造

屋面变形缝的构造处理既要确保变形缝两侧的屋面能自由变形，又要防止雨水从变形缝渗入室内。

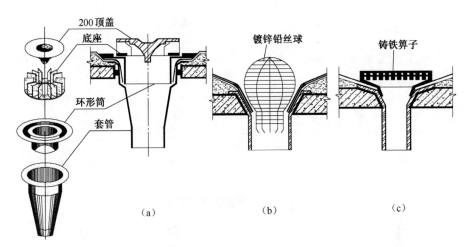

图 10－12　直管式雨水口构造

(a)顶盖;(b)镀锌铅丝球;(c)铸铁箅子。

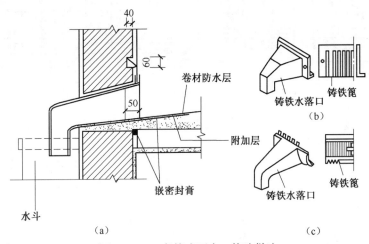

图 10－13　弯管式雨水口构造做法

(1)等高屋面变形缝的构造,如图 10－14 所示。

(2)高低屋面变形缝则是在低侧屋面板上砌筑矮墙。当变形缝宽度较小时,可用镀锌铁皮盖缝并固定在高侧墙体上,或从高侧墙体上悬挑钢筋混凝土板盖缝,如图 10－15 所示。

5)屋面检修孔、屋面出入口构造

上人屋面须设置检修孔,检修孔四周的孔壁可用砖立砌,也可在现浇屋面板时将混凝土上翻300mm 的高度,孔壁外的防水应做成泛水,并将卷材用

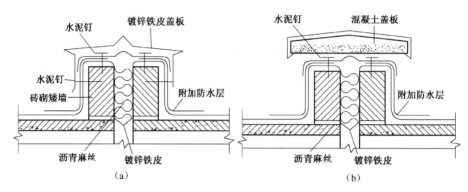

图 10 – 14 等高屋面变形缝

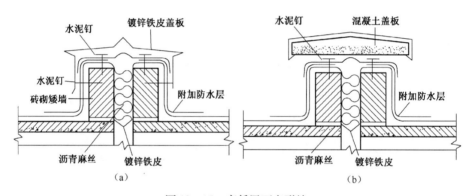

图 10 – 15 高低屋面变形缝

镀锌铁皮盖缝,如图 10 – 16 所示。

高出屋面的楼梯间,室内地坪应高出室外,要不就在出入口设立挡水门槛。屋面出入口处的构造类同泛水构造,如图 10 – 17 所示。

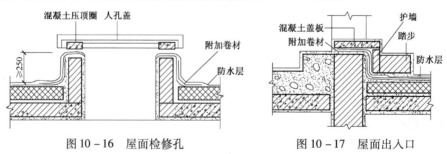

图 10 – 16 屋面检修孔   图 10 – 17 屋面出入口

10.3.2 刚性防水屋面构造

刚性防水屋面是指以刚性材料作为防水层的屋面,如防水砂浆、细石混凝土、配筋细石混凝土防水屋面等。这种屋面具有构造简单、施工方便、造价低廉的优点,但对温度变化和结构变形较敏感,容易产生裂缝而渗水,多用于温差较小的南方地区或防水等级为Ⅲ级的屋面防水,也可用于防水等级为Ⅰ级、Ⅱ级的多道设防中的一道防水。

刚性防水屋面要求基层变形小,一般只适用于无保温层的屋面。保温层多为轻质多空材料,不宜在上面浇筑砂浆和混凝土,而这些刚性防水层也极易在松软的保温层上产生开裂。

对于高温、振动以及地基可能有较大不均匀沉降的建筑也不适宜采用刚性防水屋面。

1. 刚性防水屋面的构造层次及做法

刚性防水屋面一般由结构层、找平层、隔离层和防水层组成,如图 10 – 18 所示。

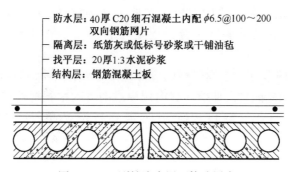

防水层:40厚 C20 细石混凝土内配 ϕ6.5@100～200
　　　　双向钢筋网片
隔离层:纸筋灰或低标号砂浆或干铺油毡
找平层:20厚1:3水泥砂浆
结构层:钢筋混凝土板

图 10 – 18　刚性防水屋面构造层次

1）结构层

刚性防水屋面的结构层要求具有足够的强度和刚度,一般应采用现浇或预制装配的钢筋混凝土屋面板,并在结构层现浇或铺板时形成屋面的排水坡度。

2）找平层

为保证防水层厚薄均匀,通常应在结构层上用 20mm 厚 1∶3 水泥砂浆找平。若采用现浇钢筋混凝土屋面板或设有纸筋灰等材料时,也可不设找平层。

3）隔离层

为减少结构层变形及温度变化对防水层的不利影响,宜在防水层下设置隔离层。隔离层可采用纸筋灰、低强度等级砂浆或薄砂层上干铺一层油毡等。

4）防水层

常用配筋细石混凝土防水屋面的混凝土强度等级应不低于 C20,其厚度宜不小于 40mm,双向配置 $\phi4 \sim \phi6.5$ 钢筋,间距为 100mm ~ 200mm 的双向钢筋网片。为提高防水层的抗渗性能,可在细石混凝土内掺入适量外加剂(如膨胀剂、减水剂、防水剂等)以提高其密实性能。

2. 刚性防水屋面细部构造

刚性防水屋面的细部构造包括屋面防水层的分格缝、泛水、檐口、雨水口等部位的构造处理。

1）分格缝构造

屋面分格缝实质上是在屋面防水层上设置的变形缝,其目的是防止温度变形引起防水层开裂,防止结构变形将防水层拉坏,因此分格缝的位置应设在温度变形允许的范围内以及结构变形敏感的部位。结构变形敏感的部位主要是指装配式屋面板的支承端、屋面转折处、现浇屋面板与预制屋面板的交接处、泛水与立墙交接处等部位。一般情况下分格缝间距不宜大于 6m。

如图 10 – 19 所示,在分格缝处,应首先将防水层内的钢筋断开,以保障分格缝两侧的防水层能自由伸缩。缝内用浸过沥青的木丝板等密封材料嵌填,缝口用油膏等嵌填。缝口表面用防水卷材铺贴盖缝,卷材的宽度为200mm ~ 300mm。

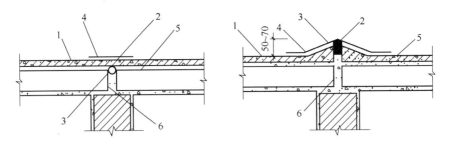

图 10 – 19　分格缝的节点构造

1—刚性防水层;2—密封材料;3—背衬材料;4—防水卷材;5—隔离层;6—细石混凝土。

2）泛水构造

与卷材防水屋面一样,刚性防水屋面的泛水高度应不小于 250mm,同时应嵌入立墙凹槽内并用压条及水泥钉固定。

与卷材防水屋面不同的是,刚性防水层与屋面突出物(女儿墙、烟囱等)间须留分格缝,并另铺附加卷材盖缝形成泛水。下面以女儿墙水、变形缝泛水为例说明其构造做法。

（1）女儿墙与刚性防水层
间留 30mm 宽的分格缝，确保
防水层在收缩变形和温度变形
时不受女儿墙的影响，有效防
止开裂。分格缝内用油膏嵌
缝，缝外用附加卷材铺贴至泛
水高度并做好压缝收头处理，
如图 10 - 20 所示。

（2）变形缝泛水。变形缝
分为高低屋面变形缝和横向变

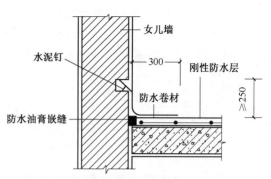

图 10 - 20　刚性防水屋面女儿墙泛冰构造

形缝两种。图10 - 21（a）所示为高低屋面变形缝构造，其低跨屋面也像卷材屋
面那样砌上矮墙储来固定泛水收头。横向变形缝的做法如图 6 - 21（b）、（c）所
示。与卷材防水的不同之处是泛水顶端盖缝的形式不一样，前者用可伸缩的镀
锌铁皮作盖缝板并用水泥钉固定在附加墙上；后者采用混凝土预制板盖缝，盖
缝前先干铺一层卷材，以减少泛水与盖板之间的摩擦力。

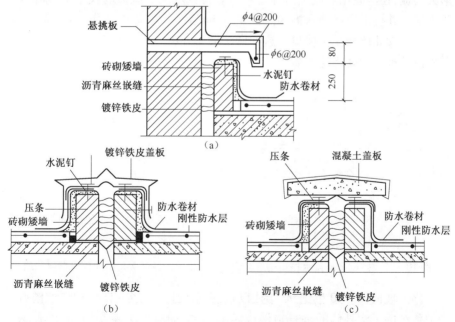

图 10 - 21　变形缝泛水构造
（a）高低屋面变形缝；（b）、（c）横向变形缝。

3）檐口构造

（1）自由落水檐口。如果挑檐尺寸较小,可将防水层直接挑出形成挑檐口,如图10-22(a)所示。如果挑檐尺寸较大,可从圈梁上面悬挑板,将屋面的找平层、隔离层、防水层一并做到悬挑板上面,同时做好檐口处的滴水,如图10-22(b)所示。

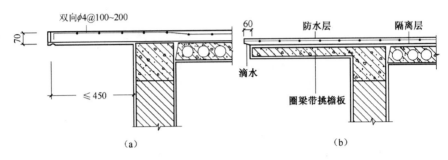

图10-22　自由落水檐口泛水构造

(a)屋面防水层直接挑出;(b)圈梁挑板。

（2）挑檐沟外排水檐口。天沟构件一般采用现浇或预制的钢筋混凝土槽形天沟板,在沟底用水泥炉渣等材料做好排水坡度。屋面的找平层、隔离层、防水层一并挑出屋面伸入檐沟内至少60mm后,做好滴水,如图10-23所示。

（3）女儿墙外排水檐口。这种做法通常在檐口处做成三角形断面天沟,其构造处理与女儿墙泛水做法基本相同,如图10-24所示。

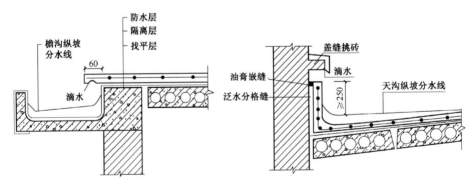

图10-23　挑檐沟外排水檐口构造　　图10-24　女儿墙外排水檐口构造

（4）坡檐口。20世纪90年代以来,建筑设计中经常出现一种"坡檐口",即把传统的天沟外侧的垂直边做成倾斜的,立面看上去像是坡顶,外贴琉璃瓦,很是有点古代出坡顶建筑的味道。坡檐口的节点构造,如图10-25所示。

由于悬挑尺寸较大,加大了根部的弯矩,结构设计中需做好抗弯设计和天沟的抗倾覆设计。

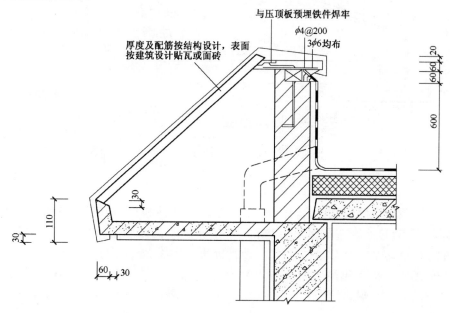

图 10 - 25　坡檐口

4) 雨水口构造

雨水口的构造与卷材防水屋面的构造基本相同。天沟排水檐口用直管式雨水口,女儿墙檐口用弯管式雨水口,其构造如图 10 - 26、图 10 - 27 所示。

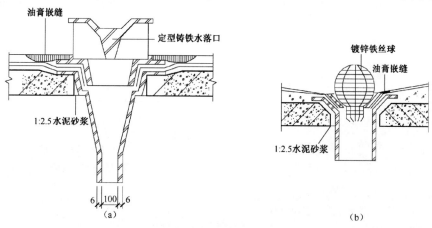

图 10 - 26　直管式雨水口

(a)65 型雨水口;(b)铸铁雨水口。

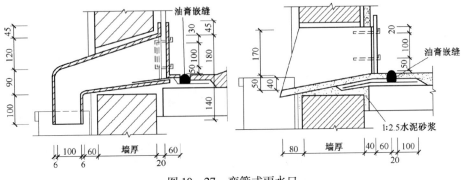

图 10 - 27　弯管式雨水口

10.3.3　涂膜防水屋面构造

涂膜防水屋面又称涂料防水屋面,是用可塑性和黏结力较强的高分子防水涂料,直接涂刷在屋面基层上形成一层不透水的薄膜层,以此来达到防水的目的。防水涂料有塑料、橡胶和改性沥青三大类,常用的有塑料油膏、氯丁胶乳沥青涂料和焦油聚氨酯防水涂膜等。这些材料具有防水性好、黏结力强、延伸性大、耐腐蚀、不易老化、施工方便、容易维修等优点,近年来得到了广泛的应用。

涂膜防水屋面主要适用于防水等级为Ⅲ级、Ⅳ级的屋面防水,也可作为防水等级为Ⅰ级、Ⅱ级的屋顶的多道防水层中的一道防水层。这种屋面通常适用于不设保温层的预制屋面板结构,如单层上业厂房的屋面。在有较大振动的建筑物或寒冷地区则不宜采用。这种屋面所采用的预制装配式屋面板有多种类型,其中以门型屋面板最常用。

1. 涂膜防水屋面的构造层次和做法

涂膜防水屋面的构造层次与卷材防水屋面相同,由结构层、找坡层、找平层、结合层、防水层和保护层组成,如图 10 - 28 所示。

防水涂料的种类很多,有溶剂型、水溶型、乳液型等。

某些防水涂料如氯丁胶乳沥青涂料,需要与胎体增强材料配合,以增强涂料的贴附覆盖能力和抗变形能力。目前,使用较多的胎体增强材料为 $0.1mm \times 6mm \times 4mm$ 或 $0.1mm \times 7mm \times 7mm$ 的中性玻璃纤维网格布或中性玻璃布、聚酯无纺布等。

2. 涂膜防水屋面细部构造

1) 分格缝构造

涂膜防水只能提高表面的防水能力,由于温度变形和结构变形会导致基

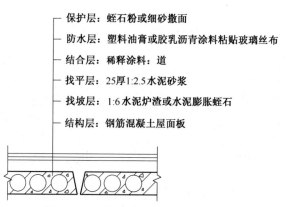

图 10 - 28　涂膜防水屋面的构造层次

层开裂而使得屋顶渗漏,因此屋面面积较大和结构变形敏感的部位,需设置
分格缝,其构造如图 10 - 29 所示。

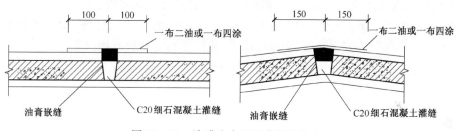

图 10 - 29　涂膜防水屋面分格缝构造

2）泛水构造

涂膜防水屋面泛水构造与卷材防水屋面基本相同,即泛水高度不小于
25mm,屋面与墙体交接处应做成弧形,泛水上端应有挡雨措施,以防渗漏。具
体做法如图 10 - 30 所示。

10.3.4　平屋顶的保温与隔热

屋顶作为建筑物的外围护结构,设计时应根据气候条件和使用功能等方
面的要求,妥善解决屋顶的保温与限热的问题。

1. 平屋顶的保温

1）保温材料

保温材料多为轻质多孔材料,一般可分为以下三种类型。

（1）散料类:炉渣、矿渣、膨胀蛭石、膨胀珍珠岩等。

（2）整体类:以散料作骨料,掺入一定量的胶结材料,如现场浇筑而成膨

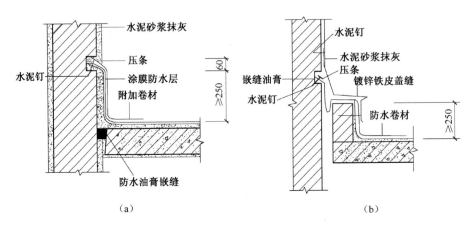

图 10-30　涂膜防水屋面泛水构造
（a）女儿墙泛水；（b）高低屋面泛水。

胀蛭石、水泥膨胀珍珠岩、沥青膨胀蛭石、沥青膨胀珍珠岩等。

（3）板块类：利用骨料和胶结材料制作而成的板块状材料，如加气混凝土、泡沫混凝土、膨胀蛭石、膨胀珍珠岩、泡沫塑料等块材或板材等。

保温材料的选择应根据建筑物的使用性质、构造方案、材料来源、经济指标等因素综合确定。

2）保温层的设置

平屋顶因屋面坡度平缓，宜将保温层放在屋面结构层上防水层之下，如图 10-31 所示。

设置隔汽层的目的是防止室内水蒸气渗入保温层，使保温层受潮而降低保温效果。隔汽层的一般做法是在 20mm 厚 1:3 水泥砂浆找平层上刷冷底子油两道作为结合层，结合层上做一布二油或两道热沥青隔汽层。

2. 平屋顶的隔热

在气候炎热地区，夏季太阳辐射热使屋顶温度剧烈升高，通过屋面板传进室内，尤其是顶层空间的温度会急剧升高，为了降低室内的温度，屋顶应采取

保护层：粒径 3～5 绿豆砂
防水层：二布三油或二毡四油
结合层：冷底子油两道
找平层：20 厚 1:3 水泥砂浆
保湿层：热上计算确定
隔汽层：毡　油
结合层：冷底子油两道
找平层：20 厚 1:3 水泥砂浆
结构层：钢筋混凝土屋面板

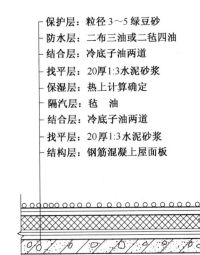

图 10-31　带保温层平屋顶构造层次

隔热降温措施。屋顶隔热措施通常有以下几种方式。

1) 通风隔热屋面

通风隔热屋面是指在屋顶中设置通风间层,使上层表面起着遮挡阳光的作用,利用风压和热压作用把间层中的热空气不断带走,以减少传到室内的热量,从而达到隔热降温的目的。坡屋顶通风隔热屋面一般采用架空通风隔热屋面。

架空通风隔热屋面构造,其中以架空预制板或大阶砖最为常见,如图10 – 32所示。

架空通风隔热层设计应满足以下要求:架空层应有适当的净高,一般以180mm ~ 240mm 为宜;距女儿墙500mm 范围内不铺架空板;隔热板的支点可做成砖垄墙或砖墩,间距视隔热板的尺寸而定。

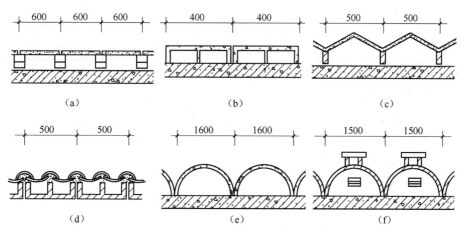

图 10 – 32 架空通风隔热构造

(a)架空预制板(或大阶砖);(b)架空混凝土山形板;(c)架空钢丝网水泥折板;
(d)倒槽板上铺小青瓦;(e)钢筋混凝土半圆拱;(f)1/4 厚砖拱。

2) 蓄水隔热屋面

蓄水隔热屋面是利用屋面蓄水在蒸发过程中吸收太阳辐射热和水面反射阳光的原理来达到降低屋面温度的,同时,水层在冬季还具有保温作用。此外,屋面防水层在蓄水的养护下可以避免防水层开裂和混凝土的碳化,延长防水层寿命。

蓄水隔热屋面不适宜寒冷地区、抗震地区和有振动的建筑。

在我国南方地区应用较多,如果在水中种植一些水浮莲之类的水生植物,利用植物的光合作用和植物叶片的遮光,其降温隔热效果更好。

（1）水层深度及屋顶坡度。水层深度过大会增加屋面荷载，过小容易晒干，比较适宜的深度为150mm～200mm。为了保证蓄水深度均匀，屋面坡度不易超过0.5%。

（2）防水层的做法。蓄水屋面既可用于刚性防水屋面，也可用于卷材防水屋面。采用刚性防水时防水层做好后应及时养护，蓄水后不得断水。采用卷材防水层时，应避免在潮湿条件下施工。

（3）露水区的划分。为了便于分区检修和避免水层产生过大的风浪，蓄水屋面应划分为若干蓄水区，每区的边长不宜超过10m，如图10-33所示。

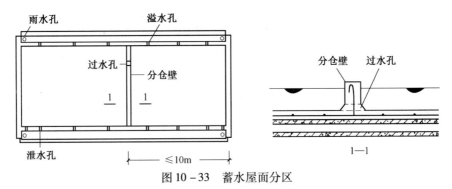

图10-33 蓄水屋面分区

蓄水区间用混凝土做成分仓壁，壁上留过水孔，使各蓄水区的水层连通，但在变形缝两侧应设计成互不连通的蓄水区。当蓄水屋面长度超过40m时，应做横向分仓缝一道。分仓壁也可用M10水泥砂浆砌筑砖墙，顶部设置$\phi 6$～$\phi 8$的钢筋砖带。

（4）女儿墙与泛水。蓄水屋面的四周可做女儿墙兼作蓄水池的仓壁。在女儿墙上应将屋面防水层延伸到墙面形成泛水，泛水的高度应高出溢水孔100mm。

（5）溢水孔与泄水孔。为避免暴雨时蓄水过深，应在蓄水池外壁上均匀布置若干溢水孔，通常每开间设置一个。为了便于检修时排除蓄水，应在池壁根部设置泄水孔，每开间设置一个。溢水孔和泄水孔均应与排水槽沟或水落管连通，如图10-34所示。

（6）管道的防水处理。所有给排水管道、溢水管、泄水管均应在防水层施工前安装好，并用油膏等防水材料仔细填嵌接缝。

3）种植隔热屋面

在屋顶上种植植物，利用植物吸收阳光进行光合作用和遮挡阳光的双重功效来达到降温隔热的目的。按照种植植物栽培构造层的构造方式可分为

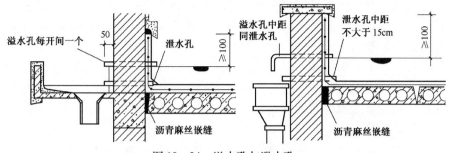

图 10 - 34　溢水孔与泄水孔

一般种植隔热屋面和蓄水种植隔热屋面。

（1）一般种植隔热屋面。在屋面防水层上直接种植介质、栽培植物。

①种植介质的选择。种植介质应选用轻质材料，以减轻屋面荷载，常用的有谷壳、蛭石、陶粒、泥炭等，即所谓的无土栽培。近年来还有以聚苯乙烯、尿甲醛、聚甲基甲酸酯等合成材料泡沫或岩棉、聚丙烯腈絮状纤维等作栽培介质的，其重量更轻，耐久性和保水性更好。

为了降低成本，也可以在发酵后的锯末中掺入体积比约为30%的腐殖土作为栽培介质，但密度有所增加，且容易污染环境。

若栽植草皮，栽培介质的厚度通常为 150mm ~ 300mm。

②种植床的做法。种植床又称苗床，可用砖或加气混凝土来砌筑床埂，床埂应砌在承重结构上，内外用 1∶3 水泥砂浆抹面，高度宜超过种植层 60mm 左右。每个种植床应在其根部留设不少于两个的泄水孔，以防种植床内积水过多造成植物烂根。泄水处应设滤水网，以防栽培介质流失，可用塑料网、塑料多孔板或涂刷环氧树脂的铁丝网制作，如图 10 - 35 所示。

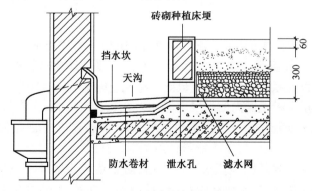

图 10 - 35　种植屋面构造做法

③排水和给水。一般种植屋面的排水坡度为 1%～3%,以利排水,种植床与女儿墙间应留出 300mm～400mm 的距离,作为天沟有组织排水。对于含有泥沙的栽培介质,屋面排水口处应设置挡水坎,沉积泥砂。每个种植区内应设置一个给水阀,以供人工浇水之用。

④种植屋面的防水层。种植屋面可以用一道或多道(复合)防水层设防,但最上面一层必须为刚性防水层。防水层应做好防腐处理,设置分格缝,用一布四涂盖缝。

⑤护栏设置。为了保证种植屋面上的行人安全,屋顶四周应设女儿墙等作为护栏,护栏的净保护高度不宜小于 1m。

(2)蓄水种植隔热屋面。将蓄水屋面与种植屋面合并就是蓄水种植隔热屋面,其做法如图 10-36 所示。具体包括以下层次。

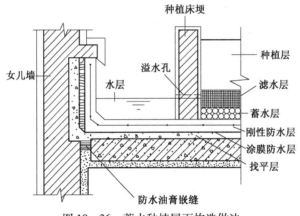

图 10-36　蓄水种植屋面构造做法

①防水层。用于有蓄水层的存在,蓄水种植隔热屋面的防水层应采用涂膜防水和刚性防水的复合防水做法,以确保屋面的防水质量。

应先做涂膜防水层,再做刚性防水层,做法与前述防水层做法相同。刚性防水层的分隔缝,除女儿墙泛水处需严格按照设计要求做好外,屋面的其余部分可不设。屋顶刚性防水层最好一次浇筑完毕,以免渗漏。

②蓄水层。种植床内的水层由轻质多孔粗骨料蓄积,粗骨料的粒径不应小于 25mm,蓄水层的蓄水深度不超过 60mm。种植床以外的蓄水深度与种植床内相同。

③滤水层。为了保持蓄水层的畅通,防止杂质堵塞,应在粗骨料的上面铺设 60mm～80mm 厚的 5mm～20mm 粒径的细骨料,粗粒径铺在下面,细粒径铺在上面。

④种植层。为了减轻屋面荷载,种植层的栽培介质的密度不宜大于 $10kN/m^3$。

⑤种植床埂。蓄水种植屋面应根据屋顶绿化设计用床埂进行分区,分区面积不宜大于 $100m^2$。床埂宜高于种植层 60mm 左右,床埂上面应设置溢水孔,间距 1200mm～1500mm,孔的下口与蓄水面持平,孔口应设置滤水网,防止细骨料流失。

⑥行人架空通道。在非种植区的蓄水层之上设置行人架空通道,一方面方便人行,一方面增加了屋面的隔热功效。架空通道板可以直接支承在两边的床埂上。

种植屋面不但在降温隔热的效果方面优于所有其他隔热屋顶,而且净化了空气、美化了环境、改善了城市生态、提高了建筑综合利用效益,应当大力推广。

4) 反射降温屋面

反射降温屋面时利用材料的颜色和光滑度对热辐射的反射作用,将一部分热量反射回,去从而达到降温的目的。例如采用浅色的砾石、混凝土作屋面,或在屋面上涂刷白色涂料,对隔热降温都有一定的效果。如果在吊顶棚通风隔热的顶棚基层中加铺一层铝箔纸板,利用第二次反射作用,隔热效果会更加显著,因为铝泊的反射率在所有材料中是最高的。

10.4　坡　屋　顶

10.4.1　坡屋顶的承重结构

1. 承重结构类型

坡屋顶常用的承重结构有横墙承重、屋架承重和梁架承重三种形式,如图 10－37 所示。

1) 横墙承重

按照坡屋顶的设计坡度,将横墙上部砌成三角形,在三角横墙上直接搁置檩条来承担屋面荷载。横墙承重结构构造简单、施工方便,有利于屋顶的防火和隔音,适用于开间为 4.5m 以内的小尺寸房间,如住宅、宿舍、旅馆等,尤其是农舍和民居。

2) 屋架承重

为了取得较大的和较为通透的室内空间,建筑的内横墙必须去除,这时可用支承在纵墙上的屋架来承担屋面荷载,屋架的形式视房屋的开间有多种

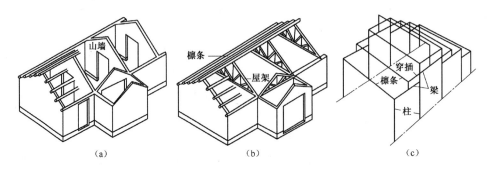

图 10 – 37 坡屋顶承重结构

(a)横墙承重;(b)屋架承重;(c)梁架承重。

形式,屋架上部搁置檩条。多用于食堂、车棚、厂房等。

3)梁架承重

这是中国建筑的传统结构形式,是用柱与梁形成的梁架来支承檩条,并利用檩条及联系梁使整个房屋形成一个整体的骨架,墙只起围护和分隔作用。民间传统建筑多采用由木柱、木梁、木坊组成的梁架结构,又称为穿斗结构或立贴式结构。

2. 承重结构构件

坡屋顶的承重结构构件主要有屋架和檩条。

1)屋架

屋架形式常为三角形、梯形、折线形、拱形几种,由上弦杆(受压)、下弦杆(受拉)及腹杆(斜腹杆、竖腹杆)组成。所用材料有木材、钢材及钢筋混凝土等,如图 10 – 38 所示。

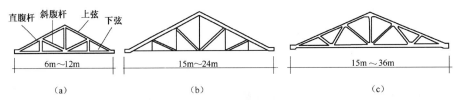

图 10 – 38 三角形屋架

(a)木屋架;(b)钢筋混凝土屋架;(c)钢屋架。

(1)木屋架。跨度 6m ~ 12m。

(2)钢木屋架。下弦杆及竖腹杆件等受拉杆件用钢筋或型钢代替,跨度 12m ~ 18m。

(3)钢筋混凝土屋架。跨度 15m ~ 24 m。

（4）钢屋架。跨度 15m ~ 36 m。

2）檩条

檩条所用材料可为木材、钢材及钢筋混凝土,檩条材料的选用一般与屋架所用材料相同,使两者的耐久性接近。檩条的断面形式,如图 10 - 39 所示。木檩条有矩形和圆形两种,钢筋混凝土檩条有矩形、L 形和 T 形等,钢檩条有型钢或轻型钢檩条。檩条的断面大小由结构计算确定,方木檩条一般为 75mm ~ 100mm × 100mm ~ 180mm,原木檩条的小头直径一般为 100mm 左右。檩条的跨度当采用木檩条时一般在 4m 以内;钢筋混凝土檩条可达 6m。檩条的间距根据屋面防水材料及基层构造处理面定,一般在 70mm ~ 150mm 以内。山墙承重时,应在山墙上放置混凝土垫块。为便于在檩条上固定瓦屋面的木基层,可在钢筋混凝上檩条上预留 $\phi 4$ 的钢筋,以固定木条,用尺寸为 40 ~ 50mm 的矩形木对开为两个梯形或三角形。

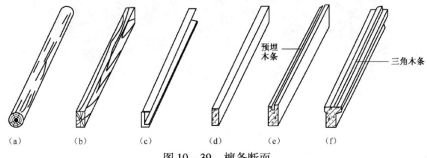

（a）　　　（b）　　　（c）　　　（d）　　　（e）　　　（f）

图 10 - 39　檩条断面

3. 承重结构布置

坡屋顶承重结构布置主要是指屋架和檩条的布置。

（1）双坡屋顶结构布置。按开间尺寸等间距布置即可。

（2）四坡屋顶的结构布置。屋顶尽端的三个斜面呈 45° 相交,采用半屋架,一端支承在外墙上,另一端支承在尽端全屋架上,如图 10 - 40(a) 所示。

（3）屋顶垂直相交处的结构布置。把插入屋顶的檩条搁在与其垂直的屋顶檩条上,如图 10 - 40(b) 所示,或者用斜梁或半屋架,斜梁或半屋架一端支承在转角的墙上,另一端支承在屋架上,如图 10 - 40(c) 所示。

（4）屋顶转角处的结构布置。利用半屋架支承在对角屋架上,如图 10 - 40(d) 所示。

10.4.2　平瓦屋面做法

平瓦屋面一般是利用各种瓦材,如平瓦、波形瓦、小青瓦等作为屋面防水

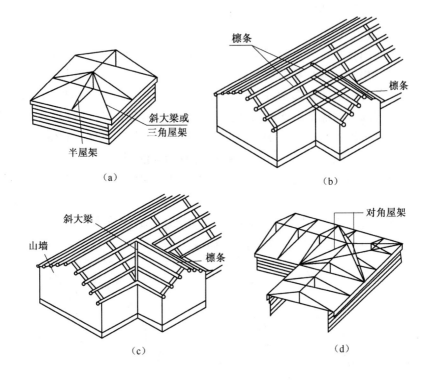

图 10 - 40　屋架与檩条的结构布置

(a)四坡屋顶的结构布置;(b)、(c)屋顶垂直相交处的结构布置;(d)屋顶转角处的结构布置。

材料。近些年来还有不少采用金属瓦屋面、彩色压型钢板屋面等的。

平瓦有黏土平瓦和水泥平瓦之分,其外形是根据排水要求而设计的,瓦的两边及上下留有槽口与便瓦的搭接,瓦的背面有凸缘及小孔用以挂瓦及穿铁丝固定。如图 10 - 41(a)所示,每张瓦长 380mm ~ 420mm,宽为 230mm ~ 250mm,厚 20mm ~ 25mm。屋脊部位需专用的脊瓦盖缝,如图 10 - 41(b)所示。

平瓦屋面根据基层的不同有冷摊瓦屋面、木望板平瓦屋面和钢筋混凝土挂瓦板平瓦屋面几种做法。

1. 冷摊瓦屋面

冷摊瓦屋面是在檩条上钉固椽条,然后在椽条上钉挂瓦条并直接挂瓦,如图 10 - 42 所示。这种做法构造简单,但雨雪易从瓦缝中飘入室内,通常用于南方地区质量要求不高的建筑。木椽条断面尺寸一般为 40mm × 60mm 或 50mm × 50mm,其间距为 400mm 左右。挂瓦条断面尺寸一般为 30mm ×

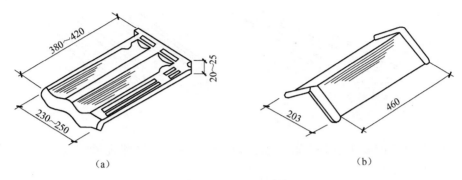

(a)　　　　　　　　　　　　　　　　　(b)

图 10 – 41　平瓦及脊瓦

30mm,中距 330mm。

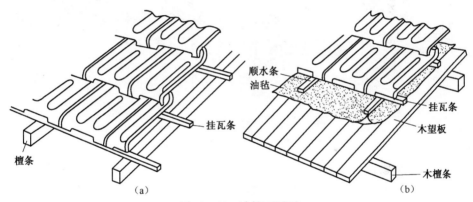

顺水条
油毡
挂瓦条
挂瓦条
木望板
檩条
木檩条

(a)　　　　　　　　　　　　　　　　　(b)

图 10 – 42　冷摊瓦屋面

(a)冷摊瓦屋面;(b)木望板瓦屋面。

2. 木望板瓦屋面

　　木望板瓦屋面是在檩条上铺订 15mm ~ 20mm 厚的木望板,望板可采取密铺法(不留缝)或稀铺法(望板间留 20mm 左右宽的缝),在望板上平行于屋脊方向干铺一层油毡,在油毡上顺着屋面水流方向钉 10mm × 30mm、中距 500mm 的顺水条,然后在顺水条上面平行于原脊方向钉挂瓦条并挂瓦,挂瓦条的断面和间距与冷摊瓦后面相同。这种做法比冷摊瓦屋面的防水、保温隔热效果要好,但耗用木材多、造价高,多用于质量要求较高的建筑物中。

3. 钢筋混凝土挂瓦板平瓦屋面

　　挂瓦板为预应力或非预应力混凝土构件,板肋根部留有泄水孔,以便排除由瓦面渗漏的雨水。挂瓦板的断面有双 T 形、T 形、F 形,如图 10 – 43 所示。

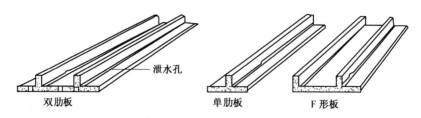

图 10-43　挂瓦板的断面

挂瓦扳的板肋用来挂瓦,中距 330mm,板缝用 1∶3 水泥砂浆嵌缝。挂瓦板瓦面的节点构造,如图 10-44 所示。

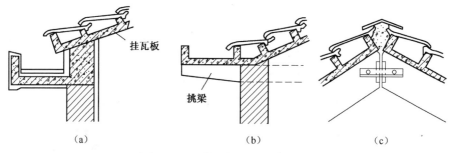

图 10-44　挂瓦板屋面节点构造

(a)天沟节点;(b)挑檐节点;(c)屋脊节点。

4. 钢筋混凝土板瓦屋面

瓦屋面由于保温、防火或造型等的需要,可将预制钢筋混凝土空心板或现浇平板作为瓦屋面的基层盖瓦。盖瓦的方式有两种:一种是在找平层上铺油毡一层,用压毡条钉在嵌在板缝内的木楔上,再钉挂瓦条挂瓦;另一种是在屋面板上直接粉刷防水水泥砂浆并贴瓦或陶瓷面砖或平瓦。在仿古建筑中也常常采用钢筋混凝土板瓦屋面,如图 10-45 所示。

10.4.3　平瓦屋面细部构造

平瓦屋面应做好檐口、天沟、屋脊等部位的细部处理。

1. 檐口构造

1)纵墙檐口

纵墙檐口可根据造型要求做成挑檐或封檐。

(1)砖挑檐。在檐口处将砖逐皮外姚,每皮挑出 1/4 砖(60mm),挑出总长度不大于墙体厚度的 1/2,如图 10-46(a)所示。

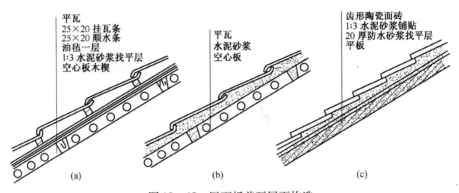

图 10 - 45　屋面板盖瓦屋面构造
(a)木条挂瓦;(b)砂浆贴瓦;(c)砂浆贴面砖。

（2）挑椽条。将椽条直接外挑,挑出长度小于 300mm,如图 10 - 46(b)所示。

（3）屋架下弦挑檐木。挑出长度大于 300mm,如图 10 - 46(c)所示。

（4）承重横墙中放置挑檐木,如图 10 - 46(d)所示。

（5）挑檐木下移。挑檐木离开屋架一段距离,这时需在挑檐木与屋架下弦之间加一撑木,以防止挑檐的倾覆,如图 10 - 46(e)所示。

（6）女儿墙包檐口。在屋架与女儿墙相接处必须设天沟。天沟最好采用混凝土槽形天沟板,沟内铺油毡防水层,并将油毡一直铺到女儿墙上形成泛水。泛水做法与油毡屋面要求相同,如图 10 - 46(f)所示。

2）山墙檐口

山墙檐口的形式有硬山与悬山两种。

（1）硬山檐口构造。硬山檐口构造如图 10 - 47 所示,将山墙升起包住檐口,女儿墙与屋面交接处应作泛水处理。图 10 - 47(a)采用砂浆粘贴小青瓦做成泛水,图(b)则用水泥石灰麻刀砂浆抹成泛水。女儿墙顶应作压顶板,以保护泛水。

（2）山檐口构造。山檐口构造如图 10 - 48 所示,先将檩条外挑形成悬山,檩条端部钉木封檐板,沿山墙挑檐的一行瓦,应用 1∶2.5 的水泥砂浆做出披水线,将瓦封固。

2. 天沟和斜沟构造

在等高跨或高低跨相交处,常常出现天沟,而两个相互垂直的屋面相交处则形成斜沟,其做法如图 10 - 49 所示。沟应有足够的断面积,上口宽度不宜小于 300mm ~ 500mm,一般用镀锌铁皮铺于木基层上,镀锌铁皮伸入瓦片

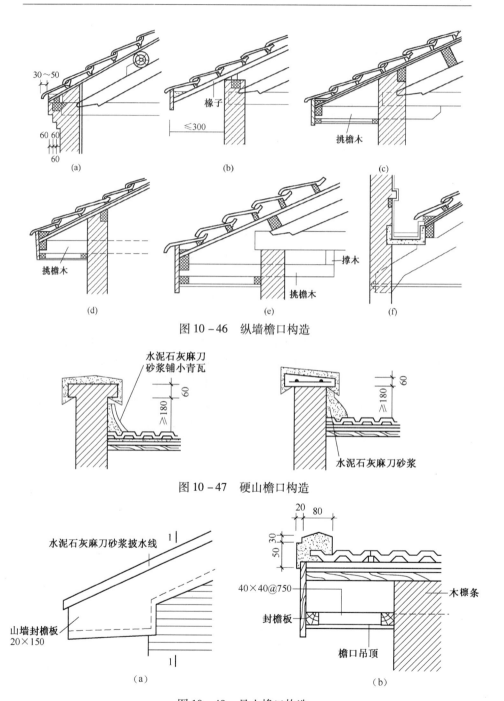

图 10 - 46　纵墙檐口构造

图 10 - 47　硬山檐口构造

图 10 - 48　悬山檐口构造

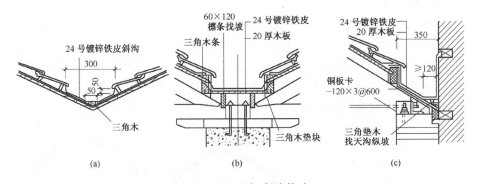

图 10－49　天沟、斜沟构造
(a)三角形天沟；(b)矩形天沟；(c)高低跨屋面天沟。

下面至少 150mm。高低跨和包檐天沟若采用镀锌铁皮防水层时，应从天沟内延伸至女儿墙上形成泛水。

10.4.4　坡屋顶保温与隔热

1. 坡屋顶保温构造

坡屋顶的保温层一般布置在瓦材与檩条之间或吊顶棚上面，如图 10－50 所示。保温材料可根据工程具体要求选用松散材料、块体材料或板状材料。在一般的小青瓦屋顶中，采用基层上铺一层厚厚的黏土稻草泥作为保温层，其上粘贴小青瓦。在平瓦屋面中，可将保温材料填充在檩条之间。在设有吊顶的坡屋顶中，常常将保温层铺设在顶棚上面，可收到保温和隔热双重效果。

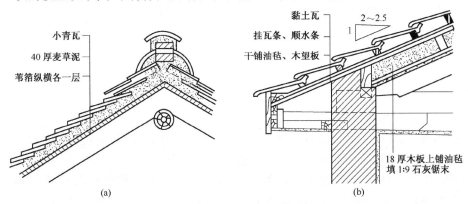

图 10－50　坡屋顶保温构造
(a)小青瓦保温屋面；(b)平瓦保温屋面。

2. 坡屋顶隔热构造

炎热地区在坡屋顶中设进气口和排气口,利用屋顶内外的热压差和迎风面的压力差,组织空气对流,形成屋顶内的自然通风,以减少屋顶传入室内的辐射热,从而达到隔热降温的目的。进气口一般设在檐墙上、屋檐部位或室内顶棚上,出气口最好设在屋脊处,以增大高差,有利于加速空气流通。几种通风屋顶的示意图,如图 10 - 51 所示。

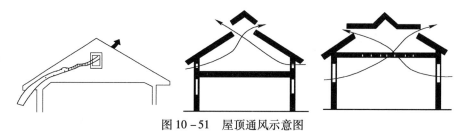

图 10 - 51　屋顶通风示意图

10.5　金　属　屋　面

金属屋面是指采用金属板材作为屋盖材料,将结构层和防水层合二为一的屋盖形式。金属板材的种类很多,有锌板、镀铝锌板、铝合金板、铝镁合金板、钛合金板、铜板、不锈钢板等。厚度一般为 0.4mm ~ 1.5mm,板的表面一般进行涂装处理。由于材质及涂层质量的不同,有的板寿命可达 50 年以上。板的制作形状多种多样,有的为复合板,即将保温层复合在两层金属板材之间;也有的为单板,施工时,有的板在工厂加工好后现场组装,有的根据屋面工程的需要在现场加工。保温层有的在工厂复合好,也可以在现场制作。所以金属板材屋面形式多样,从大型公共建筑到厂房、库房、住宅等均有使用。金属板材屋面的适用范围为防水等级为Ⅰ级 ~ Ⅲ级的屋面。

10.5.1　金属屋面板型

屋面板为卷合密封式接合设计,可配合工地现场生产与设计长度相等的屋面板,安装施工后屋面无接驳口,亦无任何螺钉外露,除保证建筑物屋面外观完整性,兼备特优防水、防渗、抗雪功能。

板型设计肋高 65 及 75mm 肋距 300mm ~ 500mm,具高效能排水切面,有效解决低坡度屋面(1.5°)积水、排水困扰。

faszip65 - 420R 与 75 - 400R 的板型设计特别加强板面补强肋,以增加结构强度,并为建筑外观提供更强线条质感,主要供应中国西南市场。

65 - 300/400/500 的板型设计较为柔顺可塑,能适合大小内外弧造型建筑设计;而 75 - 380/480 的板型设计除保留可塑性外,特别加高肋槽至75mm,配用厚板型底板复合成双层屋面系统,更适合用于沿海台风多雨地区。

80 - 400/420 快易立直立双锁边,屋面板与固定座采用 360°双折边咬合方式,板边是一道能折封起来的直立缝,此直立缝与固定座完全咬合,形成一个连续的耐候屋面,使水基本没机会进入建筑物内。固定座的设计考虑了热位移的影响,使板在长度方向可产生相对位移,消除屋面膨胀时产生的应力。

10.5.2　金属屋面材质

屋面板全部采用进口屋面及外墙结构专用的 AA3004 系列铝镁锰合金卷材生产;另亦可依项目的特殊性配用铝镁锰合金 3004、不锈钢 304 / 316、铜或建筑专用纯钛金属。以专用铝质合金生产的屋面系统,使用寿命可与建筑主体相同(英标 BS5427: 1976)。

而铝镁锰合金卷材另可配上美国或澳大利亚进口建筑专用 PVDF、PVF2聚偏二氟乙烯、氟碳树脂彩涂烤漆系统,应用在工业及民用建筑上,彩涂寿命可达 15 年~20 年。

3005 及 3105 亦为欧美通用的屋面及外墙材料。

如针对海洋性气候要求,可配耐腐性更佳的铝镁合金 5005 及 5052。

10.5.3　典型金属屋面的组成

典型的金属屋面由以下几个部分组成,如图 10 - 52 所示。

(1) 檩条。

(2) 底板。

(3) 固定座。

(4) 保温棉。

(5) 屋面板。

根据需要可在底板和固定座之间增设次檩条、吸音棉。

10.5.4　金属屋面系统组成及其特点

1. 立边咬合系统

(1) 整体结构性防水、排水功能,无论建筑形状如何,均能完全咬合接缝,整个屋面没有钉孔,既可以使屋面在温度变化时自由伸缩,避免温度应力,又杜绝了由系统螺钉固定方式所造成的漏水隐患。

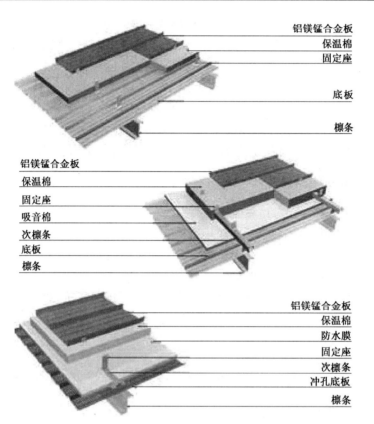

铝镁锰合金板
保温棉
固定座

底板

檩条

铝镁锰合金板
保温棉
固定座
吸音棉
次檩条
底板
檩条

铝镁锰合金板
保温棉
防水膜
固定座
次檩条
冲孔底板
檩条

图 10-52　典型的金属屋面的组成

（2）无需化学嵌缝胶，免除污染与老化问题。

（3）成熟的整体式屋顶开洞和防雷系统设计。

（4）透气性好，保持整体结构的长期自然干燥，延长建筑使用寿命。

（5）三维弯弧特异造型易加工。

（6）结构简洁、轻巧、安全，能抵抗高强负风压，在台风、暴雨地区尤其适用。

（7）也适用于旧屋顶的翻新和在旧屋面上加建新屋顶。

（8）施工安全、简单、快速、准确、经济。

2. 屋面系统

（1）是轻质、高强、防水、抗腐蚀，高适应性和环保的系统，容易与其他建筑材料和系统相融合。

（2）板块与板块立边咬合，无搭接缝漏水之隐患，防水可靠。

（3）排烟口、天窗、管线的出口可直接穿出,附件采用焊接工艺,确保水密性。

（4）咬合边与隐蔽支座形成的连接方式,可解决因热胀冷缩产生的破坏力。

（5）支座的绝缘垫块,解决了金属屋面系统的热传导问题。

（6）系统低重量的优点,使其在屋面翻新、改造中,具备优势。

3. 古典式扣盖系统

（1）整体结构性防排水功能。

（2）无需化学嵌缝胶填缝,免除污染与老化问题。

（3）自然循环通风构造,延长建筑使用寿命。

（4）结构简洁、轻巧、安全。

4. 平锁扣式系统

（1）整体结构性防排水功能。

（2）无需化学嵌缝胶,免除污染及老化问题。

（3）自然循环通风构造,延长建筑使用寿命。

（4）三维弯弧特异造型易加工。

（5）结构简洁、轻巧、安全,网格变化多样。

（6）施工安全、快速、精确、经济。

5. 平面板条系统

是加工运用难度较大的薄板金属板材系统,要求不锈钢板、钛金属板等表面平滑,并双重防水,故系统设有内集水槽。

主要用于加工难度大的板材。

6. 压型板系统

适用于简易屋面构造,在薄板金属屋面系统中,是最为经济的系统,广泛用于民用公共建筑及工业建筑的屋顶,如体育场、遮阳棚、展览馆、体育馆、礼堂、工业厂房等建筑。

7. 单元板块式系统

（1）利用空气等压腔原理防水,并设有内导水槽将少量积水排出。

（2）无需化学嵌缝胶,免除污染与老化问题。

8. 金属屋面系统

360°双卷边的全支撑屋面系统,无需其他防水填充材料辅助,屋面板肋以电动锁扣360°折封,折封后的屋面完全防渗、防水。

屋面板能作特别的三维成弧加工处理,能安装成弧度大小不同的圆顶。

拥有较高的板肋,在提高防水性能的同时,还可使屋面的线条更明显,而且可用材质除钢外,还有铝合金,不锈钢、锌铜钛等金属,使得金属屋面更加多姿多彩。

10.5.5　金属屋面设计要点

设计金属屋面时应考虑以下问题。

(1)承重。承受施工荷载、雨水、粉尘、雪压、维修荷载。金属屋面板的承重性能与板型的截面特性、材质的强度厚度、传力方式、檩条(副檩条)的间距有关。

(2)抗风。抵抗当地最大风压,金属屋面板不会被负风压拉脱。抗风性能与金属屋面板和固定座的扣合力、固定座的密度有关。

(3)隔音。阻止声音从室外传到室内或从室内传到室外。在金属屋面层内填充隔音材料(通常由保温棉充当),隔音效果以金属屋面层两侧的声强差分贝表示。隔音效果与隔音材料的密度、厚度有关。应注意:隔音材料对不同频率的声音的阻隔效果不一样。

(4)防渗。防止雨水从外面渗到金属屋面板内。雨水主要是通过搭接缝隙或节点进入金属屋面。要达到防渗的功能,需在螺钉口使用密封垫圈后采用隐藏式固定,在板的搭接处用密封胶或焊接处理,最好是用通长的板以消除搭接,在各种节点部位腹胀严密的防水处理。

(5)防雷。把雷电引到地面上,防止雷电击穿金属屋面进入室内。

(6)采光。白天通过天窗改善室内照明,节省能源。在金属屋面的特定位置布置采光板或采光玻璃,应考虑天窗的使用寿命与金属屋面板协调,在天窗与金属屋面板的连接处做好防水处理。

(7)安全装置。在金属屋面上设置固定设施,保护施工人员及维修人员的安全。

(8)防冰柱。防止雨雪在檐口处形成冰柱。

(9)美观。金属屋面外表有良好的质感、悦目的颜色。

(10)控制屋面板伸缩。控制金属屋面板的收缩位移及方向。确保金属屋面板在温差大的地区不会因热胀冷缩产生的应力而破坏。

(11)保温。阻止热量在金属屋面的两侧传递,使室内气温稳定。保温功能通过在金属屋面板下填充保温材料(常用的有玻璃棉、岩棉)实现,保温效果以 U 值表示,单位是 $W/m^2 \cdot K$。保温性能由以下因素决定:保温棉的原料、密度、厚度;保温棉的湿度,金属屋面板与下层结构的连接方式(要防止

"冷桥"现象);金属屋面层对热辐射的反复能力。

（12）吸音。减小对声音的反射,降低室内的回音。吸音功能通过在金属屋面底层铺置吸音棉,并在底板上冲孔实现。金属屋面的吸音性能以吸音系数 a 表示。

（13）防潮。防止在金属屋面底层和金属屋面层内有水蒸气凝结,排走金属屋面层内的水汽。解决方案是在金属屋面层内填充保温棉,金属屋面底板上铺置防水膜,金属屋面板上有可通风的节点。

（14）防火。发生火灾时金属屋面材料不会燃烧,火苗不会穿透金属屋面板。

（15）通风。室内外进行空气交换,在金属屋面上设置通风口。

（16）防雪崩。在降雪地区的金属屋面上设置挡雪栏杆,防止积雪突然滑落。

（17）无污染。金属屋面材料不会产生环境污染,金属屋面板表面没有光染。

（18）正常使用寿命。金属屋面使用寿命应与主体建筑等同,如 25 年、50 年、100 年。

（19）维护。要求金属屋面的设计,在使用期内维护方便,尽量降低维护费用。

本 章 小 结

屋顶是建筑顶部的围护结构,由防水层、结构层和保温层等组成。屋顶按外形分为坡屋顶、平屋顶和曲面屋顶等。坡屋顶的坡度一般大于 10%,平屋顶的坡度小于 5%。曲面屋顶外形多样,坡度随外形变化。屋顶按照防水材料的不同分为柔性防水屋面、刚性防水屋面、涂膜防水屋面、瓦屋面等。

屋顶设计的主要任务是解决好防水、保温隔热、坚固耐久、造型美观等问题。

屋顶的排水方式分无组织和有组织排水两大类。有组织排水又分内排水和外排水。一般采用有组织外排水。

卷材防水屋面应注意卷材的选择和铺贴;刚性防水屋面应注意防水层的浇筑。两种防水均应注意泛水、檐口、雨水口、上人孔等处的细部构造。

瓦屋面的承重结构有山墙搁檩、屋架搁檩、梁架搁檩。应做好屋脊、檐口、天沟等处的细部构造处理。

平屋顶的保温层铺于结构层上,坡屋顶的保温层可铺在瓦材下面或吊顶棚上面。屋顶隔热降温的主要方法有架空通风、蓄水降温、屋面种植等。

思考题与习题

1. 屋顶按外形有哪些形式？注意各种形式屋顶的特点及适用范围。

2. 屋顶设计应满足哪些要求？

3. 简述无织织排水和有组织排水的优缺点和适用范围。

4. 常见的有组织排水有哪几种方案？分别适用于什么条件？

5. 卷材防水屋面的构造层次有哪些？各层的做法如何？

6. 屋顶保温层下为什么要设隔汽层？如何设置？

7. 图示卷材防水屋面的泛水、天沟、檐口、雨水口等细部构造的要点。

8. 何谓刚性防水屋面？刚性防水屋面有哪些构造层次？各层次的具体做法是什么？

9. 刚性防水屋面易开裂的原因是什么？如何预防？

10. 为什么要在刚性屋面的防水层中设置分格缝？分格缝应设在哪些部位？

11. 什么叫涂膜防水屋面？

12. 瓦屋面的承重结构系统有哪几种？

第11章 门 窗

门和窗是房屋建筑的六大基本组成部分之一,其中外门主要为建筑的出入口,内门则是建筑内部房间的出入口。窗的主要功能是采光,一般位于建筑的外墙上。门窗同时还起到建筑内部的通风作用。

常用门窗材料有木、钢、铝合金、塑料和玻璃等。由于门窗的尺寸需要符合《建筑模数协调统一标准》GBJ 2—86 的规定,与建筑各部分的尺寸相协调,而门窗的制作和生产也基本上标准化、规格化和商品化,所以在门窗的设计中可以根据设计的具体要求从当地的门窗通用图集直接选用。

11.1 门 窗 概 述

11.1.1 门窗的作用

门窗属于房屋建筑中的围护及分隔构件,不承重。其中门的主要功能是供交通出入及分隔、联系建筑房间,带玻璃或亮子(气窗)的门也可起通风、采光的作用;窗的主要功能是采光、通风及观望。另外,门窗对建筑物的外观及室内装修造型影响也很大,它们的大小、比例尺度、位置、材质、形状、组合方式等是决定建筑视觉效果非常重要的因素之一。

11.1.2 门窗的要求

1. 采光和通风方面的要求

窗的基本功能是采光,不同使用功能的房间应该根据其最低窗地比的要求由房间面积推算出窗洞面积,再根据房间开间大小、建筑层高、抗震要求设计其宽度和高度。

窗户一般采用位于外纵墙上,称为侧窗。位于建筑屋顶的窗户称为天窗,只有单层房屋才可使用,中国古代建筑中有不少使用,现在建筑中主要用于跨度较大的单层工业厂房,通过天窗补充侧窗采光的不足。

满足采光要求的最低窗洞尺寸应根据《建筑采光设计标准》GB/T

50033—2001 和《民用建筑设计通则》GB 50352—2005 及相关专业设计规范的规定。例如,住宅设计中卧式、居室及厨房的最低窗地比依据《住宅建筑规范》GB5 0368—2005 为 1/7,如果房间的面积为 14m²,则窗洞面积最低为 2m²,假如层高为 2.7m,用于窗台高度一般为 0.9m,圈梁与过梁合并最低高度 0.3m,则窗洞高度最多 1.5m,那么窗洞最小尺寸为 2/1.5,按照 3m 模数原则,最低位 1.5m。

满足采光要求只是窗洞尺寸设计的最低标准,具体设计中应根据建筑结构的类型结合相应专业规范和抗震规范以及建筑立面设计的具体情况综合确定。比如框架结构房屋,用于没有对纵墙细部尺寸的结构承载力和抗震的要求,可以根据具体情况采用通窗。

通风是保证房间内部空气畅通的基本需要,使用门窗的位置应确保至少有一组对立面上有一组以上的门或窗能形成对流,并保持与外墙上的门窗洞口连通。

2. 密闭性能和热工性能方面的要求

门窗大多经常启闭,门的窗间缝隙较多,再加上启闭时会产生震动或者由于主体结构的变形使门窗与建筑主体结构间出现裂缝,这些缝有可能造成雨水或风沙及烟尘的渗漏,还可能对建筑的隔热、隔声带来不良影响。因此与其他围护构件相比,门窗在密闭性能方面的问题更突出。此外,门窗部分很难通过添加保温材料来提高其热工性能,因此选用合适的门窗材料和门窗的构造方式,对改善整个建筑物的热工性能,减少能耗起着重要的作用。

3. 使用和交通安全方面的要求

门窗的数量、大小、位置、开启方向等,均会涉及建筑的使用安全。例如相关规范规定了不同性质的建筑物以及不同高度的建筑物,其开窗的高度不同,这完全是出于安全防范方面的考虑。比如在公共建筑中,规范规定位于疏散通道上的门应该朝疏散的方向开启,而且位于楼梯间等处的防火门应当有自动关闭的功能,也是为了保证在紧急状态下人群疏散顺畅,而且减少火灾发火区域的烟气向垂直逃生区域扩散。

4. 在建筑视觉效果方面的要求

门窗的数量、形状、组合、材质、色彩是建筑立面造型中非常重要的部分。对于视觉效果要求较高的建筑,门面更是立面设计的重点。

对于门窗,在保证其主要功能和经济条件的前提下,还要求门窗坚固耐久、便于清洗、方便维修和工业化生产。门窗可以像某些建筑配件和设备一样,构件的成品以商品形式在市场上供销。

11.1.3　门窗的材料

门窗通常可用木、金属、塑料等材料制作。

1. 木门窗

木门窗是用含水率在 18% 左右的木料制成的,常见的有松木或与松木近似的木料。木门窗在我国传统建筑中使用极为普遍,但由于不耐久,容易变形,因而在现代建筑中除了内门依旧以木门为主外,其他部位已较少采用。

2. 钢门窗

钢窗是用特殊断面的热轧型钢制成的窗。断面有实腹与空腹两种。与木门窗相比,钢门窗的透光率有所提高,且更加坚固,不宜变形,因而在 20 世纪 80 年代至 90 年代一度在我国大量采用。但由于其耐腐蚀性较差,90 年代后被铝合金门窗替代。21 世纪以来,在沿海地区及南方地区已经很少采用。

3. 铝合金门窗

铝合金门窗由铝合金型材和配套零件及密封件加工制成。其自重小、刚度大,框料经过氧化着色处理,无需再涂漆和进行表面维修,因而在 20 世纪 90 年代后得到广泛使用。

4. 塑料门窗

塑料门窗的材料耐腐蚀性能好,使用寿命长,且无需油漆着色及维护保养。塑料本身的导热系数十分接近于木材,其保温隔热性能比铝合金门窗有所提高,加上制作时一般采用双级密封,使其气密性、水密性及隔声性能更进一步。同时,由于工程塑料良好的耐久性、阻燃性和电绝缘性,塑料门窗自从 20 世纪 90 年代后期在我国出现后,并一直受到青睐。

11.2　门窗的类型与尺度

11.2.1　门的类型

按照开启方式的不同,可将门分为平开门、弹簧门、推拉门、折叠门、转门等。图 7-1 画出了各种门的建筑平、立、剖面图的图例。剖面图中,左为外侧,右为内侧;平面图中,下为外侧,上为内侧。图中细线为门的开启线,实线表示外开,虚线表示内开。

1. 平开门

平开门是水平开启的门,它的铰链装于门扇的一侧与门框相连,使门扇围绕铰链转动。其门扇有单扇、双扇、向内开和向外开之分。平开门构造简单,开启灵活,制作简便,易于维修,是建筑中最常见、使用最广泛的门。但其门扇受力状态较差,易产生下垂或扭曲变形,所以门洞一般不宜大于 3.6m × 3.6m。门扇可以由木、钢或钢木组合而成,门的面积大于 5m² 时宜采用钢骨架,最好在洞口两侧做钢筋混凝土的壁柱,或者在砌体墙中砌入钢筋混凝土砌块,使之与门扇的铰链对应。

图 11 - 1(a)、(b)分别表示单扇、双扇外开平开门;图 11 - 1(k)、(l)分别表示单扇、双扇内外开双层门。

2. 弹簧门

弹簧门可以单向或双向开启。其侧边用弹簧铰链或下面用地弹簧传动簧的力量使门扇能向内、向外开启并可经常保持关闭,构造比平开门稍复杂。

图 11 - 1(a)、(b)分别表示单扇、双扇外开弹簧门,图 11 - 1(i)、(j)分别表示单扇、双扇双面弹簧门。

3. 推拉门

推拉门亦称推门或移门,开关时沿轨道左右滑行,可藏匿于墙内或贴在墙面外。五金件制作相对复杂,安装要求较高。在一些人流众多的公共建筑,还可以采用传感控制器控制推拉门。推拉门由门扇、门轨、地槽、滑轮及门框组成。门扇可采用钢木门、钢板门、空腹薄壁钢门等。根据门洞大小不同,可采取单轨双扇、双轨双扇、多轨多扇等形式。根据轨道的位置,推拉门分为上挂式和下滑式。当门扇高度小于 4m 时,一般采用上挂式推拉门,当门扇高度大于 4m 时,一般采用下滑式推拉门,即在门扇下部装滑轮,将滑轮置于顶埋在地面的导轨上。为使门保持垂直状态下的稳定运行,导轨必须平直,并有一定刚度,下滑式推拉门的上部应设导向装置,较重型的上挂式推拉门则在门的下部设导向装置。

推拉门开启时不占空间,受力合理,不易变形,但在关闭时难于严密,构造亦较复杂。多用在工业建筑中,较多用作仓库和车间大门。在民用建筑中,一般采用轻便推拉门分隔内部空间,如图 11 - 1(d) ~ (h)所示。

4. 折叠门

折叠门可分为侧挂式折叠门和推拉式折叠门两种。由多扇门构成,每扇门宽度 500mm ~ 1000 mm,一般以 600mm 为宜,适用于宽度较大的洞口。侧挂式折叠门与普通平开门相似,只是门扇之间用铰链相连而成。当用铰链时,一般只能挂两扇门,不适用于宽大洞口。如侧挂门扇超过两扇时,则需使用特制铰链。

推拉式折叠门与推拉门构造相似,在门顶或门底装滑轮及导向装置,每扇门之间连以铰链,开启时门扇通过滑轮沿着导向装置移动。

折叠门开启时占空间少,但构造复杂,其五金件制作相对复杂,一般在公共建筑或住宅中作灵活分隔空间用,如图 11 – 1(c)所示。

5. 转门

转门对防止室内外空气的对流有一定的作用,作为公共建筑及有空调房屋的外门。一般为四扇门连成风车形,在两个固定弧形门套内旋转,如图 11 – 1(m)所示。转门的通行能力较弱,不能作疏散用,故在人流较多处在其两旁应另设平开门或弹簧门。

1)普通转门

普通转门为手动旋转结构,旋转方向通常为逆时针方向,门扇的惯性转速可通过阻力调节装置按需要进行调整。转门的构造复杂、结构严密,起到控制人流通行、防风保温的作用。普通转门按材质分为铝合金、钢质、钢木结合三种类型。

2)旋转自动门

旋转自动门又称圆弧自动门,属高级豪华用门。采用声波、微波或红外传感装置和计算机控制系统,传动机构为弧线旋转往复运动。旋转自动门有铝合金和钢质两种,现多采用铝合金结构。活动扇部分为全玻璃结构。其隔声、保温和密闭性能更加优良。

6. 上翻门

上翻门多用于车库、仓库等场所,根据需要可以使用遥控装置。图 11 – 1(o)所示为折叠上翻门。

7. 提升门

提升门多用于工业建筑,一般不经常开关,需要设置传动装置及导轨。民用建筑中多用于车库门,如图 11 – 1(r)所示。

8. 卷帘门

卷带门多用于较大且不需要经常开关的门洞,例如商店的大门及某些公共建筑中用作防火分区的构件等。卷帘门的五金件制作复杂,造价较高,适用于 4m~7m 宽非频繁开启的高大门洞。它是用很多冲压成形的金属叶片连接顺成,叶片可用镀锌钢板或合金铝板轧制而成,叶片之间用铆钉连接,另外还有导轨、卷筒、驱动机构和电气设备等组成部件。叶片上部与卷筒连接,开启时叶片沿着门洞两侧的导轨上卷,卷在卷筒内。传动装置有手动和电动两种。图 11 – 1(p)、(q)分别表示竖向卷帘门和横向卷帘门。

9. 自动门

自动门是通过微波、红外线、超声波、电磁感应等传感器实现自动开启和关闭的门,多用于公共建筑。按开启方式可分为推拉门、平开门、重叠门、折叠门、弧形门和旋转门等,其中90%为推拉自动门,如图11-1(n)所示。

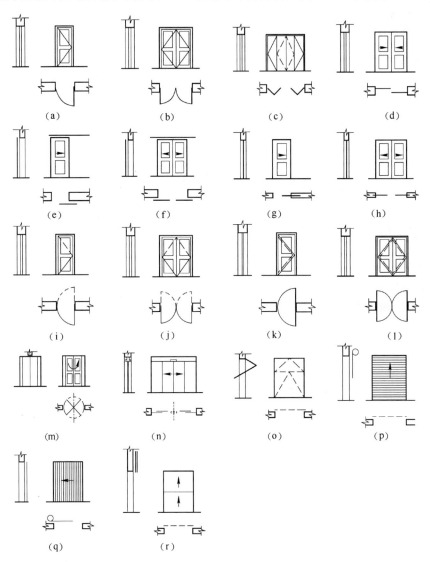

图 11 - 1　门的类型

(a)单扇平开门;(b)双扇平开门;(c)对开折叠门;(d)推拉门;(e)墙外单扇推拉门;(f)墙外双扇推拉门;
(g)墙中单扇推拉门;(h)墙中双单扇推拉门;(i)单扇双面弹簧门;(j)双扇双面弹簧门;
(k)单扇内外开双层门;(l)双扇内外开双层门;(m)转门;(n)自动门;(o)折叠上翻门;
(p)竖向卷帘门;(q)横向卷帘门;(r)提升门。

11. 2. 2　门的尺度

门的尺度通常是指门洞的高宽尺寸。门作为交通疏散之用,其尺度取决于通行人数的多少、家具器械的搬运与建筑物的比例关系等,并应符合现行模数协调原则。

1. 门的宽度

门的宽度通常是指门洞宽度,即在墙体砌筑时留设的洞的宽度,不包含粉刷层在内。

1) 住宅门

由于住宅的使用人数较少,一般按照一股人流设计,但不同功能的房间还应考虑家具搬运、物品携带的影响,见表 11 - 1。

表 11 - 1　住宅门宽度

门的位置	进户门	居室门	厨房门	卫生间门	阳台门	别墅或独立式住宅大门
宽度/mm	1000	900	800 ~ 850	750 ~ 800	900 ~ 1000	1200 ~ 3600

独门独院的住宅,其进户门或进入堂屋的大门一般采用双开门、四开门甚至六开门,每扇门的宽度在 600mm 左右。

2) 公共建筑门

公共建筑的使用人数较多,因而门洞宽度较大。

办公室门、教室门、实验室门一般为 1000mm。会议室门、仓库门等一般为双开门,宽度 1200mm ~ 1800mm。

建筑底层外门的门洞大小首先应满足防火疏散的要求,其次应结合建筑立面设计的美观要求综合确定。门洞较大时做成四开的或六开的,以每扇 600mm ~ 750mm 为宜。

2. 门的高度

民用建筑的门洞高度主要考虑人流通行和家具搬运。无亮子门的高度通常为 2100mm ~ 2400mm,有亮子门的高度通常为 2700mm ~ 3000mm。

内门一般不做亮子,外门则通常带有亮子,因为门洞较宽,相应的高度也比较大。

11. 2. 3　窗的类型

窗的形式通常按照开启方式来分类。图 11 - 2 画出了各种窗的建筑平、立、剖面图的图例。剖面图中,左为外侧,右为内侧;平面图中,下为外侧,上为内侧。图中细线为门的开启线,实线表示外开,虚线表示内开。

1. 固定窗

无窗扇、不能开启的窗为固定窗。固定窗的玻璃直接嵌固在窗框上,可供采光和眺望之用,如图 11 - 2(a)所示。

2. 平开窗

铰链安装在窗扇一侧与窗框相连,向外或向内水平开启,有单扇、双扇、多扇。图 11 - 2(f)、(g)、(h)分别是单层双扇外开平开窗、单层双扇内开平开窗和双层双扇内外开平开窗。平开窗构造简单,开启灵活,制作维修均方便。

3. 悬窗

因铰链和转轴的位置不同,可分为上悬窗、中悬窗和下悬窗,如图 11 - 2(b) ~ (d)所示。

为了阻隔视线,同时又要采光、通风,通常在建筑的外墙上设置高窗,其洞口下边缘离地面至少 1800mm 以上,如图 11 - 2(l)所示。

4. 立转窗

引导风进入室内效果较好,防雨及密封性较差,多用于单层厂房的低侧窗。因密闭性较差,不宜用于寒冷和多风沙的地区,如图 11 - 2(e)所示。

5. 推拉窗

推拉窗分为水平推拉窗和垂直推拉窗两种,如图 11 - 2(i)、(j)所示,其中水平推拉窗是现代建筑中普遍采用的一种开启形式。推拉窗不占用室内使用空间,窗扇受力状态较好,适宜安装较大玻璃,但通风面积受到限制。

6. 百叶窗

主要用于遮阳、防雨及通风,但采光差,如图 11 - 2(k)所示。

11.2.4 窗的尺度

1. 窗的尺度

窗的尺度主要取决于房间的采光要求,同时兼顾通风、构造做法和建筑造型等要求,并要符合现行《建筑模数协调统一标准》的规定。窗洞的宽度按照 3M 模数系列选用,即 600mm ~ 3600mm。砌体结构中,窗洞的宽度应满足结构构造要求,窗间墙的宽度、窗洞边缘至建筑物边缘的距离应满足《砌体结构设计规范》GB 50003—2010 及《建筑抗震设计规范》GB 50011—2010 的有关规定。框架结构中,用于砌体不承重,窗洞的大小不受限制,有时可以做成通窗。

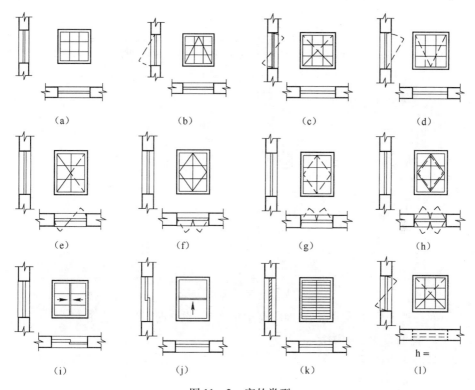

图 11-2　窗的类型

(a)单层固定窗;(b)单层外开上悬窗;(c)单层中悬窗;(d)单层内开下悬窗;
(e)立转窗;(f)单层外开平开窗;(g)单层内开平开窗;(h)双层内外开平开窗;
(i)推拉窗;(j)上推窗;(k)百叶窗;(l)高窗。

　　用于铝合金窗和塑钢窗裁切方便,窗洞的大小有时可以不受模数限制而设计成任意大小。

　　窗洞的高度注意取决于建筑的层高。通常情况下,窗洞高度 = 层高 - 窗台高度 - 过梁高度。

　　窗台高度通常为900mm。砌体结构的楼层高度处通常设有圈梁,圈梁的高度一般为240mm,如果层高不大,如住宅一般为2.7m,则将圈梁高度设计成300mm,兼做过梁。如果层高较大,可以加大窗洞高度,也可单独设计过梁(高度120mm、180mm、240mm)。框架结构在楼层处有连系梁(或框架梁),窗洞高度通常做到连系梁底部,如图 11-3 所示。窗洞的高度通常为900mm、1200mm、1500mm、1800mm、2100mm、2400mm。

　　窗扇宽度为400mm ~ 600mm,高度为800mm ~ 1500mm。

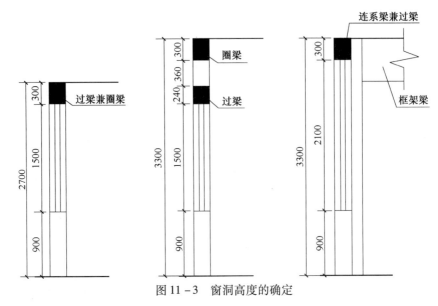

图 11-3 窗洞高度的确定

对一般民用建筑用窗,各地均有通用图集,设计时可直接选用。

2. 窗洞口大小的确定

窗洞大小的确定主要考虑房间的窗地比(采光系数)。窗地比即窗洞面积口与房间净面积之比。不同使用功能的房间,其窗洞大小不同。

例如教室、书房、实验室、计算机房等不小于 1:6,而厕所、走道、楼梯间等只需要 1:10。

11.3 木 门 窗

11.3.1 木门窗设计概述

木门窗的洞口尺寸及开启形式确定后,可以直接根据国家标准图集《木门窗》04J601 或当地标准图集选用,将门窗代号标注在图纸上,并在门窗表中注明所选图集代号。

1. 木门窗材质要求

1) 材质要求

选用一、二等红白松或材质相似木材。木材的干燥处理、含水率、检验、保管及成品运输等应符合《建筑木门、门窗》的要求。夹板门的内框架及门窗木枋采用指接胶合接长时应符合国家Ⅰ级标准,指接处不应开榫打孔。

夹板门用的面板可用五层优质胶合板或中密度纤维板,其质量应符合《中密度纤维板》GB 11718—1999 的要求;实木镶板门可采用实木板、七层胶合板或中密度纤维板。

2)玻璃要求

门的玻璃采用厚度 5mm 及 5mm 以上钢化玻璃或夹层玻璃;窗玻璃可为 4mm,但落地窗及面积大于 0.5mm² 的玻璃必须采用钢化玻璃或夹层玻璃。

3)五金要求

按市场成品,有特殊要求时需在图纸中注明。弹簧门应选用地弹簧,也可选用液压闭门器,楼层地弹簧应注意楼面面层厚度需大于地弹簧厚度。

2. 木门窗构造要求

1)外墙的门窗

用于外墙的门窗,其抗风压、气密性、水密性、保温、隔声、采光等性能应符合相应的国家标准 GB/T 7106—2002、GB/T 7107—2002、GB/T 7108—2002、GB/T 8484—2002、GB/T 8485—2002、GB/T 11976—2002。

2)夹板门

夹板门应在门锁处附加实木框料,并应避开边梃与中挺结合处,门锁处也不应有边梃的指接接头。

3)其他门

用于学校、医院病房、手术、治疗室及气体公共场所的木门,应在门扇的中部及下步增设金属防护板。

平开门、折叠门的上下合页应在距门扇边缘 200mm 处并应避开上下梃。

3. 木门窗分类编号及索引方法

1)门窗编号

门窗的符号分别是 M、C;按照开启方式有平开、推拉、折叠、弹簧,分别是 P、T、Z、H;按照门扇种类有夹板门、镶板门、玻璃门、拼板门和装饰门,分别是 J、X、B、P、Z;带纱扇的用 A 表示;单层和双层玻璃的分别用 D、B 表示。

门窗的编号详见表 11 - 2。

2)门窗索引

木门示例:PJM01 - 1521

PJM—平开门;01—门型编号;15—门洞宽度 1500;21—门洞高度 2100。

表 11 - 2　　门窗编号

门窗种类	编号	门窗种类	编号
平开夹板门	PJM	平开玻璃门	PBM
平开装饰门	PZM	平开拼板门	PPM
弹簧玻璃门	HBM	推拉夹板门	TJM
推拉玻璃门	TBM	推拉镶板门	TXM
推拉装饰门	TZM	折叠夹板门	ZJM
折叠镶板门	ZXM	折叠装饰门	ZZM
连窗门	CM	单玻平开窗	DPC
单玻带纱扇平开窗	DAC	双玻带纱扇平开窗	BAC

11.3.2　平开门的构造

1. 平开门的组成

平开木门一般由门框、门扇、亮子、五金零件及其附件组成。

门框是门的框架,外与墙体连接,内与门扇、亮子连接。

门扇按其构造方式的不同,有镶板门、夹板门、拼板门、玻璃门和纱门等多种类型。亮子位于门扇上方,用于辅助采光和通风用,只采光时为固定形式,兼做通风时可以平开,也可以旋开。

五金零件一般有铰链、插销、门锁、拉手、门碰头等。

附件有贴脸板、筒子板等,如图 11 - 4 所示。

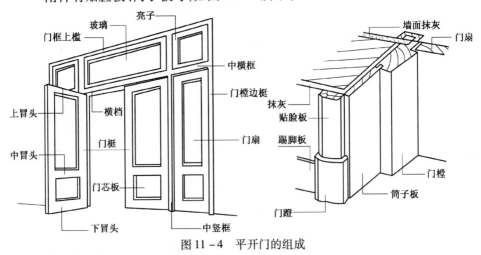

图 11 - 4　平开门的组成

2. 门框

门框又称门樘,由边框和上框组成,带有亮子时,亮子与门扇之间设有中横框,双扇门及多扇门之间设有中竖框。

1)门框断面

门框的断面形式与门的类型、层数有关,同时应利于门的安装,并应具有一定的密闭性。门框的断面尺寸应保证接榫牢固,同时要刨光损耗。

为便于门扇密闭,门框上要有裁口(又叫铲口)。单层门做但裁口,双层门或弹簧门做双裁口。裁口宽度要比门扇宽度大 1mm～2mm,以利于安装和门扇开启。裁口深度一般为 8mm～10mm。

由于门框靠墙一面易受潮变形,通常在该面开 1 道～2 道背槽,以免产生翘曲变形,同时也利于门框的嵌固。背槽的形状可为矩形或三角形,深度为 8～10mm,宽为 12mm～20mm。

双裁口的木门的毛料尺寸一般为 60mm～70mm(厚度)×130mm～150mm(宽度)。单裁口的木门的毛料尺寸一般为 50mm～70mm(厚度)×100mm～120mm(宽度),如图 11 – 5 所示。

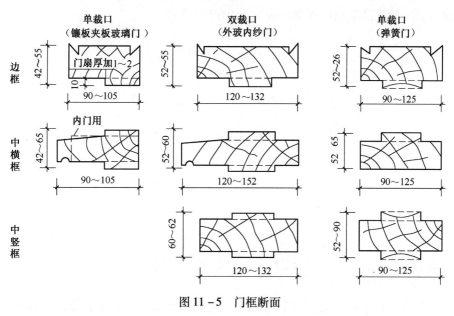

图 11 – 5　门框断面

2)门框安装

门框的安装根据施工方式分后塞口和先立口两种,如图 11 – 6 所示。

(1)塞口。在墙砌好后再安装门框。采用塞口安装时,洞口的宽度应比

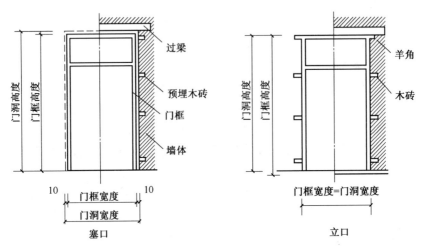

图 11-6　门框安装方法

门框大 20mm ~ 30mm,高度比门框大 10mm ~ 20mm。门洞两侧砖墙上每隔 500mm ~ 600mm 顶埋木砖或预留缺口,以使用圆钉或水泥砂浆将门框固定。框与墙间的缝隙需用沥青麻丝嵌填,如图 11 -7 所示。

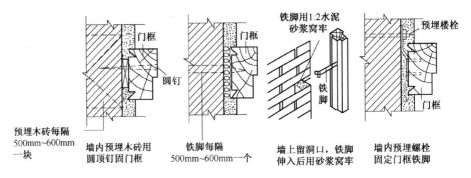

图 11 -7　塞口法门框的固定方法

　　(2)立口。在砌墙前即用支撑先立门框然后砌墙。采用立口安装时门框与墙结合紧密,但立门框与砌墙工序交叉,施工不便。

　　3)门框在墙中的位置

　　门框在墙中的位置,如图 11 -8 所示,可以在墙的中间或与墙的一边平。一般多与开启方向一侧平齐,尽可能使门扇开启时贴近墙面。门框四用的抹灰极易开裂脱落,因此在门框与墙结合处应做贴脸板和木压条盖缝,贴脸板的厚度一般为 15mm ~ 20mm,宽度为 30mm ~ 75mm。木压条厚与宽为10mm ~

20mm。装修标准高的建筑,还可在门洞两侧和上方设筒子板。

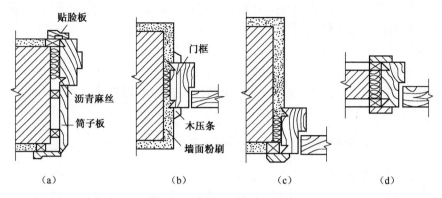

图 11 - 8　门框在墙中的位置
(a)外平;(b)立中;(c)内平;(d)内外平。

3. 门扇

常用的木门门扇有镶板门(包括玻璃门、纱门)、夹板门和拼板门等。

1) 镶板门

门扇由边挺、上冒头、中冒头(可作数根)和下冒头组成骨架,内装门芯板而构成。

门扇的边梃与上、中冒头的断面尺寸相同,宽度 100mm ~ 120mm,厚度 40mm ~ 45mm。为减小门扇的变形,下冒头的宽度一般加大至 160mm ~ 250mm,并与边梃采用双榫结合。

门芯板一般采用 10mm ~ 12mm 厚的木板拼成,也可采用胶合板、硬质纤维板、塑料板、玻璃和塑料纱等。

镶板门构造简单,制作方便,可用于一般民用建筑的内门和外门。

2) 夹板门

夹板门是用断面较小的方木做成骨架,两面粘贴面板而成。门扇面板可用胶合板、塑料面板和硬质纤维板。夹板门的形式可以是全夹板门、带玻璃或带百叶夹板门。

方木骨架的厚度约 30mm,边框宽度 30mm ~ 60mm,中间横肋宽度 10mm ~ 25mm,可以横向排列或纵横向排列,间距 200mm ~ 400mm。门锁处需另加锁木。

夹板门构造简单,外形简洁,便于工业化生产,同时可以充分利用小料、短料,因而成本低、自重轻,在一般民用建筑中具有广泛的应用。

　　3）拼板门

　　拼板门的门扇由骨架和条板组成。有骨架的拼板门称为拼板门,而无骨架的拼板门称为实拼门;有骨架的拼板门又分为单面直拼门、单面横拼门和双面保温拼板门三种。

　　拼板门的拼板厚度 12mm～15mm,骨架断面 40mm～50mm×90mm～105mm,拼板与骨架的结合为单面槽结合;实拼门的板厚约为 45mm,结合方式有斜缝、企口缝和高低缝。

11.3.3　平开窗构造

1. 平开窗的组成

　　平开木窗主要由窗框、窗扇、五金及附件组成。五金包括铰链、风钩、插销等;附件则包括窗帘盒、窗台板及贴脸等,如图 11-9 所示。

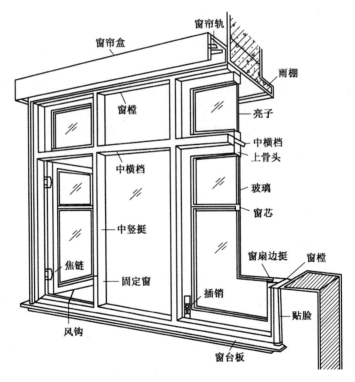

图 11-9　平开木窗的组成

2. 窗框

　　(1)窗框断面。单裁口窗框断面一般为 50mm～60mm×70mm～100mm;

双单裁口窗框断面一般为 50mm～60mm×90mm～120mm，主要用于中横框、中竖框及双层窗，如图 11–10 所示。

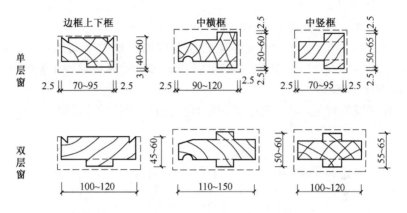

图 11–10　平开木窗窗框断面

（2）窗框安装。与门框安装相同，分为立口和塞口两种。立口在过去应用较多，现在较多采用的是塞口。窗框的外形尺寸比洞口尺寸小 10mm～20mm。

（3）窗框在墙中的位置。与门框相同，也分为外平齐、内平齐、居住三种情况。窗框底部设有窗台，内外窗台及缝隙处理，如图 11–11 所示。

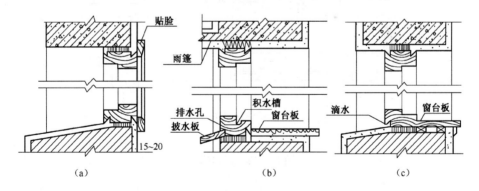

图 11–11　窗框在墙中的位置及缝隙处理
（a）内平齐；（b）外平齐；（c）居中。

3. 窗扇

窗扇由上眉头、下冒头、边梃、窗芯（窗棂）组成，如图 11–12 所示。

1）断面尺寸

为了便于安装玻璃和纱扇，上眉头、下冒头、边梃、窗芯的外侧均需做裁口,深度约 10mm,窗扇的厚度 35mm～42mm,上眉头及边梃的宽度 50mm～60mm,下冒头 60mm～90mm。

2）玻璃选择与安装

普通木窗玻璃可以选用 2mm～3mm 厚度的平板玻璃,面积超过 $0.5m^2$ 的应选用 5mm～6mm 厚度的平板玻璃。根据不同的使用功能,应选用相应种类的玻璃,如磨砂玻璃、压花玻璃、吸热玻璃、加丝玻璃、变色玻璃、镜面玻璃等。

玻璃安装时先用小钉将玻璃固定,再用油灰(桐油灰)嵌固。

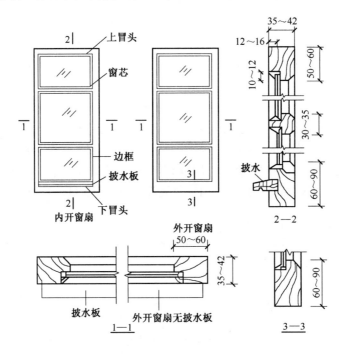

图 11-12　窗扇构造

11.3.4　常见木窗构造

1. 外开平开窗

窗扇向室外开启,窗框裁口在外侧,窗扇开启时不占空间,不影响室内活动,利于家具布置,防水性较好。但擦窗及维修不便,开启扇常受日光、雨雪侵蚀,容易腐烂,同时玻璃破碎时有伤人的危险。外开窗的窗扇与窗框关系,如图 11-13 所示。

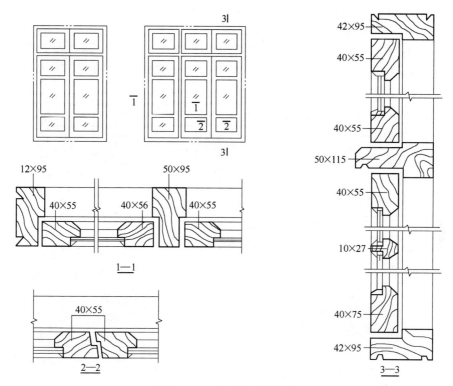

图 11 - 13 外开平开窗构造

2. 内开平开窗

窗框裁口在内侧,窗扇向室内开启。擦窗安全、方便,窗扇受气候影响小。但开启时占据室内空间,影响家具布置和使用。同时内开窗防水性差,因此需在窗扇的下冒头上作披水,窗框的下框设排水孔等特殊处理,如图11 - 14 所示。

3. 双层平开窗

为适应保温、隔声、洁净、恒温恒湿等要求,常采用双层窗。常用的双层窗有内外开窗、双层内开窗等。双层窗冬季保温、夏季隔热、防尘密闭性能较好,但造价高、施工复杂。

1) 内外开窗

内外开窗是在一个窗框上做双裁口,一扇向内开,一扇向外开。裁口宽取决于窗扇厚度,窗扇可以是两层玻璃,也可以是一玻(外扇)一纱(内扇),如图 11 - 15 所示。这种窗的内开和外开窗扇基本相同,构造简单。当为两层玻璃时,常将里面的一扇玻璃做成易于拆换的活动扇,以便夏季换成纱窗。

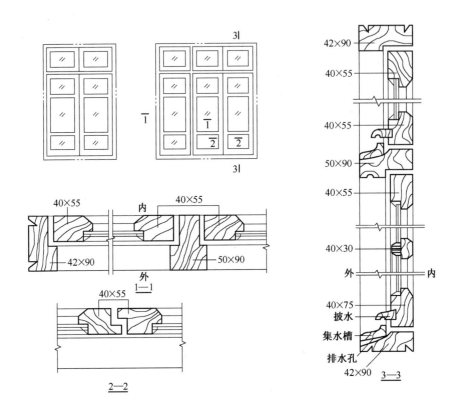

图 11－14　内开平开窗构造

2）双层内开窗

双层内开窗通常有两种做法：一种是子母窗扇，由一个窗框装合在一起的两个窗扇，一般向内开，这种窗比内外开双层窗省料，采光面大；另一种是窗扇向室内开启，便于擦窗，通常是分开窗框，窗框断面可较小，两窗框的间距可调整。窗扇向室内开启，便于擦窗，但开启时占据室内空间。

4. 中悬窗

中悬窗的铰链位于窗扇中心线以下 30mm 处，窗扇靠铰链的水平轴旋转而开启及关闭，如图 11－16 所示。

中悬窗根据窗扇关闭时的位置分为靠框式和进框式两种，如图 11－17 所示。

1）靠框式

在窗扇关闭时，窗扇下冒头位于窗框外侧，有利于排除雨水。当窗扇

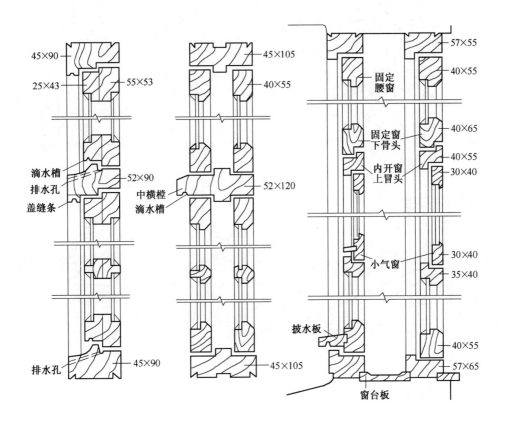

图 11 – 15　双层窗构造(左中右分别为内外开窗、内开子母窗、双层内开窗)

变形时不影响开关,但用料多,密闭性差,不适用于寒冷地区,常用于单层厂房。

2)进框式

在窗扇关闭时窗扇位于窗框内,密闭性较好,但木材变形后,关闭不严,常用于工业与民用建筑。

5. 组合窗

当木窗洞口较大时,可采用两个窗框拼接成一个较大的窗框。两个窗框可竖向拼接或横向拼接,如图 11 – 18 所示。在两窗之间加木垫块,并用 M10 螺栓固定。如果窗洞更大,则可同时竖向和横向拼接。

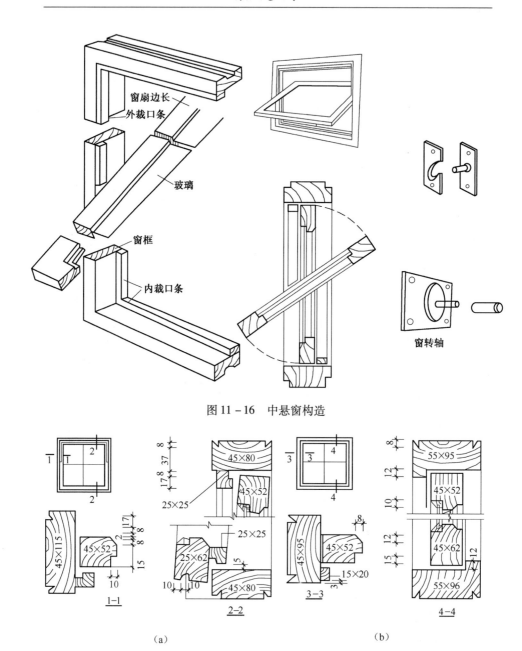

图 11 – 16　中悬窗构造

图 11 – 17　中悬窗窗扇位置

(a)靠框式;(b)进框式。

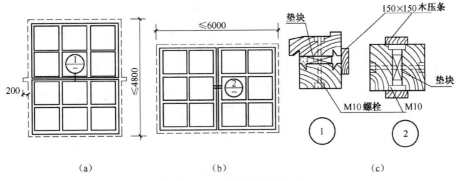

图 11 - 18　组合窗拼框方式

(a)竖向拼接;(b)横向拼接;(c)拼接节点。

11.4　金属门窗

金属门窗包括钢门窗、彩板门窗和铝合金门窗。

11.4.1　钢门窗

钢门窗是用型钢或薄壁空腹型钢在工厂制作而成的,符合工业化、定型化与标准化的要求。在强度、刚度、防火、密闭等性能方面,均优于木门窗,但在潮湿环境下易锈蚀,耐久性差。

1. 钢门窗窗料

1)实腹式

实腹式钢门窗料是最常用的一种,有各种断面形状和规格。一般门可选用 32 及 40 料,窗可选用 25 及 32 料(25、32、40 等表示断面高为 25mm、32mm、40mm)。

2)空腹式

空腹式钢门窗与实腹式窗料比较,具有更大的刚度,外形美观,自重轻,可节约钢材 40% 左右。但由于壁薄,耐腐蚀性差,不宜用于湿度大、腐蚀性强的环境。

空腹式钢门窗料型分为京式和沪式两种,如图 11 - 19 所示。

2. 钢门窗节点构造

为不使基本钢门窗产生过大变形而影响使用,每扇窗的高宽不宜过大。一般高度不大于 1200mm,宽度为 400mm ~ 500mm。为方便运输,每个基本窗单元的高度不高于 2100mm,宽度不大于 1800mm。基本钢门的高度一般不超

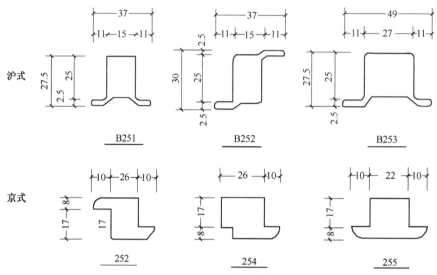

图 11 - 19　空腹式钢门窗窗料

过 2400mm。具体设计时应根据面积的大小、风荷载情况及允许挠度值等因素来选择窗料规格。基本窗的形式有平开式、上悬式、固定式、中悬式和百叶式几种,门主要为平开门,如图 11 - 20 所示。

平开钢窗在两窗扇闭合处设有中竖框用作关闭窗扇时固定执手。

中悬钢窗的构造特点是框与扇以中转轴为界,上下两部分用料不同,在转轴处焊接而成。

钢门一般分单扇门和双扇门。单扇门 900mm 宽,双扇门宽度 900mm 或 1800mm,高度一般为 2100mm 或 2400mm。钢门扇可以按需要做成半截玻璃门,下部为钢板,上部为玻璃,也可以全部为钢板。钢板厚度为 1mm ~ 2mm。

3. 钢门窗安装

钢门窗框的安装通常采用塞口法。

门窗框与洞口四周的连接方法主要有两种。

(1) 在砖墙洞口两侧预留洞口,将钢门窗的燕尾形铁脚埋入洞中,用砂浆窝牢,如图 11 - 21(a)所示。

(2) 在钢筋混凝土过梁或混凝土墙体内,先预埋铁件,将 Z 形铁脚焊接在预埋钢板上,如图 11 - 21(b)所示;钢门窗框的铁脚间距一般为 500mm ~ 700mm,最外一个铁脚距框角 180mm,如图 11 - 21(c)、11 - 21(d)所示。

4. 组合式钢门窗

当钢门窗的高、宽超过基本钢门窗尺寸时,就要用拼料将门窗进行组合。

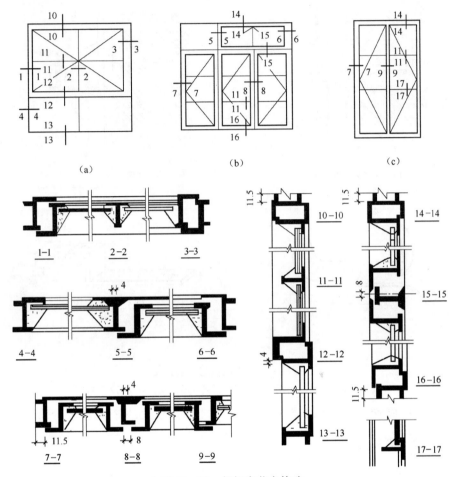

图 11 – 20　钢门窗节点构造

(a)中悬窗立面;(b)平开窗立面;(c)平开门立面;(d)断面。

拼料起横梁与立柱的作用,承受门窗的水平荷载。

拼料与基本门窗之间通常用螺栓或焊接相连。当钢门窗很大时,特别是水平方向很长时,为避免大的伸缩变形引起门窗损坏,必须预留伸缩缝,一般是用两根 L56364 的角钢用螺栓组成拼件,角钢上的螺栓孔为椭圆形,使螺栓有伸缩余地。

拼料与墙洞口的连接一定要牢固。当与砖墙连接时,采用预留孔洞,用细石混凝土锚固钢筋混凝土柱和梁的连接,采用预埋铁件焊接。

普通钢门窗,特别是空腹式钢门窗易锈蚀,需经常进行表面油漆维护。

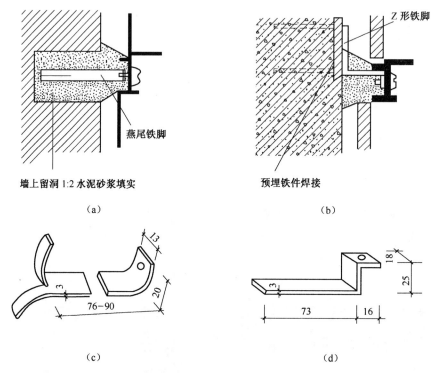

图 11 - 21　钢门窗与墙的连接

(a)与砖墙连接;(b)与混凝土墙(柱)连接;(c)燕尾铁脚;(d)Z形铁脚。

钢门窗由于容易锈蚀,防火性能差,加上散热较大,现在已经较少采用。

11.4.2　彩板门窗

彩板钢门窗是以彩色镀锌钢板经机械加工而成的门窗。它具有自重轻、硬度高、采光面积大、防尘、隔声、保温密封性好、造型美观、色彩绚丽、耐腐蚀等特点。

彩板门窗断面形式复杂,种类较多,通常在出厂前就已将玻璃装好,在施工现场进行成品安装。

彩板平开窗目前有两种类型:带副框和不带副框。当外墙面为花岗石、大理石等贴面材料时,常采用带副框的门窗。安装时,先用自攻螺钉将连接件固定在窗框上,并用密封胶将洞口与副框及副框与窗樘之间的缝隙进行密封,如图 11 - 22 所示。当外墙装修为普通粉刷时,常用不带副框的做法,即直接用膨胀螺钉将门窗樘子固定在墙上,如图 11 - 23 所示。

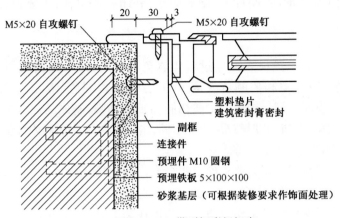

图 11－22　带副框彩板门窗

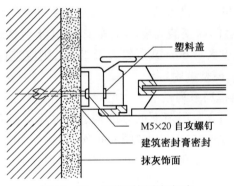

图 11－23　不带副框彩板门窗

11.4.3　铝合金门窗

1. 铝合金门窗的特点

1）自重轻

铝合金门窗用料省、自重轻,每 $1m^2$ 耗用铝材平均只有 8kg～12kg,较钢门窗减少 50% 左右。

2）性能好

密封性、气密性、水密性、隔声性、隔热性都较钢门窗、木门窗有显著的提高。

3）耐腐蚀、坚固耐用

铝合金门窗不需要涂刷涂料,氧化层不褪色、不脱落,表面不需要维修。

铝合金门窗强度高,刚性好,坚固耐用,开闭轻便灵活,无噪声,安装速度快。

4)色泽美观

铝合金门窗框料型材表面经过氧化着色处理后,既可保持铝材的银白色,又可以制成各种柔和的颜色或带色的花纹,如古铜色、暗红色、黑色等。还可以在铝材表面涂刷一层聚丙烯酸树脂保护装饰膜,制成的铝合金门窗造型新颖大方,表面光洁,外形美观,色泽牢固,增加了建筑立面和内部的美观。

2. 铝合金门窗的设计要求

(1)应根据使用和安全要求确定铝合金门窗的风压强度性能、闭水渗漏性能、空气渗透性能综合指标。

(2)组合门窗设计宜采用定型产品门窗作为组合单元,非定型产品应考虑洞口最大尺寸和开启扇最大尺寸的控制。

(3)外墙门窗的安装高度应有限制,以防承受过大的风压。例如,广东地区规定,外墙铝合金门窗安装高度小于等于60m(不包括玻璃幕墙),层数小于等于20层;若高度大于60m或层数大于20层,则应进行更细致的设计,必要时,还应进行风洞模型试验。

3. 铝合金门窗框料系列

系列名称是以铝合金门窗框的厚度构造尺寸来区别各种铝合金门窗的称谓,如平开门门框厚度构造尺寸为50mm宽,即称为50系列铝合金平升门;推拉窗窗框厚度构造尺寸90mm宽,即为90系列铝合金推拉窗等。铝合金门窗设计通常采用定型产品,选用时应根据不同地区、不同气候、不同环境、不同建筑物的不同使用要求,选用不同的门窗框系列。

4. 铝合金门窗安装

铝合金门窗是表面处理过的型材经下料、打孔、铣槽、攻丝等加工,制作成门窗框料的构件,然后与连接件、密封件、开闭器附件一起组合装配成门窗,如图11-24所示。

门窗安装时,将门、窗框在抹灰前立于门窗洞处,与墙内预埋件对正,然后用木楔将三边固定。经检验确定门、窗框水平、垂直、无翘曲后,用连接件将铝合金框固定在墙、柱、梁上,连接件固定可采用焊接、膨胀螺栓或射钉等方法。

门窗框固定好后与门窗洞口四周的缝隙,一般采用软质保温材料填塞,如泡沫塑料条、泡沫聚氨酯条、矿棉毡条和玻璃丝毡条等,分层填实,外表留5mm~8mm深的槽口用密封膏密封。这种做法主要是为了防止门、窗框四周形成冷热交换区产生结露,影响防寒、防风的正常功能和墙体的寿命,也影响了建筑物的隔声、保温等功能。同时,避免了门窗框直接与混凝土、水泥砂浆接触,消除了碱对门、窗框的腐蚀。

门窗框与墙体等的连接固定点,每边不得少于二点,且间距不得大于0.7m。在基本风压大于等于0.7kPa的地区,不得大于0.5m;边框端部的第一固定点距端部的距离不得大于0.2m。

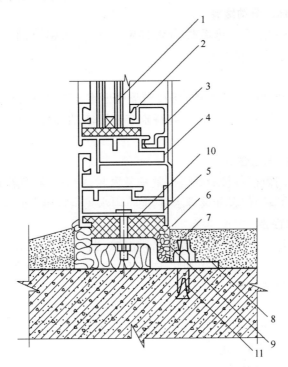

图 11－24　铝合金门窗安装节点

1—玻璃;2—橡胶条;3—压条;4—内扇;5—外框;6—密封膏;
7—砂浆;8—地脚;9—软填料;10—塑料垫;11—膨胀螺栓。

11.5　塑　料　门　窗

塑料门窗是以聚氯乙烯、改性聚氯乙烯或其他树脂为主要原料,轻质碳酸钙为填充料,加上适量添加剂,经挤压成型的空腹门窗异型材。

塑钢门窗是以改性硬质聚氯乙烯(简称UPVC)为主要原料、加上一定比例的稳定剂、着色剂、填充剂、紫外线吸收剂等辅助剂,经挤压成型的中空异型材。经切割后在其内腔衬以型钢加强筋,用热熔焊接机焊接成型为门窗框料,配装上橡胶密封条、压条、五金件零用件而制成的门窗即所谓的塑钢门窗。

11.5.1 塑钢门窗的特点

1. 强度好、面冲击

塑钢门窗异型材采用特殊的配方设计的,耐风压可达 $190kg/m^2 \sim 350kg/m^2$。

2. 保温隔热、节约能源

塑钢门窗材质的导热系数为 $0.16W/m \cdot K$,是铝材的 $1/1250$,钢材的 $1/360$,为最佳节能窗材。

3. 隔音好

塑钢门窗异型材是中空的,各接缝紧密且装有弹性密缝条,隔音性能优良,隔音效果可达 30dB。适用于有特别宁静要求的环境,如医院、学校、办公大厦等。

4. 气密性、水密性好

由于塑钢门窗框各接缝处搭接紧密又密封,能隔绝空气渗透和雨水渗漏此外,在窗框的适当位置开设排水口,能将雨水完全排出室外。

5. 耐腐蚀性强

改性 UPVC 型材不受任何酸碱物质侵蚀,也不受废气、盐分的影响,具有优良的耐腐蚀性,广泛应用于如化工、电镀、制药、酸洗、印染、纺织、食品、电子等各种需抗腐蚀的厂房。

6. 防火

塑钢门窗为优良的绝缘材料,具备阻燃性能,不自燃、不助燃、离火自熄,使用安全性高,符合防火要求。

7. 耐老化、使用寿命长

塑钢用材内添加紫外线吸收剂和低温耐冲击改性剂,可在 $-30℃ \sim 70℃$ 的环境下使用,在经受烈日、暴雨、风雷、干燥、潮湿的环境中不变质、不易变色、不易老化。正常使用其寿命可达 20 年~30 年,甚至 50 年左右。

8. 外观精美、容易清洗

塑钢门窗型材表面细密光滑、色彩繁多、型材色质内外一致,无需油漆着色及维护保养,脏污时,可用软布蘸水性清洗剂擦洗,清洗后光亮如新。

11.5.2 塑钢门窗的分类及构造

1. 塑钢门窗型材断面

塑钢门窗型材断面分为如干系列,其中最为常见的有 60 系列、80 系列和

88 系列。其中 60 系列主要用于平开门和平开窗,其余均可用于推拉门、推拉窗。

2. 塑钢门窗开启方式

按开启方式分,塑钢门窗有固定窗、平开窗、推拉窗和上悬窗几种。里面形式如图 11 - 25 所示。推拉窗的断面构造如图 11 - 26 所示。

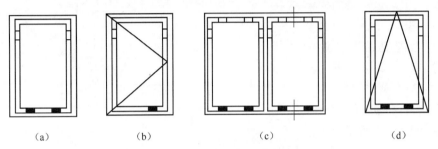

(a)　　　　　　　(b)　　　　　　　(c)　　　　　　　(d)

图 11 - 25　塑钢门窗开启方式
(a)固定窗;(b)平开窗;(c)推拉窗;(d)上悬窗。

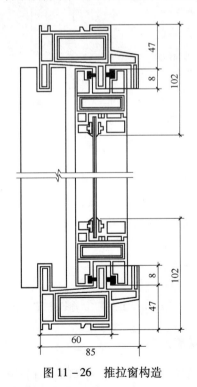

图 11 - 26　推拉窗构造

11.5.3 塑钢门窗的安装

门窗应采用预留洞口法（或塞口法）安装。对加气混凝土墙洞口，应预埋胶黏圆木。门窗及玻璃的安装应在墙体湿作业完工且硬化后进行，当需要在湿作业前进行时，应采取保护措施，如图11-27所示。

当窗与墙体固定时，应先固定上框，而后固定边框。

混凝土墙洞口应采用射钉或塑料膨胀螺钉固定，砖墙洞口应采用塑料膨胀螺钉或水泥钉固定，不得固定在砖缝处；加气混凝土洞口，应采用木螺钉将其固定在胶黏圆木上，没有预埋铁件的洞口应采用焊接的方法固定，也可先在预埋件上按紧固件规格打基孔，然后用紧固件固定。

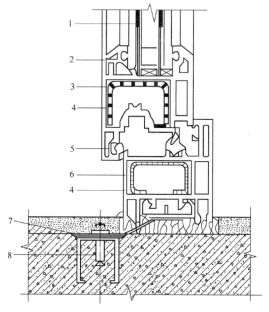

图11-27 塑钢门窗安装节点
1—玻璃；2—玻璃压条；3—内扇；4—内钢衬；
5—密封条；6—外框；7—地脚；8—膨胀螺栓。

窗框与洞口之间的伸缩缝内腔应采用闭孔泡沫塑料，发泡聚苯乙烯等弹性材料分层填充。填塞不宜过紧，对保温、隔声等级要求较高的工程，应采用相应的隔热、隔声材料填塞。

安装玻璃时，玻璃不得与玻璃槽直接接触，在玻璃四边垫上垫块。边框上的垫块，宜采用聚氯乙烯胶加以固定。

11.6 门窗节能设计

11.6.1 节能门窗的发展方向

为了增大采光通风面积或表现现代建筑的性格特征，建筑物的门窗面积越来越大，更有全玻璃的幕墙建筑，以致门窗的热损失占建筑的总热损失的

40%以上,门窗节能是建筑节能的关键,门窗既是能源得失的敏感部位,又关系到采光、通风、隔声、立面造型。这就对门窗的节能提出了更高的要求,其节能处理主要是改善材料的保温隔热性能和提高门窗的密闭性能。

在窗的发展上,阳台窗向落地推拉式发展,开发新型中悬和上悬式窗;卫生间主要发展通气窗,具有防视线和通风两种功能;厨房窗将向长条窗发展,设在厨房吊柜和操作台之间;门窗遮阳技术则适合在夏热冬暖地区广泛推广。

窗户所用材料是木窗→铝合金窗→塑窗→铝塑复合窗的发展趋势。

11.6.2　节能门窗的材料及种类

从门窗材料来看,目前有铝合金断热型材、铝木复合型材、钢塑整体挤出型材以及 UPVC 塑料型材等一些技术含量较高的节能产品,其中使用较广的是 UPVC 塑料型材,它所使用的原料是高分子材料——硬质聚氯乙烯。

为了解决大面积玻璃造成能量损失过大的问题,将普通玻璃加工成中空玻璃、镀膜玻璃、高强度 LOW – E 防火玻璃、采用磁控真空溅射放射方法镀制含金属层的玻璃以及最特别的智能玻璃。

11.6.3　门窗节能措施

(1) 提高材料(玻璃、窗框材料)的光学性能、热工性能和密封性。

(2) 改善门窗的构造(双层、多层玻璃,内外遮阳系统,控制各朝向的窗墙比,加保温窗帘)。

11.6.4　节能门窗应重点开发和推广的技术

(1) 建筑门窗和建筑幕墙全周边高性能密封技术。降低空气渗透热损失,提高气密、水密、隔声、保温、隔热等主要物理性能。

(2) 高性能中空玻璃和经济型双玻系列产品工艺技术和产品性能上要有较大突破。重点解决热反射和低辐射中空玻璃、高性能安全中空玻璃以、经济型双玻的结露温度、耐冲击性能、安装技术,实现隔热与有效利用太阳能的科学结合。

(3) 铝合金专用型材及镀锌彩板专用异型材料断热技术。重点解决断热材料国产化和耐火、防有害窒息气体安全问题,降低材料成本,扩大推广面。

(4) 复合型门窗专用材料开发和推广应用技术。重点开发铝塑、钢塑、木塑复合型门窗专用材料和复合型配套附件及密封材料。

(5) 门窗窗型及幕墙保温隔热技术。要以建筑节能技术为动力,对我国住宅窗型结构、开启形式和窗体构造进行技术改造和创新。改变单一的推拉窗型,发展平开,特别是复合内开窗及多功能窗。改善高密封窗的换气功能和安全性能,发展断热高效节能豪华型铝合金窗和豪华型多功能门类产品。

（6）门窗和幕墙成套技术。开发多功能系列化,各具地域特色的成套产品;要在提高配套附件质量、品种、性能上有较大突破;要树立名牌产品、精品市场优势;发展多元化、多层次节能产品产业化生产体系。

（7）太阳能开发及利用技术。建筑门窗和建筑幕墙要改变消极保温隔热单一节能的技术观念。要把节能和合理利用太阳能、地下热（水）能、风能结合起来,开发节能和用能（利用太阳能、冷能、风能、地热能）相结合的门窗及幕墙产品。

（8）改进门窗及幕墙安装技术。提高门窗及幕墙结构与围护结构的一体化节能技术水平,改善墙体总体节能效果。重点解决门窗、幕墙锚固及填充技术和利用太阳能、空气动力节能技术。

11.6.5　节能门窗选购提示

（1）看制作质量。门窗装饰表面不应有明显的损伤,它指门窗表面的保护膜不应有擦伤划伤的痕迹。门窗上相邻构件着色表面不应有明显的色差。门窗表面不应有铝屑、毛刺、油斑或其他污迹,装配连接处不应有外溢的胶黏剂。

（2）看材质。是否是断桥隔热铝型材,主型材壁厚要大于1.4mm;同一根铝合金型材色泽应一致,如色差明显,即不宜选购;检查铝合金型材表面,应无凹陷或鼓出;铝合金门窗避免选购表面有开口气泡（白点）和灰渣（黑点）,以及裂纹、毛刺、起皮等明显缺陷的型材;氧化膜厚度应达到 $10\mu m$,选购时可在型材表面轻划一下,看其表面的氧化膜是否可以擦掉。

（3）看装配质量。反复开关多次,查看开关力是否过重;密封条是否牢固;五金件装配是否齐全;窗扇窗框搭接量是否符合要求（标准要求平开窗不小于6mm,推拉窗不小于8mm）。

（4）看玻璃。是否是中空玻璃,有没有镀膜。

11.6.6　采购节能门窗注意事项

（1）五金配件性能。五金配件在系统化节能门窗设计中占有非常重要的位置。五金配件质量的好坏影响门窗的各项性能指标。门窗的反复开启性就是由五金配件来实现的,因此选择质量上乘的五金配件也是关键,五金配件的质量性能直接关系到门窗的加工质量。

（2）隔热铝型材的设计。在系统化节能门窗的设计中，隔热铝型材的设计是整个设计的核心部分，型材断面设计的质量决定了门窗的性能和质量。隔热的原理是用机械辊压的方法将非金属隔热条（尼龙66）与两个断面的铝合金型材巧妙地结合为一种隔热型材。

型材断面设计过程中主要考虑风荷载作用效应，综合强度、刚度及稳定性各方面的要求，进行优化设计，在最经济的断面面积条件下，使断面的惯性矩 I 和截面抵抗矩 W 尽可能增大。在镶嵌隔热条后的型腔中再灌注具有"隔热王"之称的 PU 树脂，阻止了热量的对流传导节能效果更加显著。

（3）缝隙防风雨设计。为了获得较好的水密性，利用等压原理设计等压胶，并在窗框料上设排水槽对雨水进行疏导，为了获得较好的气密性，设有密封胶条，以防空气渗透。

（4）中空玻璃的运用。系统化节能门窗的隔音性能是由中空玻璃来实现的，同时门窗的节能也是由中空玻璃来阻断热辐射的。

（5）胶条的设计。胶条的材料选择为三元乙丙橡胶，其优点是：耐久性好，耐热性好，密封性好。造型设计主要考虑安全方便可靠，水密和气密可靠。

本 章 小 结

本章主要介绍了门窗的作用、设计要求，门窗的类型与尺度，各种门窗的构造以及门窗的节能设计等。

门的主要功能是通行，窗的主要功能是采光。门窗均兼有通风的功能。

窗的开启方式主要有固定、平开、上悬、中悬、下旋、立转、推拉等。门的开启方式主要有平开、推拉、折叠、旋转、上翻、升降、卷帘等。

门由门框和门扇组成，窗由窗框和窗扇组成。门窗的安装方式有立口法和塞口法。

门窗保温与节能的主要构造措施包括增强门窗的保温、减少缝的长度、采用密封和密闭措施、缩小窗口面积。

思考题与习题

1. 简述门窗的作用及设计要求。

2. 门窗按材料分可以分为哪几种？各自的特点是什么？

3. 门的开启方式有哪些？在平面图上应怎样表示？

4. 窗的开启方式有哪些？在平面图上应怎样表示？
5. 住宅建筑中，居室门、进户门、厨房门、卫生间门的宽度一般是多少？
6. 公共建筑中单扇门和双扇门的宽度一般是多少？
7. 门的高度一般为多少？
8. 窗的高度如何确定？
9. 窗的宽度应满足哪些方面的要求？
10. 平开门由哪几个部分组成？
11. 简述铝合金门窗的特点。
12. 简述塑钢门窗的特点。
13. 简述门窗节能设计的要点。

第12章 变形缝设计

热胀冷缩是自然界一切物体的基本属性,建筑物也不例外,当建筑物的施工温度与使用温度相差过大,建筑物就会产生较大的膨胀或收缩变形,变形总量不仅与温差成正比,还与建筑物的长度成正比。当变形值超过一定数值,不仅产生影响建筑美观和建筑使用的变形,还会在建筑结构内部产生额外应力,影响结构安全。因此,当建筑物的长度超过一定的数值时就要用伸缩缝将其分开。

建筑物是坐落的地基土层上的人造的庞然大物,巨大的重量会使地基产生很大的变形,就是垂直沉降,如果建筑的重量在平面上分布不均,就会出现沉降差。作为整体结构的建筑物,为了阻止其沉降差,必然会产生附加应力,当这种附加应力积聚到一定的数值时,建筑物的安全就会受到威胁。解决的办法是在建筑物的平面转折部位、立面高差部位、荷载差异部位、土层变化部位等处设置沉降缝,使其两侧独立沉降。

由于建筑设计的需要,建筑物的平面布局往往是丰富多样的,但对建筑结构来说,平面形状越简单越好,最好是矩形或圆形,因为在风荷载和地震荷载这些水平力的作用下,建筑物会产生不同方向的扭曲,导致建筑物的破坏。但事实上,这几乎是不可能的,否则,所有的建筑都是千篇一律的矩形或圆形,不仅呆板难看,也不能满足各自不同的功能要求。为了解决这一问题,对于平面形状不太规整的建筑,在适当的部位设置防震缝。

伸缩缝、沉降缝和防震缝,统称为变形缝。

变形缝的材料及构造应根据其所在的部位和具体设计的需要分别采取防水、防火、保温等防护措施,并使其在产生位移或变形时不受阻止、不被破坏。

高层建筑及防火要求较高的建筑物,室内变形缝四周的基层,应采用不燃烧材料,表面装饰层也应采用不燃的或难燃的材料。在变形缝内不应敷设电缆、可燃气体管道和易燃、可燃液体管道,如必须穿过变形缝时,应在穿过处加设不燃烧材料套管,并应采用不燃烧材料将套管两端空隙紧密填塞。

12.1 伸 缩 缝

12.1.1 伸缩缝的设置

伸缩缝又叫温度缝。设置伸缩缝的目的是为了防止建筑物产生过大的温差变形而导致开裂。建筑物的收缩变形值可按下式计算：

$$S = \alpha L \Delta t$$

式中:S 为建筑物的收缩变形值;α 为建筑材料的线膨胀系数;L 为温度区段的长度;Δt 为温差。

我国大部分地区年极限温差在 50℃ 左右(夏季按 40℃ 考虑,冬季按 -10℃ 考虑),但北方寒冷地区温差可能会达到 70℃ ~80℃。

伸缩缝的最大间距,主要取决于建筑结构的材料,因为各种材料的线膨胀系数相差很多。各种不同结构的伸缩缝的最大间距详见相关的结构规范。砌体结构建筑伸缩缝的最大间距见表 12 - 1;钢筋混凝土结构伸缩缝的最大间距见表 12 -2 有关规定。

表 12 - 1　砌体结构伸缩缝的最大间距(m)

砌体类别	屋顶或楼板层的类别		间距
各种砌体	整体式或装配整体式钢筋混凝土结构	有保温层或隔热层的屋顶、楼板层	50
		无保温层或隔热层的屋顶	40
	装配式无檩体系钢筋混凝土结构	有保温层或隔热层的屋顶	60
		无保温层或隔热层的屋顶	50
	装配式有檩体系钢筋混凝土结构	有保温层或隔热层的屋顶	75
		无保温层或隔热层的屋顶	60
普通黏土、空心砖砌体	粘土瓦或石棉水泥瓦屋顶		100
石砌体	木屋顶或楼板层		80
硅酸盐、硅酸盐砌块和混凝土砌块砌体	砖石屋顶或楼板层		75

注:1. 层高大于 5m 的混合结构单层房屋,其伸缩缝间距可按表中数值乘以 1.3 采用,但当墙体采用硅酸盐砖、硅酸盐砌块和混凝土砌块砌筑时,不得大于 75m。

2. 温差较大且变化频繁地区和严寒地区不采暖的房屋及构造物墙体是伸缩缝最大间距,应按表中数值予以适当减少后采用

表 12 - 2 混凝土结构伸缩缝的最大间距(m)

项次	结构类型		室内或土中	露天
1	排架结构	装配式	100	70
2	框架结构	装配式	75	50
		现浇式	55	35
3	剪力墙结构	装配式	65	40
		现浇式	45	30
4	挡土墙及地下室墙壁类结构	装配式	40	30
		现浇式	30	20

注:1. 如有充分依据或可靠措施,表中数值可以增减。

2. 档屋面板上部无保温或隔热措施时,框架、剪力墙结构的伸缩缝间距,可按表中露天栏选用,排架结构可适当低于室内栏数值。

3. 排架结构的柱顶(从基础顶面算起)低于 8m 时,伸缩缝间距宜适当减小。

4. 外墙装配内墙现浇的剪力墙结构,其伸缩缝间距可按现浇式一栏选用。滑模施工的剪力墙结构,宜适当减小伸缩缝间距,现浇墙体在施工中应采取措施减少混凝土收缩应力

12.1.2 伸缩缝构造

为了保证变形缝两侧的建筑物能自由伸缩,变形缝必须将建筑物在地面以上的部分(包括墙体、楼板层、屋顶等)彻底断开,缝内自由或填嵌松软材料,不能有水泥砂浆或砖块等硬质物体。基础部分因为深埋地下,其受温差较小,不需断开。

伸缩缝的宽度一般为 30mm ~ 50mm。

1. 伸缩缝的结构处理

1)砖混结构

砖混结构的墙和楼板及屋顶结构布置可采用单墙也可采用双墙承重方案,变形缝最好设置在平面图形有变化处,以利于隐蔽处理。

1 - 1 断面为单墙处理方案,左侧的墙体单独设立基础,右侧采用轻质隔墙,中间设置 30mm 宽的伸缩缝。2 - 2 断面则采用双墙处理方案,中间设置 30mm 宽的伸缩缝,两道墙体采用一个基础,如图 12 - 1 所示。

2)框架结构

框架结构的伸缩缝结构一般采用悬臂梁方案,也可采用双梁双柱方案,但施工比较麻烦。

悬臂梁方案,将基础梁和楼层纵向框架梁向外悬挑一定长度,挑梁端部设简支梁,支承伸缩缝两侧墙体。悬挑长度可以根据基础尺寸的大小确定,保证两侧的基础不能重叠,如图 12 - 2 所示。双梁双柱方案,双柱之间留设伸缩缝,如图 12 - 3 所示。

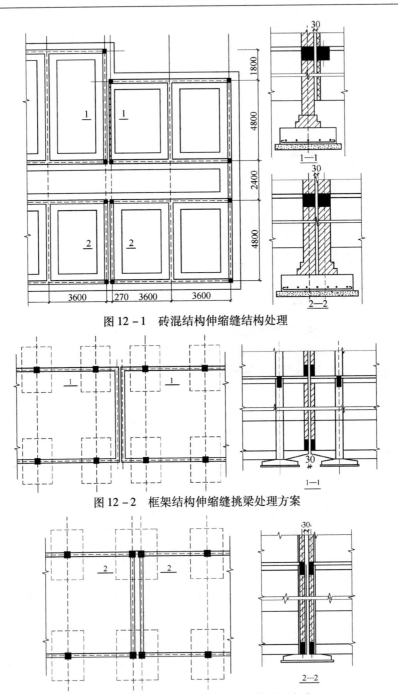

图 12-1 砖混结构伸缩缝结构处理

图 12-2 框架结构伸缩缝挑梁处理方案

图 12-3 框架结构伸缩缝双梁双柱处理方案

2. 伸缩缝节点构造

1) 墙体伸缩缝构造

墙体伸缩缝一般做成平缝,当墙厚较大时,为了减少墙体缝隙的透风性,可以做成错口缝、企口缝或凹凸缝等截面形式,如图 12 - 4 所示。

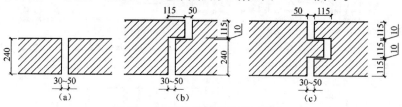

图 12 - 4 墙体伸缩缝的截面形式

(a)平缝;(b)错口缝;(c)凹凸缝。

为防止外界自然条件对墙体及室内环境的侵袭,变形缝外墙一般采用沥青麻丝或木丝板、泡沫塑料条、橡胶条、油膏等有弹性的防水材料填塞,当缝隙较宽时,缝口可用镀锌铁皮、彩色薄钢板、铝皮等金属调节片作盖缝处理,内墙可用具有一定装饰效果的金属片、塑料片或木盖缝条覆盖。所有填缝及盖缝材料和构造应保证结构在水平方向自由伸缩而不产生破裂。

外墙伸缩缝构造详图,如图 12 - 5 所示,选自江苏省标准图集——苏 J09—2004。

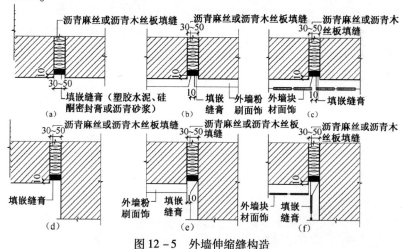

图 12 - 5 外墙伸缩缝构造

(a)清水外墙平缝;(b)粉刷外墙平缝;(c)面砖外墙平缝;(d)清水外墙转角缝;

(e)粉刷外墙转角缝;(f)面砖外墙转角缝。

内墙及平顶处伸缩缝构造详图,如图 12 - 6 所示,选自江苏省标准图集——苏 J09—2004。

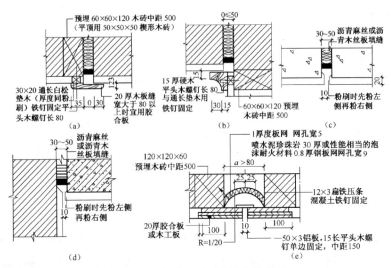

图 12-6　内墙及平顶处伸缩缝构造

(a)、(e)内墙、平顶平缝;(b)内墙、平顶转角缝;(c)平顶平缝;(d)平顶转角缝。

2）楼地面伸缩缝构造

楼地面伸缩缝的位置与缝宽大小应与墙体、屋顶变形缝一致,缝内常用可压缩变形的材料(如油膏、沥青麻丝、橡胶、金属或塑料调节片等)做封缝处理,上铺活动盖板或橡、塑地板等地面材料,以满足地面平整、光洁、防滑、防水及防尘等功能。顶棚的盖缝条只能固定于一端,以保证两端构件能自由伸缩变形。

楼地面伸缩缝构造详图,选自江苏省标准图集——苏 J09—2004。图 12-7(a)用于楼地面,图 12-7(b)用于地面。

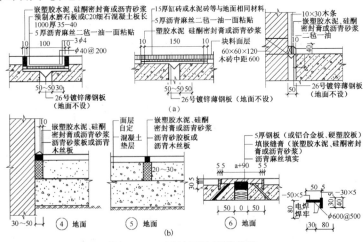

图 12-7　楼地面伸缩缝构造

12.2　沉 降 缝

12.2.1　沉降缝的设置

设置沉降缝是为了预防建筑物各部分由于不均匀沉降而引起破坏。遇有下列情况之一时应在相关部位设置沉降缝。

（1）同一建筑物相邻部分的高度相差较大或荷载大小相差悬殊时。

（2）当建筑物各部分相邻基础的形式、宽度及埋置深度相差较大时。

（3）当建筑物建造在不同地基上，且难于保证均匀沉降时。

（4）建筑物体型比较复杂，连接部位又比较薄弱时。

（5）新建建筑物与原有建筑物紧相毗连时。

沉降缝构造复杂，给建筑、结构设计和施工都带来一定的难度，因此，在工程设计时，应尽可能通过合理的选址、地基处理、建筑体型优化、计算方法调整以及合理确定施工程序、施工方法（如高层建筑与裙房之间采用后浇带的办法）来避免或克服不均匀沉降，从而达到不设或尽量少设的目的。

12.2.2　沉降缝构造

伸缩缝需要保证建筑物在水平方向能自由伸缩，而沉降缝应保证建筑物各部分在垂直方向能自由沉降，所以沉降缝应将建筑物从基础到屋顶全部断开。沉降缝通常兼做伸缩缝，因而在构造设计时应满足伸缩和沉降双重要求。

1. 沉降缝的宽度

沉降缝的宽度随地基情况和建筑物的高度不同而定，见表 12 - 3。

表 12 - 3　沉降缝的宽度

地基情况	建筑物高度/m	沉降缝宽度/mm
一般地基	$H < 5$	30
	$H = 5 \sim 10$	50
	$H = 10 \sim 15$	70
软弱地基	2 ~ 3 层	50 ~ 80
	4 ~ 5 层	80 ~ 120
	5 层以上	>120
湿陷性黄土地基		≥30 ~ 70

2. 沉降缝的结构处理

用于沉降缝两侧必须断开，从基础到上部结构，沉降缝两侧的结构必须相对独立又不至于产生过大偏心。常见的处理方法有双墙偏心基础、挑梁基础和交叉式基础等三种方案,如图 12 - 8 ~ 图 12 - 10 所示。

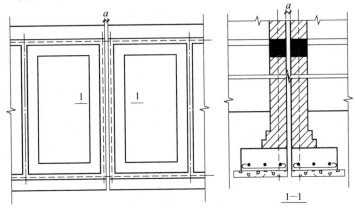

图 12 - 8　双墙偏心基础方案

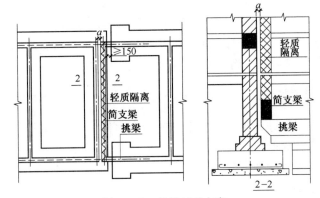

图 12 - 9　悬挑基础方案

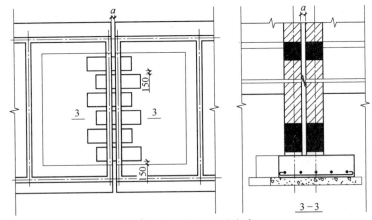

图 12 - 10　交叉基础方案

双墙偏心基础整体刚度大,但基础偏心受力,并在沉降时产生一定的挤压力。采用双墙交叉或基础方案,地基受力将有所改进。

挑梁基础方案能使沉降缝两侧基础分开较大距离,相互影响较少,当沉降缝两侧基础埋深相差较大或新建筑与原有建筑毗连时,宜采用挑梁方案。

3. 沉降缝缝隙构造

墙体沉降缝盖缝条应满足水平伸缩和垂直沉降变形的要求。外墙沉降缝缝隙构造,如图 12 - 11 所示,选自江苏省标准图集——苏 J09—2004。

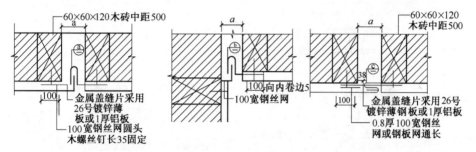

图 12 - 11　外墙沉降缝构造

楼板层应考虑沉降变形对地面交通和装修带来的影响;顶棚盖缝处理也应充分考虑变形方向,以尽可能减少变形后遗缺陷。楼地面及顶棚沉降缝构造,如图 12 - 12 所示。

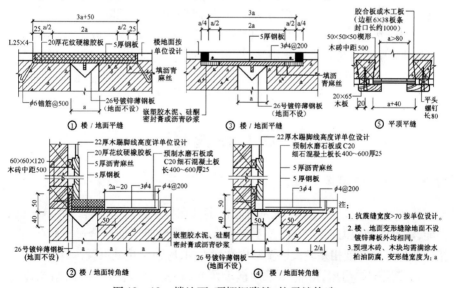

图 12 - 12　楼地面、顶棚沉降缝、抗震缝构造

当地下室出现变形缝时,为使变形缝处能保持良好的防水性,必须做好地下室墙身及地板层的防水构造;其措施是在结构施工时,在变形缝处预埋止水带。止水带有橡胶止水带、塑料止水带及金属止水带等。其构造做法有内埋式和可卸式两种,如图 12-13 所示。无论采用哪种形式,止水带中间空心圆或弯曲部分须对准变形缝,以适应变形需要。

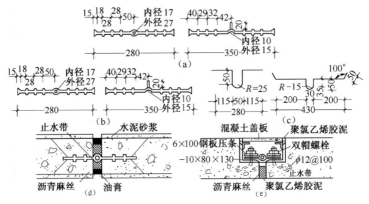

图 12-13　地下室变形缝构造

(a)塑料止水带;(b)橡胶止水带;(c)金属止水带;(d)内埋式;(e)可卸式。

除了设置沉降缝以外,对于非扩建的工程还可以用增强建筑物的整体性等方法来避免不均匀沉降,例如,某高层建筑采用 2.8m 厚的地下室底板,具有极大的整体刚度,避免了高层塔楼与裙房间的不均匀沉降。

除此之外,还可以采用"后浇板带法",即先将建筑物分段施工,中间留出约 2m 的后浇板带位置及连接钢筋,待各分段结构封顶并达到基本沉降量后再浇筑中间的后浇板带部分。采用这种方案必须对沉降量把握准确,而且由于对建筑的某些部位采取了特殊的处理,增加了建筑成本,因而这种方案并不常见。

12.3　抗　震　缝

12.3.1　抗震缝设置

我国是一个多地震国家,大部分地区多处在控制区。为了提高建筑的抗震性能,建筑体型应力求简单,高差不宜太大。如果建筑平面组合过于复杂,或有错层及各部分高度相差较大以及结构类型不同,应在交接处设置抗震缝。

对多层砌体房屋,应优先采用横墙承重或纵横墙混合承重的结构体系,遇有下列情况之一时宜设置抗震缝。

（1）建筑立面高差在 6m 以上。

（2）建筑有错层且错层楼板高差大于 1/4 层高时。

（3）建筑物相邻各部分结构刚度、质量截然不同。

12.3.2　抗震缝宽度

砌体房屋及底层框架结构房屋的抗震缝宽度按 70mm ~ 100mm 采用，缝两侧均需设置墙体，以加强抗震缝两侧刚度。

对多层和高层钢筋混凝土结构房屋，应尽量选用合理的建筑结构方案。必须设置抗震缝时，其最小宽度应符合下列要求。

对框架结构房屋，当建筑高度不超过 15m 时，不小于 100mm；当建筑高度超过 15m 时，按不同设防烈度增加缝宽，6° ~ 9°地区，按建筑每增高 5m、4m、3m、2m，缝宽增加 20mm。

例如 7°地区，建筑高度为 36 m，则抗震缝的宽度为

$100 + 20 \times (36 - 15)/4 = 100 + 20 \times 5.25 = 120 + 20 \times 5 + 20 = 220mm$

框架结构房屋抗震缝的宽度常见表 12 - 4。

表 12 - 4　框架结构房屋抗震缝宽度（mm）

建筑高度/m ＼ 抗震设防烈度	6°	7°	8°	9°
15 以下	100	100	100	100
15 ~ 17	120	120	120	120
17. 01 ~ 18	120	120	120	140
18. 01 ~ 19	120	120	140	140
19. 01 ~ 20	120	140	140	160
20. 01 ~ 21	140	140	140	160
21. 01 ~ 23	140	140	160	180
23. 01 ~ 24	140	160	160	200
24. 01 ~ 25	140	160	180	200
25. 01 ~ 27	160	160	180	220
27. 01 ~ 29	160	180	200	240
29. 01 ~ 30	160	180	200	260
30. 01 ~ 31	180	180	200	260
31. 01 ~ 32	180	200	220	280
32. 01 ~ 33	180	200	220	280
33. 01 ~ 35	180	200	240	300
35. 01 ~ 36	200	220	240	320

框架—抗震墙结构房屋的抗震缝宽度按框架结构的 70% 设置，且不小于 100mm，抗震墙结构房屋的抗震缝宽度按框架结构的 50% 设置，且不小于 100mm。抗震缝两侧的结构类型不同时按抗震性能较低的类型及较低的建筑

高度确定缝宽。例如,一侧为框架结构,高度 18m,一侧为抗震墙结构,高度 30m,则按框架结构、高度 18m 确定,如果是在 7°区,缝宽 120mm。

抗震缝应沿建筑物全高设置,缝的两侧应布置双墙或双柱,或一墙一柱,使各部分结构都有较好的刚度。

多层及高层钢结构房屋,如果需要设置抗震缝,其缝宽按混凝土结构房屋的抗震缝宽度的 1.5 倍设置。

12.3.3　抗震缝构造

抗震缝应与伸缩缝、沉降缝统一布置,并满足抗震缝的设计要求。

抗震缝因缝隙较宽,在构造处理时,应充分考虑盖缝条的牢固性以及适应变形的能力。

外墙抗震缝构造做法,内墙及顶棚抗震缝构造做法同沉降缝,如图 12 - 14 所示。

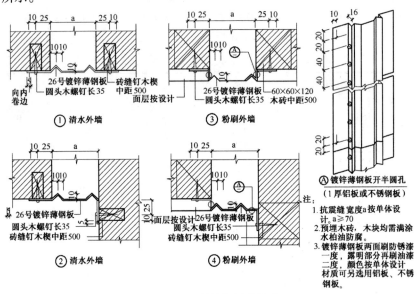

图 12 - 14　外墙抗震缝构造

12.4　新型建筑变形缝

12.4.1　构件组成

近年来,一种新型的建筑变形缝体系正在全国各地达到普遍应用,这种新型建筑变形缝体系主要由高强铝合金框架(连续挤压制成)、不锈钢中心盖板、中轴控制部件、弹性(热塑性)橡胶材料及相关构件组成。

这种新型建筑变形缝体系可以用于建筑楼地面、内外墙、平顶及屋顶的各种变形缝,缝宽可达 25mm ~ 500mm,适用范围极广,能对建筑因温差、沉降及地震引起的位移和缝隙起到良好的保护作用,对建筑的外观起到美化作用。根据技术要求可以加设防水带、防火带,起到防水、防火的作用。

12.4.2 新型建筑变形缝的类型

1. 按构造特征和表面形式分类

(1)内嵌型。凹槽内嵌入热塑性橡胶带不需要拼接,胶条容易更换。

(2)卡锁式。

(3)盖板式。中轴控制杆通过固定件与金属中心盖板连接,中心板与楼地面结合平整。

2. 按使用特点分类

(1)防滑型。金属中心板表面带有防滑凹槽,缝宽可达 50mm ~ 200mm。

(2)承重型。25mm ~ 300mm,使用时应注明所承受的荷载。

(3)抗震型。变形量大,接缝平整,隐蔽性好,缝宽可达 50mm ~ 500mm。用于设防要求较高和变形要求较高的部位。

(4)封缝型。双重密闭,抗风、防水性能好,变形量大,缝宽可达 50mm ~ 300mm。用于外墙。

(5)普通型。处上述以外的均属于普通型。

3. 板厚确定

(1)楼地面。缝宽 100mm 时,板厚 4mm;缝宽 120mm 及 120mm 以上板厚 5mm;承重型板厚 5mm 以上。

(2)内外墙。板厚 2mm。

(3)屋面。最好用于不上人屋面。

12.4.3 标准图选用

新型建筑变形缝体系各地均有标准图集可供选择。选择时应根据变形缝所在部位及缝宽大小从标准图中查找选择,并在图纸上按下列方式索引:

$$本图集代号\frac{详图编号}{详图所在页数}类型编号$$

如江苏省标准图集——苏 J09—2004 中的变形缝选用表如下:

部位	类型	型号	适用缝宽	适用缝类型	详图页号
楼地面	内嵌式	DJR – 25	25	伸缩缝	2/17
		DPR – 25	25	伸缩缝	1/19
		DJR – 50	50	沉降缝	1/17
		DPR – 50	50	沉降缝	3/19
		DJR	100	伸缩缝 抗震缝	5/17
		DPR	25 ~ 300	伸缩 沉降 抗震缝	2/19
		DJRS	50 ~ 200	伸缩缝	1/18
		DPRS	50 ~ 200	伸缩缝	4/18
		DJRSC	70 ~ 150	伸缩缝 抗震缝	4/25
		DPRSC	70 ~ 150	伸缩缝 抗震缝	2/25
		DPRG	100 ~ 300	伸缩 沉降 抗震缝	2/18
		DJC	150 ~ 300	伸缩 沉降 抗震缝	3/18
	卡锁式防滑型	DJK	50 ~ 200	伸缩缝 抗震缝	1/20
		DPK	50 ~ 200	伸缩缝 抗震缝	2/20
		DPC	50 ~ 150	伸缩 沉降 抗震缝	3/20
	防滑型	DJPF	50 ~ 200	伸缩缝	3/21
		DPPF	50 ~ 200	伸缩缝	4/21
		DJZHF	100 ~ 150	伸缩缝	1/21
	盖板型	DJB	50 ~ 450	伸缩缝 抗震缝	1/22
		DJL	50 ~ 450	伸缩缝 抗震缝	2/22
		DPL	50 ~ 450	伸缩缝 抗震缝	3/17
		DJPT	25 ~ 150	伸缩缝	2/21
		DPPT	25 ~ 150	伸缩缝	3/22
		DJLH	50 ~ 450	伸缩缝 抗震缝	4/22
		DPLH	50 ~ 450	伸缩缝 抗震缝	4/17
	抗震型	DJS	100 ~ 500	伸缩缝 抗震缝	3/23
		DPS	100 ~ 500	伸缩缝 抗震缝	1/23
		DJSM	100 ~ 500	伸缩缝 抗震缝	3/25
		DPSM	50 ~ 500	伸缩缝 抗震缝	1/25
		DPRM	100 ~ 300	伸缩缝 抗震缝	4/19
	承重型	DPZ	100 ~ 350	伸缩缝 抗震缝	1/26
		DPZG	50 ~ 150	伸缩缝	2/26
		DJZG	50 ~ 150	伸缩缝	3/26
		DPZL	30 ~ 150	伸缩 沉降 抗震缝	4/26
		DJZH	100 ~ 150	伸缩缝	5/26
		DJZL	30 ~ 150	伸缩 沉降 抗震缝	4/20

（续）

部位	类型	型号	适用缝宽	适用缝类型	详图页号
内墙及平顶	内嵌式	NJR－25	25～50	伸缩　沉降　抗震缝	2/29
		NPR－25	25～50	伸缩　沉降　抗震缝	1/29
		NJRC	70～150	伸缩　沉降　抗震缝	3/29
		NPRC	70～200	伸缩　沉降　抗震缝	4/29
	卡锁式	NJG	25～150	伸缩　沉降　抗震缝	1/30
		NPG	25～150	伸缩　沉降　抗震缝	4/30
		NJK	25～100	伸缩缝　沉降缝	2/30
		NPK	25～100	伸缩缝　沉降缝	3/30
	盖板型	NPL	100～450	伸缩　沉降　抗震缝	1/31
		NPB	100～450	伸缩　沉降　抗震缝	2/31
		NPH	100～300	伸缩　沉降　抗震缝	3/31
		NPC	100～250	伸缩　沉降　抗震缝	4/31
		NJH	100～300	伸缩　沉降　抗震缝	2/32
		NJL	100～450	伸缩　沉降　抗震缝	1/32
		NJC	100～250	伸缩　沉降　抗震缝	3/32
		NJH Ⅱ	100～300	伸缩　沉降　抗震缝	4/33
		NJL Ⅱ	100～450	伸缩　沉降　抗震缝	3/33
		NPH Ⅱ	100～300	伸缩　沉降　抗震缝	2/33
		NPL Ⅱ	100～450	伸缩　沉降　抗震缝	1/33
吊平顶	内嵌式	TJR	50～100	伸缩　沉降　抗震缝	1/34
		TJRS	50～100	伸缩　沉降　抗震缝	2/34
		TPR	50～100	伸缩　沉降　抗震缝	4/34
外墙	盖板型	WQPL	100～500	伸缩　沉降　抗震缝	1/28
		WQJH	100～500	伸缩　沉降　抗震缝	2/28
		WQJL	100～500	伸缩　沉降　抗震缝	3/28
		WQPH	100～500	伸缩　沉降　抗震缝	4/28
	封缝型	WQJ	50～300	伸缩　沉降　抗震缝	5/27
		WQP	50～300	伸缩　沉降　抗震缝	1/27
		WQR	100～300	伸缩　沉降　抗震缝	2/27
屋顶	盖板型	WDJ Ⅰ	100～450	伸缩　沉降　抗震缝	1/35
		WDP Ⅰ	100～450	伸缩　沉降　抗震缝	4/35
	抗震型	WDJ Ⅱ	100～450	伸缩　沉降　抗震缝	3/35
		WDP Ⅱ	100～450	伸缩　沉降　抗震缝	2/35

型号中各符号的含义见表 12-5。

表 12-5 变形缝型号的符号含义

符号类别	符号	含义	符号类别	符号	含义
部位符号	D	楼地面	形式	P	平缝
	N	内墙、平顶		J	转角缝
	T	吊平顶		F	防滑型
	WQ	外墙		Z	承重型
	WD	屋顶		K	卡锁式
材料	H	合金	构件	C	弹簧夹
	L	铝材		G	猫钩
	R	橡胶		M	改进型
	T	铜			
	S	可选装饰材料楼地面			

下面是部分新型变形缝的构造详图,如图 12-15 所示。

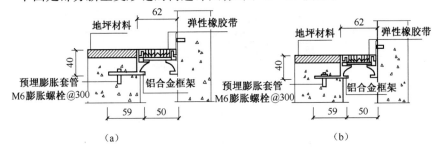

(a)   (b)

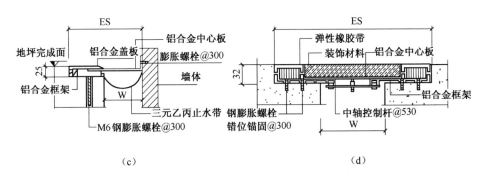

(c)   (d)

图 12-15 新型变形缝构造详图

(a)橡胶地面转角缝 DJR50;(b)铝合金楼地面拼接变形缝 DPLH;
(c)卡锁式金属楼地面转角变形缝 DJK;(d)可选择装饰材料楼地面平接抗震缝 DPRS。

本 章 小 结

变形缝是伸缩缝、沉降缝、防震缝的总称。这三种缝起的作用、要求及构造做法各有不同。

伸缩缝是为防让建筑物因温度变化产生裂缝而设置的。伸缩缝从基础以上的墙体、楼板到屋顶全部断开。缝的宽度为 20mm～30mm。

沉降缝是为了避免建筑物因不均匀沉降而导致某些薄弱部位错动开裂而设置的。沉降缝要从基础一直到屋顶全部断开。缝的宽度与地基性质以及建筑物高度有关,沉降缝可以代替伸缩缝,但伸缩缝不能代替沉降缝。

防震缝是考虑地震的影响而设置的,防震缝的两侧应采用双墙、双柱。防震缝可以结合伸缩缝、沉降缝的要求统一考虑。防震缝的构造原则是保证建筑物在缝的两侧,在垂直方向能自由沉降,在水平方向又能左右移动。

基础沉降缝构造通常有双基础、交叉式基础和挑梁基础三种方案。

思考题与习题

1. 什么是建筑变形缝? 有哪几种类型?

2. 什么情况下设伸缩缝? 伸缩缝的宽度一般为多少?

3. 什么情况下设沉降缝? 沉降缝的宽度由什么因素确定?

4. 什么情况下设防震缝? 确定防震缝宽度的主要依据是什么?

5. 各种变形缝的构造处理有何不同?

6. 变形缝有哪些缝口形式?

7. 各种变形缝的盖缝构造做法的原则是什么?

8. 各种变形缝的盖缝构造做法在室内和室外有什么不同?

9. 简述新型建筑变形缝的组成与类型。

第3篇 工业建筑设计

第13章 工业建筑设计概述

工业建筑是指从事各类工业生产及直接为生产服务的房屋,也就是通常所说的厂房。

工业建筑既要满足生产的需要,也要满足生产工人的生活要求。随着社会的进步和科学技术及生产力的迅速发展,工业建筑的类型越来越多,生产工艺对工业建筑提出的技术要求也更加复杂。

13.1 工业建筑的特点及设计要求

13.1.1 工业建筑的特点

工业建筑也是建筑,因而在建筑设计、建筑构造、结构选型等方面与民用建筑具有很大的相似之处,但工业建筑的主要功能是满足种类繁多的工业生产,与民用建筑又有很大的区别,主要表现在以下几个方面。

(1)厂房平面布局及空间组合应满足生产工艺的要求。厂房的建筑设计在生产工艺设计的基础上进行,其平面尺寸、柱网尺寸、层高及层数应满足生产设备、生产工艺流程的要求,同时还要尽可能适应设备及工艺的更新而带来的变化。

(2)厂房内部空间较大。由于厂房内的生产设备多而大,有多种起重运输设备,因而厂房内部大多具有较大的开敞空间。如有桥式吊车的厂房,室内净高在8m以上,万吨水压机车间,室内净高在20m以上,有些厂房高度可达40m以上。

(3)厂房的建筑构造比较复杂。大多数单层厂房采用多跨的平面组合形式,内部有不同类型的起吊运输设备,有的还有高低跨。为满足采光通风的要求,采用组合式侧窗、天窗。平面的巨大尺寸、高低不同的屋面落差、加上为满足生产需要而做的各种设计和构造,使得屋面排水、防水、保温、隔热等建筑构造的处理复杂化,技术要求比较高。

(4) 厂房骨架的承载力较大。在单层厂房中,由于屋顶重量大,加上巨大的吊车荷载,一般采用排架结构;在多层厂房中,层高、柱距及楼板荷载均比民用建筑要大,多采用框架结构。目前,我国的厂房结构主要以钢筋混凝土骨架为主,但近年来,钢结构厂房也在迅猛发展。

13.1.2　工业建筑的设计要求

厂房建筑设计的任务是根据设计任务书和工艺设计人员提出的生产工艺资料,设计厂房的平面形状、柱网尺寸、剖面形式、建筑体型;合理选择结构方案和围护结构的类型,进行细部构造设计;协调建筑、结构、水、暖、电、气、通风等各工种;正确贯彻"坚固适用、经济合理、技术先进"的原则。工业建筑设计的具体要求如下:

1. 满足生产工艺的要求

生产工艺是工业建筑设计的主要依据,生产工艺对建筑提出的要求就是该建筑使用功能上的要求。因此,建筑设计在建筑面积、平面形状、柱距、跨度、剖面形式、厂房高度以及结构方案和构造措施等方面,必须满足生产工艺的要求。同时,建筑设计还要满足厂房所需的机器设备的安装、操作、运转、检修等方面的要求。

2. 满足建筑技术的要求

(1) 工业建筑的坚固性及耐久性应符合建筑的使用年限。由于厂房静荷载和活荷载比较大,建筑设计应为结构设计的经济合理性创造条件,使结构设计更利于满足坚固和耐久的要求。

(2) 随着科技的发展、技术的进步,生产工艺不断更新、生产规模不断扩大,因此,厂房的建筑设计应具有较大的通用性,同时要能具备改建、扩建的适应能力。

(3) 应严格遵守《厂房建筑模数协调标准》及《建筑模数协调统一标准》的规定,合理选择厂房建筑参数(柱距、跨度、柱顶标高等),以便采用标准的、通用的结构构件,使设计标准化、生产工厂化、施工机械化,从而提高厂房建筑工业化水平。

3. 满足建筑经济的要求

(1) 在不影响卫生、防火及室内环境要求的条件下,将若干个车间组成联合厂房,对现代化连续生产极为有利。因为联合厂房占地较少,外堵管网线路、使用灵活,能满足工艺更新的要求。

（2）建筑的层数是影响建筑经济性的重要因素。因此,应根据工艺要求用单层或多层厂房。

（3）在满足生产要求的前提下,设法缩小建筑体积,充分利用建筑空间提高使用面积。

（4）在不影响厂房的坚固、耐久、生产操作、使用要求和施工速度的前提下,应尽量降低材料的消耗,从而减轻构件的自重和降低建筑造价。

（5）设计方案应便于采用先进的、配套的结构体系及工业化施工方法。但是,必须结合当地的材料供应情况,施工机具的规格和类型,以及施工人员的技能来选择施工方案。

4. 满足卫生及安全要求

（1）应有与厂房所需采光等级相适应的采光条件。

（2）排除生产余热、废气,提供正常的卫生、工作环境。

（3）对散发出的有害气体、有害辐射、严重噪声等应采取净化、隔离、消声等措施。

（4）美化室内外环境,注意厂房内部的水平绿化、垂直绿化及色彩处理。

13.2 工业建筑的分类

工业建筑的分类方法很多,常见的有以下几种。

13.2.1 按厂房的用途分类

（1）主要生产厂房。在这类厂房中进行生产工艺流程的全部生产活动,一般包括从备料、加工到装配的全部过程。生产工艺流程是指产品从原材料→半成品→成品的全过程,如钢铁厂的烧结、焦化、炼铁、炼钢车间。

（2）辅助生产厂房。为主要生产厂房提供服务的厂房,如机修车间、工具车间等。

（3）动力用厂房。为主要生产厂房提供能源的场所,如发电站、锅炉房、煤气站等。

（4）储存用房屋。为生产提供存储原料、半成品、成品的仓库,如炉料、砂料、油料品、成品库房等。

（5）运输用房屋。为生产或管理用车辆的存放与检修的房屋,如汽车库、消防车库、电瓶车库等。

（6）其他。例如解决厂房给水、排水问题的水泵房、污水处理站等。

13.2.2 按车间内部的生产状况分类

（1）冷加工车间。在常温状态下进行生产的车间，如机械加工车间、金工车间等。

（2）热加工车间。在高温和熔化状态下进行生产，可能散发大量余热、烟雾、灰尘、有害气体的车间，如铸工、锻工、热处理车间。

（3）恒温恒湿车间。在恒温（如 20°C±2°C）、恒湿（例如相对湿度为50%~60%）条件下进行生产的车间，如精密机械车间、纺织车间等。

（4）洁净车间。要求在保持高度洁净的条件下进行生产，防止大气中灰尘及细菌的污染，如集成电路车间、精密仪表加工及装配车间、集成电路车间等。

（5）其他特种状况的车间。主要指有爆炸可能性、有大量腐蚀物、有放射性散发物、防微振、防电磁波干扰等，这些车间需要进行特殊的设计。

13.2.3 按厂房的层数分类

1. 单层厂房

主要用于重工业，如机械制造、冶金等行业的厂房。这类厂房的特点是设备和产品大而重，厂房内部运输以水平方向为主。根据需要可以做成单跨、双跨、多跨，如图13-1所示。

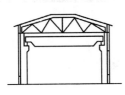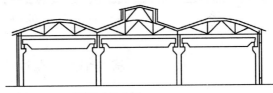

图13-1 单层厂房示例

2. 多层厂房

常见的层数为2层~6层。其中双层厂房广泛应用于化纤工业、机械制造工业等。多层厂房多应用于电子工业、食品工业、化学工业、精密仪器工业等轻工业。这类厂房的特点是设备较轻、体积较小，工厂的大型机床一般放在底层，小型设备放在楼层上，厂房内部的垂直运输以电梯为主，水平运输以电瓶车为主。建在城市中的多层厂房，应满足城市规划布局的要求，可丰富城市景观，节约用地面积。图13-2分别是二层厂房和五层厂房示例。

3. 混合层次厂房

厂房由单层跨和多层跨组合而成，多用于热电厂、化工厂等。高大的生

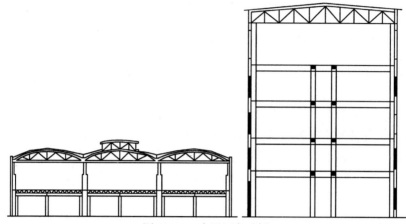

图 13-2 多层厂房示例

产设备位于中间的单跨内,边跨为多层,如图 13-3 所示。

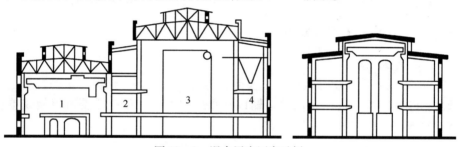

图 13-3 混合层次厂房示例

13.3 厂房内部的起重运输设备

13.3.1 起重设备

起重设备即吊车,也称行车,是单层工业厂房广泛采用的起重设备,主要有四种类型。

1. 单轨悬挂式吊车

俗称神仙葫芦。单轨(一般为工字形钢轨)固定在屋架下弦上,或者安装在专门架设的梁柱上,可以直线布置,也可以曲线布置。在钢轨下冀缘上设有可移动的滑轮组,沿轨道运行,利用滑轮组升降进行起重。起重量一般不大于3t,最大不超过5t。有手动和电动两种,均在地面上操作,如图 13-4 所示。

2. 梁式吊车

梁式吊车包括悬挂式梁式吊车和支座式梁式吊车两种。

（1）悬挂式梁式吊车。在屋顶承重结构下弦上悬挂工字形钢轨，在两行轨道下翼缘上设有可移动的单梁，小车在单梁下翼缘上左右运行。这种吊车虽增加了屋顶荷载，但不需设支承吊车的柱子和吊车梁，如图13-5（a）所示。

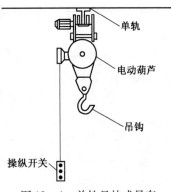

图13-4　单轨悬挂式吊车

（2）支座式梁式吊车。在排架柱上设牛腿，牛腿支承吊车梁、钢轨。梁式吊车沿厂房纵向运行，小车沿厂房横向运行。这种吊车它能将厂房内几乎所有地方的物体吊起，优于单轨悬挂式吊车。梁式吊车的起重量小于或等于5t，分手动和电动两种，如图13-5（b）所示。

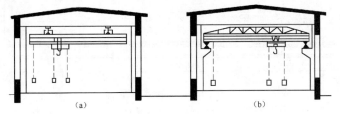

（a）　　　　　　　　　　（b）

图13-5　梁式吊车

（a）悬挂式梁式吊车；（b）支座式梁式吊车。

3. 桥式吊车

桥式吊车由桥架和起重行车（即小车）两大部分组成，如图13-6所示。桥架由两榀桁架或梁组成，支承在吊车梁的轨道上，沿厂房纵向运行；小车支承在桁架的轨道上，沿厂房横向运行。小车上设有可起吊的滑轮，在桥架及小车运行范围内的物体均可起吊。桥式吊车的起重量为5t、10t、20t、30t……，起重动力为电能，均在操作室内操作。

桥式吊车按其工作繁忙程度分为三种工作制。

（1）轻级工作制。用于满载机会少，工作速度慢，不需要紧张而繁忙工作的场所，如检修部门、水电站等。在一个工作班内的工作时间为15%～25%。

（2）中级工作制。用于经常使用吊车的工作部门，如机械加工车间、铸工车间等。在一个工作班内的工作时间为25%～40%。

（3）重级工作制。用于吊车参加连续生产，对其使用频繁的工作部门，如冶炼车间等。在一个工作班内的工作时间为40%以上。

吊车工作制的分级与其起重量无关。实行重级工作制的吊车其起重量也可以较小。

桥式吊车按桥架的形式分为双梁桥式吊车和单梁桥式吊车,后者是单梁箱形结构,它的特点是自重轻,吊车有单钩和双钩之分,如图 13 - 6 中,$Q = 5t$ 表示是单钩吊车;$Q = 20t/5t$,则表示双钩吊车,主钩超重量为 20t,副钩起重量为 5t。

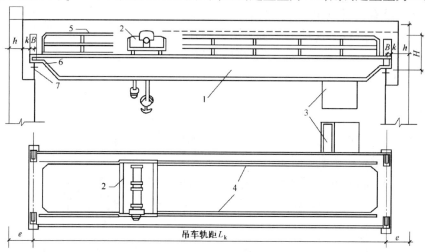

图 13 - 6　桥式吊车

1—桥架;2—起重行车;3—操作室;4—起重行车轨道;5—栏杆;6—吊车轨道;7—吊车梁。

4. 悬臂吊车

这类吊车主要有壁行式吊车和固定旋转式吊车两种。壁行式吊车沿纵向柱间往返行走,服务范围仅限于一条狭窄的条形地带;固定旋转式吊车则是固定在厂房的某一根柱子上,可以旋转 180°,如图 13 - 7 所示。

这种吊车适用于在固定地段起吊或为某一专用设备服务。

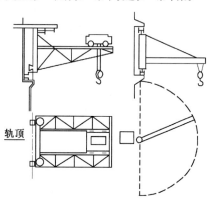

图 13 - 7　悬臂吊车

(a)壁行式吊车;(b)固定旋转式吊车。

13.3.2 地面运输设备

1. 平板车

用于运输各种设备和条状、板状、块状材料,行驶于轨道上,轨距有 600mm、750mm 及 900mm 几种。

2. 移动式胶带运输机

用于由低处向高处运输块状或散状材料,倾角不大于 20°。移动式胶带运输机输送长度一般为 5m、7.2m、10m,相应输送高度为 1.7m、2.5m、3.2m。最大运输长度为 20m,最大输送高度为 6.8m。

3. 电动平板车

适用于车间内部或车间与车间之间的运输。有两轨距种,窄轨762mm,轨距 762mm 的平板车载重量为 5t 及 10t;标准轨 1435mm,平板车载重量为 5t~200t。

4. 电瓶车

既可装载货物,又可作牵引用。其动力为蓄电池,最小转弯半径 3.69m,最小通道宽度 2m~5m。

5. 叉式装卸车

既可装货,又可卸货,使用灵活,常用于仓库。

6. 载重汽车

主要用于近距离运输,也可用于车间与车间之间的运输。

7. 火车

适用于远距离运输和运输量很大的厂房。

本章小结

工业建筑包括从事工业生产及直接为生产服务的所有房屋,可按其用途、内部温度状况和层数进行分类。工业建筑设计应以生产工艺要求为依据。

厂房内应设置必要的起重运输设备,常见的垂直起重设备有单轨挂式吊车、梁式吊车、桥式吊车、悬臂吊车四种。

思考题与习题

1. 什么是工业建筑?工业建筑如何进行分类?
2. 什么是生产工艺流程?
3. 工业建筑设计的具体要求有哪些?
4. 厂房内部常见的起重设备有哪些形式?其适用范围是什么?
5. 厂房内部地面运输设备有哪些?

第14章 单层工业厂房建筑设计

14.1 单层厂房的组成

14.1.1 单层厂房的空间组成

单层厂房的内部空间可以划分成四个组成部分。

(1)生产工段(称生产工部):加工产品的主体部分。

(2)辅助工段:为生产工段服务的部分。

(3)库房部分:存放原料、材料、半成品、成品的地方。

(4)行政办公生活用房:各类现场生产管理人员办公室、仪表控制室、监控室、开水间、卫生间、更衣室等。

上述四个部分并非每个厂房都全部具备,应根据厂房生产的性质、规模等因素来确定,可能只有其中之一或两个或三个。

14.1.2 单层厂房的构件组成

1. 承重结构

单层厂房承重结构有墙承重结构和骨架承重结构两种类型。

当厂房的跨度、高度及吊车吨位较小时(无吊车或5t以下),可采用墙承重结构。

当厂房的跨度、高度及吊车吨位较大时(5t以上),或位于抗震区时,均应采用骨架承重,分为刚架结构和排架结构,其中排架结构最为常见。

钢筋混凝土排架结构的结构构件包括三类。

(1)横向排架结构构件。包括基础、柱、屋架(屋面梁)。横向排架是厂房的基本承重骨架,其荷载传递路线如图14-1所示。

(2)纵向连系构件。包括基础梁、连系梁、圈梁、吊车梁等,它们与横向排架构成厂房的整体骨架,保证厂房的整体性和稳定性。纵向连系构件同时承受作用在山墙上的风荷载及吊车纵向制动力,并将它传递给柱子。

(3)支撑系统。包括屋面支撑系统的上弦纵横向水平支撑、下弦横向水

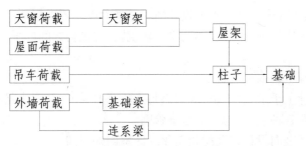

图 14 - 1 横向排架结构荷载传递路线

平支撑、垂直支撑以及柱间支撑和纵向系杆。

2. 围护结构

单层厂房的围护结构包括外墙、屋顶、地面、门窗、天窗等,如图 14 - 2 所示。

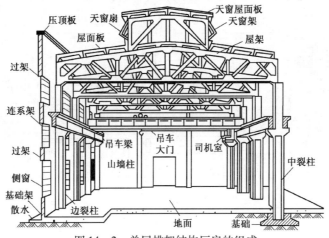

图 14 - 2 单层排架结构厂房的组成

3. 其他

除了承重结构和围护结构外,厂房还有散水、地沟(明沟或暗沟)、坡道、吊车钢梯、室外消防梯、内部隔墙以及位于山墙内侧的抗风柱等。

14.2 单层厂房平面设计

14.2.1 总平面设计

1. 总平面设计要点

工厂的所在位置是经过城市规划部门的允许,厂区的设计应从总平面开始。总平面设计是根据全厂的生产工艺流程、交通运输、卫生、防火、气象、地形、地质及建筑群体景观要求等设计的。总平面设计要点包括：

（1）确定建筑物的规模,建筑物与建筑物、构筑物之间的平面关系和空间关系。

（2）合理组织人流、货流。

（3）设计主干道,次干道,既要满足人货流的需要,又要满足消防的要求。

（4）布置各种空间、地面及地下管网。

（5）厂区竖向设计以及绿化美化厂区室内外空间。

某机械厂总平面布置图,如图 14－3 所示。

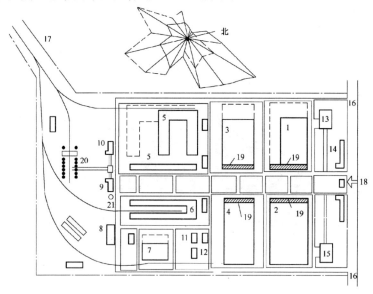

图 14－3 某机械厂总平面布置图

1—辅助车间;2—装配车间;3—机械加工车间;4—冲压车间;5—铸工车间;6—锻工车间;
7—总仓库;8—木工车间;9—锅炉房;10—煤气发生站;11—氧气站;12—压缩空气站;
13—食堂;14—厂部办公室;15—车库;16—汽车货运出入口;17—火车货运出入口;
18—厂区大门人流出入口;19—车间生活间;20—露天堆场;21—烟囱。

2. 总平面设计对平面设计的影响

1）厂区人流、货流组织对平面设计的影响

生产厂房与生产厂房之间,生产厂房与仓库之间,彼此有着人流和货流的联系,这种联系影响厂房平面设计中门的位置、数量和尺寸。同时,人流出入口或厂房生活间应靠近厂区人流主干道,方便工人上下班。设计时应尽可能减少人流和货流的交叉和迂回,运行路线要通畅、短捷。从图 14－3 中可看出,生活间的位置紧靠厂区主干道,人、货流路线分工明确。

2）地形对平面设计的影响

地形坡度的大小对厂房的平面形状有着直接的影响，尤其在山区的厂房。

当工艺流程自上而下布置时，平面设计应利用地形，尽量减少土石方工程量，同时又利用了原材料的自重顺着工艺流程向下输送。

3）日照和风向的影响

气候条件对工业建筑设计的影响较大，其中日照的影响同民用建筑。

布置建筑物时，应考虑风向对它的影响，如图 14-3 中的风玫瑰图表示该地区的全年主导风向是东北风，夏季主导风向是东南风。全年主导风向不一定与夏季主导风向一致。该总平面图中烟囱布置在全年主导风向东北风的下风位置，这样可以减少烟囱散发的灰尘对车间的影响。在炎热地区，厂房平面设计还要妥善解决通风问题，主要是解决夏季炎热时期的防暑降温问题，因此，考虑的风向不是全年主导风向，而是夏季主导风向。在图 14-3 中，主要车间的布置方向既能使车间有较好的朝向，又使夏季主导风向在 0°～45°之间，这对日照、隔热及通风都有利。应当指出，建筑物的良好朝向和合理的风向角，都要同时得到满足是很困难的，应首先考虑建筑物的朝向。因为不好的朝向，能使夏季大量的太阳辐射热进入室内，提高室内空气温度，恶化室内热环境。此时，即使吹风次数多，风速大，也难于弥补因朝向不好而恶化了的室内热环境。

14.2.2 平面设计与生产工艺的关系

民用建筑的平面及空间组合设计，主要是根据建筑物使用功能的要求进行的。面单层厂房平面及空间组合设计，则是在工艺设计及工艺布置的基础上进行的。所以说，生产工艺是工业建筑设计的重要依据之一。

一个完整的工艺平面图，主要包括下面五个内容。

（1）根据生产的规模、性质、产品规格等确定生产工艺流程。

（2）选择和布置生产设备和起重运输设备。

（3）划分车间内部各生产工段及其所占面积。

（4）初步拟定厂房的跨间数、跨度和长度。

（5）提出生产对建筑设计的要求，如采光、通风、防震、防伞、防辐射等。

14.2.3 厂房的平面形式

1. 影响厂房平面形式的因素

（1）厂房在总平面图中的位置，拟建厂房地段的形状、大小。

（2）生产工艺流程。

（3）厂房的生产规模及生产特征。

（4）运输工具的类型。

（5）厂房结构类型。

（6）地区气象条件。

2. 生产流线的类型

根据厂房原材料进入的位置和半成品、成品运出的位置,生产流线分为三种方式。

（1）直线式。原材料由厂房一端进入,产品由相对的另一端运出(图14-4(a))。

（2）往复式。原材料由厂房一端进入,产品由同一端运出(图14-4(b)、(c)、(d)、(e))。

这两种生产流线的特点是厂房内部各工段之间联系紧密,运输路线和工程骨线较短,平面形状规整,占地面积少。如果厂房各跨柱顶标高相同,则结构及构造均较简单,造价低、施工速度快,在厂房宽度不大时,其天然采光及自然通风均易满足厂房生产的要求。

（3）垂直式。原材料由厂房一端进入,产品由左侧或右侧运出(图14-4(f)、(g)、(h))。这种方式多用于纵横跨厂房,其特点是工艺流程紧凑,运输线路及管线较短,但垂直跨与平行跨交接处结构和构造复杂,施工也较麻烦,往往需要设置变形缝。

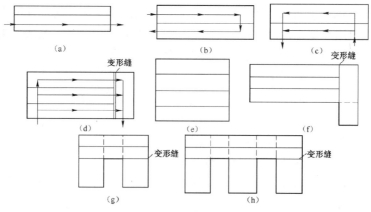

图14-4 厂房的平面形式

(a)单跨矩形;(b)、(c)双跨矩形;(d)三跨矩形;(e)四跨矩形;(f)L形;(g)U形;(h)E形(山形)。

3. 厂房的平面形式

单层厂房的平面形式有:

（1）单跨平面（矩形）。

（2）平行多跨组合平面（矩形）。

（3）垂直多跨组合平面（纵横跨），根据组合的形式可以有 L 形、U 形、山形等。

14.2.4　柱网的选择

无论是单层厂房还是多层厂房，承重结构的柱子在平面上排列时所形成的网格称为柱网。柱网的尺寸是由柱距和跨度组成的。相邻两柱之间的距离称为柱距，跨度则是指屋架或屋面梁的跨度，如图 14 - 5 所示。

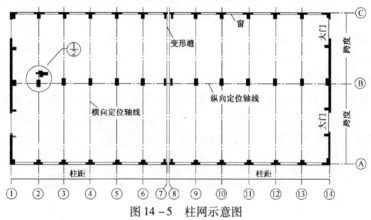

图 14 - 5　柱网示意图

柱网尺寸是根据生产工艺、建筑材料、结构形式、施工技术水平、地基承载力、建筑模数等因素来确定的。

1. 跨度尺寸的确定

（1）生产设备的大小及布置方式。

（2）车间内部通道的宽度。不同类型的水平运输设备，如电瓶车、汽车、火车等所需通道宽度是不同的。

厂房的跨度为设备宽度（长度）+ 通道宽度 + 操作宽度 + 设备边缘至通道边缘距离 + 设备边缘至柱轴线距离，如图 14 - 6 所示。

（3）满足《厂房建筑模数协调标准》的要求。

跨度≤18m 时，采用扩大模数 30M 数列，即 9m、12m、15m、18m。

跨度 >18m，采用扩大模数 60M，即 18m、24m、30m、36m。

2. 柱距尺寸的确定

柱距采用扩大模数 60M 数列，即 6m、12m、18m。

厂房山墙处抗风柱柱距宜采用扩大模数 15M 数列，即 4.5m、6m、7.5m。

一般情况下,单层厂房均采用6m柱距。统一的6m柱距使得厂房的结构规整,构件尺寸统一,设计和施工简单。但遇到设备较大或工艺经常有变化等情况,通常采用12m、18m的扩大柱距。

采用扩大柱距后柱子的数量减少了,厂房面积的利用率有所提高;大型设备的布置和产品的运输更加灵活方便;更能适应生产工艺变更及生产设备更新的要求;用于柱子数量的减少,柱基础土石方工程量也相应减少。

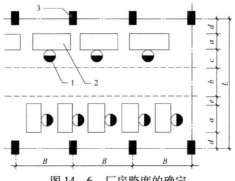

图 14-6　厂房跨度的确定

1—操作位置;2—设备;3—柱子;B—柱距;L—跨度。

(a)设备宽度;(b)通道宽度;(c)操作宽度;

(d)设备边缘至柱轴线距离;(e)设备边缘至通道边缘距离。

采用扩大柱网后,屋顶承重可以采用无托架方案和有托架方案,根据施工技术水平及结构设计要求选择。无托架方案是直接采用12m的纵向构件,虽然构造简单,但纵向构件的尺寸加大,断面和重量必然加大。使用一般情况下,多采用有托架方案。托架构造图如图14-7所示。

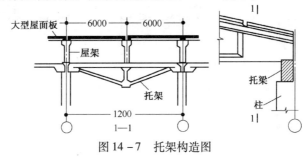

图 14-7　托架构造图

14.2.5　单层厂房生活间设计

生活间由生产卫生用室和生活卫生用室组成。

1. 生活间的组成

(1)生产卫生用室包括存衣室、淋浴室、盥洗室等。

(2)生活卫生用室包括休息室、厕所、孕妇休息室、吸烟室、女工卫生间、取暖室、冷饮制作间、饮水室、倒班休息室、小吃部、保健室等。

厕所、淋浴室、盥洗室的面积按照最大工作班人数的93%设计。

2. 生活间的形式

1)毗连式

生活间紧靠厂房外墙,可以是紧靠山墙,也可以紧靠纵墙布置。

(1)毗连式生活间的主要优点。

① 生活间至车间的距离短,联系方便。

② 生活间和车间共用一道墙,节省材料。

③ 可将车间层高较低的房间布置在生活间内,以减小占地面积和建筑体积。

④ 寒冷地区对车间保温有利。

⑤ 易与总平面图人流路线协调一致。

⑥ 可避开厂区运输繁忙的不安全地带。

(2)毗连式生活间的主要缺点。

① 不同程度地影响了车间的采光和通风,如果生活间紧靠纵墙,又较长,对车间的天然采光和自然通风影响较大,在这种情况下,边跨应设采光天窗。

② 如果车间内部有较大振动、灰尘、余热、噪声、有害气体等,对生活间构成干扰,危害较大。

(3)毗连式生活间平面组合的基本要求。

① 职工上下班的路线应与服务设施的路线一致,避免迂回。

② 在生产过程中使用的厕所、休息室、吸烟室、女工卫生室等的位置应相对集中,位置恰当。

(4)毗连式生活间和厂房间的沉降缝处理方案。毗连式生活间和厂房的结构方案不同,荷载相差也很大,所以在两者毗连处应设置沉降缝。设置沉降缝的方案有两种。

① 当生活间的高度高于厂房高度时,毗连墙应设在生活间一侧,而沉降缝则位于毗连墙与厂房之间。无论毗连墙为承重墙或自承重墙,墙下的基础按以下两种情况处理。

若条形基础与车间柱式基础相遇,应将带形基础断开,增设钢筋混凝土抬梁,承受毗连墙的荷载;柱式基础应与厂房的柱式基础交错布置,然后在生活间的柱式基础上设置钢筋混凝土抬梁,承受毗连墙的荷载。

② 当厂房高度高于生活间时,毗连墙设在车间一侧,沉降缝则设于毗连墙与生活间之间。毗连墙支承在车间柱子基础的地基梁上。此时,生活间的楼板采用悬臂结构,生活间的地面、楼面、屋面均与连墙断开,并设置变形缝,以解决生活间和车间产生不均匀沉陷的问题,如图14-8所示。

2)独立式

与厂房分开,保持一定距离,生活间称为独立式生活间。

(1)独立式的优点。

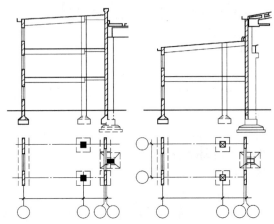

图 14 - 8　毗连式生活间和厂房间的沉降缝处理方案

① 生活间和车间的采光、通风互不影响。

② 生活间布置灵活。

③ 生活间和车间的结构方案互不影响,结构、构造容易处理。

(2)独立式的缺点。

① 占地较多。

② 生活间至车间的距离较远,联系不够方便。

独立式生活间适用于散发大量生产余热、有害气体及易燃易爆炸的车间。

(3)独立式生活间与车间的连接方式,如图 14 - 9 所示。

① 走廊连接。这种连接方式简单、适用。根据气候条件,在南方地区宜采用开敞式廊子;北方地区宜采用封闭式廊子(保温廊或暖廊)。

② 天桥连接。当车间与独立生活间之间有铁路或运输量很大的公路时,在铁路或公路上空设连接生活间和车间的天桥,这种立体交叉的布置方式可以避免人流和货流的交叉,有利于车辆运输和行人的安全。

③ 地道连接。这也是立体交叉处理方法之一,其优点与天桥连接的优点相同。

天桥和地道造价较高,由于与车间室内地面标高不同,使用也不十分方便。

3)车间内部式

将生活间布置在车间内部可以充分利用的空间内,只要在生产工艺和卫生条件允许的情况下,均可采用这种布置方式。

(1)内部式生活间的优缺点。具有使用方便、经济合理、节省建筑面积和体积的优点。缺点是只能将生活间的部分房间如存衣室、休息室等布置在车

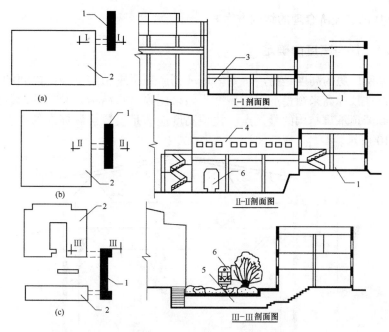

图 14 - 9　独立式生活间与车间的连接方式

(a)走廊连接;(b)天桥连接;(c)地道连接。

1—生活间;2—车间;3—走廊;4—天桥;5—地道;6—火车。

间内,车间的通用性受到限制。

(2) 内部式生活间的布置方式。

① 在边角、空余地段布置生活间,如在柱子上空、柱与柱之间的空间。

② 在车间上部设夹层。

③ 利用车间一角布置生活间。

④ 在地下室或半地下室布置生活间,但一般较少采用。

14.3　单层厂房剖面设计

剖面设计是厂房建筑设计的一个组成部分,是在工艺设计的基础上进一步解决建筑空间如何满足生产工艺的各项要求的。

剖面设计应满足以下要求。

① 为适应生产的需要,必须具有足够的空间。

② 具有良好的采光和通风条件。

③ 解决屋面排水和室内保温隔热问题。

④ 确定经济合理的结构方案。

14.3.1 厂房高度的确定

单层厂房的高度是指厂房室内地坪到屋顶承重结构下表面之间的距离，通常以柱顶标高来衡量厂房的高度。如果屋顶承重结构是倾斜的，其计算点应算到屋顶承重结构的最低点。柱顶高度应满足模数协调标准的要求，如图14-10所示。

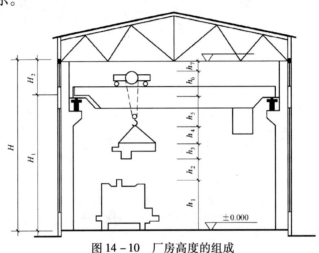

图 14-10 厂房高度的组成

（1）无吊车厂房的柱顶标高。通常按照最大生产设备及其使用、安装、检修时所需的净空高度来确定柱顶标高，一般不低于3.9m。厂房高度还应满足采光、通风的要求。柱顶高度应符合3M模数系列，若为砖石结构承重，柱顶高度应符合3M模数系列。

（2）有吊车厂房的柱顶标高：

$$H = H_1 + H_2$$

式中　H——柱顶标高；

　　　H_1——轨顶标高；

　　　H_2——轨顶至柱顶高度。

$$H_1 = h_1 + h_2 + h_3 + h_4 + h_5$$

式中　h_1——需跨越的最大设备高度，室内分隔墙或检修所需的高度，取较大值；

　　　h_2——起吊物与跨越物间的安全距离，一般为400mm～500mm；

　　　h_3——被吊物体的最大高度；

h_4——吊索最小高度,根据加工件大小而定,一般 >1000mm;

h_5——吊钩至轨顶面的最小距离,由吊车规格表中查得。

$$H_2 = h_6 + h_7$$

式中　h_6——吊车梁轨顶至小车顶面的净空尺寸,由吊车规格表中查得;

　　　h_7——屋架下弦至小车顶面之间的安全间隙,此值应保证屋架产生最大挠度以及厂房地基可能产生的不均匀沉降时,吊车能正常运行。国家标准《通用桥式起重机界限尺寸》中根据吊车起重量大小将 h7 分别定为 300mm、400mm、500mm。如屋架下弦悬挂有管线等其他设施时,还需另加必要尺寸。

《厂房建筑模数协调标准》(GBJ 6—86)规定,钢筋混凝土结构的柱顶标高、牛腿标高应符合 3M 模数数列,轨顶标高应符合 6M 模数数列。柱子埋入地下的部分也应符合模数。

在平行多跨厂房中,由于各跨设备和吊车不同,厂房高低不齐,在高低跨啊错落处需增设牛腿、墙垛、女儿墙、泛水等,使构件类型增多,结构和构造复杂,施工麻烦。若两跨间高差相差不大时,将低跨标高升至高跨的标高,虽然增加了材料,但使结构构造简单,便于施工,是比较经济的。

在工艺有高低要求的多跨厂房中,当高差值不大于 1.2m 时,不宜设置高度差;在不采暖的多跨厂房中高跨一侧仅有一个低跨,且高差不大于 1.8m 时,也不宜设置高度差。所以,多跨厂房应尽量采用平行等高跨,如图 14-11 所示。

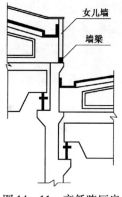

图 14-11　高低跨厂房的构造处理

14.3.2　剖面空间的利用

厂房高度对造价有直接的影响,在确定厂房高度时,应在不影响生产使用的前提下节约并利用空间,使校顶标高降低,从而降低建筑造价。

(1) 利用屋架之间的空间。铸铁车间砂处理工段,混砂设备高度为 10.8m,在不影响吊车运行的前提下,把高大的设备布置在两榀屋架之间,利用屋顶空间起到缩短柱子长度的作用。

(2) 利用地下空间。变压器修理车间工段剖面图,如图 14-12 所示。如把需要修理的变压器放在低于室内地坪的地坑内,也可起到缩短柱子长度的作用。

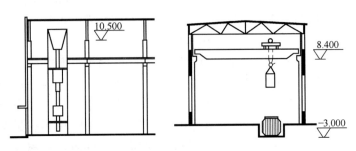

图 14 - 12 变压器修理车间工段剖面图

14.3.3 室内地坪标高的确定

单层厂房室内地坪的标高,由总平面设计确定,其相对标高定为 ±0.000。

一般单层厂房室内外需设置一定的高差,以防止雨水浸入室内,同时为便于汽车等运输工具通行。室内外高差一般取 100mm ~ 150mm,应在大门处设置坡道,其坡度不宜过大。

如果厂房的地坪出现高差,则主要地坪的标高为 ±0.000。

14.3.4 天然采光

1. 天然采光的基本要求

1) 满足采光系数最低值的要求

室内工作面上应有一定的光线,光线的强弱是用"照度"(即单位面积上所接受的光通量)来衡量的,如图 14 - 13 所示。

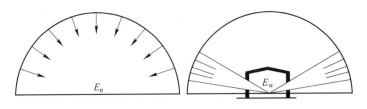

图 14 - 13 光照度

在采光设计中,以改点的采光系数作为厂房采光设计的标准。采光系数是指某点的光照度与室外临界照度(500lx)之比。为满足车间内部有良好的视觉工作条件,生产车间工作面上的采光系数最低值不应低于《作业场所工作面上的采光系数标准值》中规定的数据。天然采光等级分为五级,最高是 I 级,其采光系数最大,见表 14 - 1。

表 14-1 作业场所工作面上的采光系数标准值

采光等级	视觉作业分类		侧面采光		顶部采光	
	作业精确度	识别对象最小尺寸 d/mm	室内突然光照度/lx	采光系数 C/%	室内突然光照度/lx	采光系数 C/%
I	特别精细	$d \leqslant 0.15$	250	5	350	7
II	很精细	$0.15 < d \leqslant 0.3$	150	3	250	5
III	精细	$0.3 < d \leqslant 1.0$	100	2	150	3
IV	一般	$1.0 < d \leqslant 5.0$	50	1	100	2
V	粗糙	$d > 5.0$	25	0.5	50	1

2) 满足采光均匀度的要求

采光均匀度是指假定工作面上采光系数的最低值与平均值之比。为了保证视觉舒适,要求室内照度均匀,可以根据车间的采光等级及采光口的位置来确定。

3) 避免在工作区产生眩光

在人的视野范围内出现比周围环境特别明亮而又刺眼的光叫眩光,使人的眼睛感到不舒适,影响视力和操作。设计时应避免工作区出现眩光。

2. 采光面积的确定

采光面积一般根据采光、通风、立面设计等综合因素来确定,首先大致确定面积,然后根据厂房对采光的要求进行校核,验证是否符合采光标准值。采光计算方法很多,由于一般厂房对采光要求不很精确,可按窗地面积比参见表 14-2 估算窗面积。

表 14-2 窗地面积比

采光等级	采光系数	单侧窗	双侧窗	矩形天窗	锯齿形天窗	平天窗
I	5	1/2.5	1/2	1/3.5	1/3	1/5
II	3	1/2.5	1/2.5	1/3.5	1/3.5	1/5
III	2	1/3.5	1/3.5	1/4	1/5	1/8
IV	1	1/6	1/5	1/8	1/10	1/15
V	0.5	1/10	1/7	1/15	1/15	1/25

3. 采光方式及布置

为了取得天然光,在建筑物外墙或屋顶上开设各种形式的洞口,并安装玻璃等透光材料,形成采光。采光方式分为三种:侧窗采光、顶部采光、混合采光。

(1) 侧窗采光。又可分为单侧采光和双侧采光两种方式。当房间较窄时,采用单侧采光。单侧采光的有效进深约为侧窗口上沿至工作面高度的两倍;若进深增大,超过了单侧采光的有效范围,则需采用双侧采光或人工照明等方式。

由于侧面采光的方向性强,故布置侧窗时要避免可能产生的遮挡。在有桥式吊车的厂房中,吊车梁处不必开设侧窗,就把外墙上的侧窗分为上下两段,形成高低窗。高窗投光远,光线均匀,能提高远处的采光效果;低侧窗投光近,对近处采光有利,两者的有机结合,解决了较宽厂房采光的问题,如图14-14所示。

高侧窗窗台宜位于吊车梁顶面约600mm处,低侧窗窗台高度一般应略高于工作面高度,工作面高度一般取1.0m左右。在设计多跨厂房时,可以利用厂房高低差来开设高侧窗,使厂房的采光均匀,如图14-15所示。

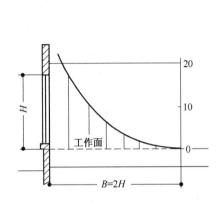

图14-14 单侧采光光线衰减示意

图14-15 吊车梁遮挡光线范围

（2）顶部采光。当厂房是连续多跨时,中间跨无法从侧窗满足工作面上的照度要求时,或侧墙上由于某种原因不能开窗采光时,可在屋顶处设置天窗。顶部采光易使室内获得较均匀的照度,采光率也比侧面高但它的结构与构造复杂,造价比侧窗采光的形式高。

（3）混合采光。在多跨厂房中,一般边跨利用侧窗、中间跨利用天窗的综合方法。

4. 天窗的形式

天窗的形式有矩形、梯形、M形、锯齿形、下沉式、三角形、平天窗等,最常采用的是矩形、锯齿形、下沉式和平天窗四种,如图14-16所示。

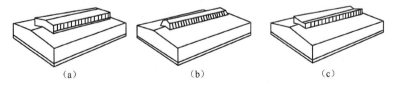

（a）　　　　　　　　　（b）　　　　　　　　　（c）

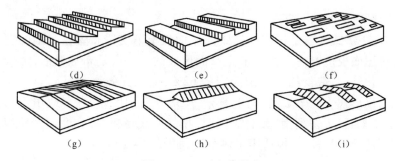

图 14 – 16　天窗的形式

(a)矩形天窗;(b)梯形天窗;(c)M形天窗;(d)锯齿形天窗;

(e)下沉式天窗(块状布置);(f)下沉式天窗(块状布置);(g)下沉式天窗(带状布置);

(h)三角形天窗(纵向布置);(i)三角形天窗(横向布置)。

1)矩形天窗

矩形天窗采光特点与侧窗采光类似,具有中等照度;若天窗朝向南北,室内光线均匀,可减少直射阳光进入室内。窗关闭时,积尘少,且易于防水;窗扇开启时,可兼起通风作用。但矩形天窗的构件类型多,结构复杂,抗震性能较差,如图 14 – 17 所示。

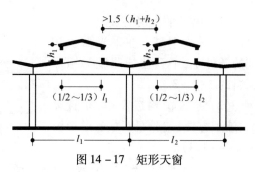

图 14 – 17　矩形天窗

为了获得良好的采光效果,合适的天窗宽度等于厂房跨度的 1/2 ~ 1/3,且两天窗的边缘距离 l 应大于相邻天窗高度和的 1.5 倍。天窗的高宽比宜为 0.3 左右,不宜大于 0.45,因为天窗过高会降低工作面上的照度。

2)锯齿形天窗

锯齿形天窗是将厂房屋盖做成锯齿形,在两齿之间的垂直面上设窗扇,构成单面顶部采光。这种窗口常采用向北或接近北向,无直射阳光进入室内,室内光线均匀稳定,同时倾斜天棚的反射光线增加了室内的照度,因此采光效率比矩形天窗高。窗扇开启时,能兼起通风的作用。锯齿天窗多适用于要调节温湿度的厂房,如纺织厂、印染厂、精密车间等,如图 14 – 18 所示。

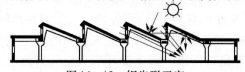

图 14 – 18　锯齿形天窗

3) 横向下沉式天窗

横向下沉式天窗是将相邻柱距的屋面板上下交错布置在屋架的上下弦上,通过屋面板位置的高差作采光口面形成的。特点是布置灵活,降低建筑高度,简化结构,造价约为矩形天窗的 62%,而采光效率与纵向矩形天窗相近;但窗扇形式受屋架限制,构造复杂,厂房纵向刚度差,它多适用于东西向的冷加工车间(天窗朝南向北)。同时,排气路线短捷,可开设较大面积的通风口,因此通风量较大,也适用于热车间,如图 14－19 所示。

4) 平天窗

平天窗是直接在屋面板上设置接近水平的采光口而形成的。其特点:

(1) 由于平天窗的玻璃接近水平面,故采光率高。在采光面积相同的条件下,平天窗的照度为矩形天窗的 2 倍～3 倍。

(2) 平天窗构造简单、布置灵活、施工方便、造价低(力矩形天窗的 1/3～1/4)。

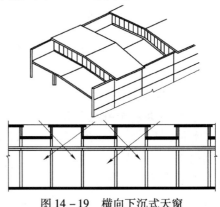

图 14－19　横向下沉式天窗

(3) 由于玻璃的热阻小、寒冷地区玻璃易结露,形成水滴下落,影响使用。

(4) 平天窗通风较差。

(5) 玻璃破碎易伤人。

14.3.5　自然通风

1. 自然通风的基本原理

室内外温差造成的热压可以产生空气流动,吹向建筑物的风在建筑物表面会产生压差,也会产生空气流动,自然通风就是利用这两种压差来实现通风换气的。

1) 空气的热压作用

厂房内部各种热源(如工业炉、机械加工生产的热量)使室内空气温度提高,体积膨胀,容重变小而自然上升,室外冷空气温度相对较低,容重较大,便由围护结构下部的门窗洞口进入室内,进入室内的冷空气又被热源加热,变轻上升,自然从上部窗口排出。如此循环形成空气对流与交换,达到通风的目的。这种利用室内外温度差而产生空气压力差进行通风的方式称为热压通风。图 14-20 是矩形天窗的单层厂房热压通风示意图。

2）空气的风压作用

当风吹向房屋迎风面墙壁时,由于气流受阻,速度变慢,迎风面的空气压力增大,超过大气压力,此区域称正压区;背风面的空气压力,小于大气压力称负压区。在正压区设进风口,而在负压区设置排风口,使室内外空气进行交

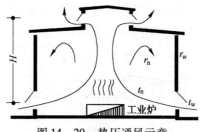

图 14-20 热压通风示意

换,这种利用风压而产生空气压力差进行通风的方式称为风压通风。

在剖面设计中,根据自然通风的原理,正确布置进风口、排风口的位置,合理组织气流,使室内达到通风换气及降温的目的。应当指出。为了增大厂房内部的通风量,应考虑主导风向的影响,特别是夏季主导风向的影响,如图 14-21 所示。

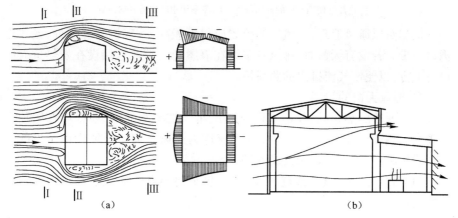

图 14-21 建筑周边风压差及通风示意

(a)风压差示意;(b)通风示意。

2. 冷加工车间的自然通风

利用门窗可满足室内通风换气的要求,因室内外温差小,在剖面设计中,合理布置进风口、出风口的位置,还应组织好穿堂风。实践证明,限制厂房宽度,并使长轴垂直于夏季主导风向,在外侧墙上设窗,在纵横贯通的通退端部设门,对通风均为有利。

3. 热加工车间的自然通风

热加工车间散发出大量的余热、有害气体和烟影响正常的工作。在剖面设计中,利用合理设置出风口,有效地组织好自然通风,以提高通风效率。

1）进排风口设置

南方地区窗台可低至 0.4m ~ 0.6m,或不设窗扇而采用下部敞口进气,天窗排气。侧窗开启方式有上悬、中悬、平开和立转四种,如图 14 - 22 所示。

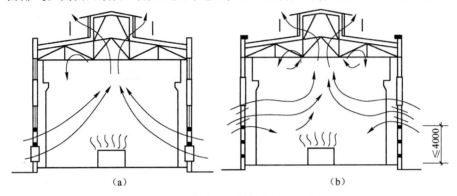

图 14 - 22　寒冷地区低侧窗进风口位置
(a)夏季使用时窗的开启位置;(b)冬季使用时窗的开启位置。

根据热压通风原理,排风口的位置应尽可能高,一般设在柱顶处,或靠近檐口一带。若没有天窗时,排风口多设在靠屋脊一带或直接设在发热量大的设备上方,以便使气流排出的路线短。

2）通风天窗的类型

多跨或单跨热车间,仅靠高侧窗通风换气是不够的,一般都应在屋顶上设天窗。剖面设计中以通风为主的天窗称为通风天窗。通风天窗常见的有矩形通风天窗、下沉式通风天窗两种。

（1）矩形通风天窗（或避风天窗）。热车间的自然通风是在风压和热压的共同作用下进行的,其空气对流出现三种状态。

当风压小于热压时,背风面和迎风面的排风口均可通风,但由于迎风面风压的影响,使排风口排气量减小。

当风压等于热压时,迎风面的排风口停止排气,只能靠背风面的窗口排气。

当风压大于热压时,迎风面的排风口不但不能排气,反而出现风倒灌的现象,阻碍室内空气的热压排风。这时如果关闭迎风面排风口。开背风面的排口,则背风面排风口也能排气。但风向是不断变化的,要适应风向的变化关闭排风口是困难的。要防止迎风面对室内排气口产生的不良影响,最有效的措施是在迎风面距离排风口一定的位置设置挡风板,无论风从哪个方向吹来,均可使排风口始终处于负压区。

　　没有挡风板的矩形天窗称为矩形通风天窗或避风天窗,如图 14 - 23 和图 14 - 24 所示。

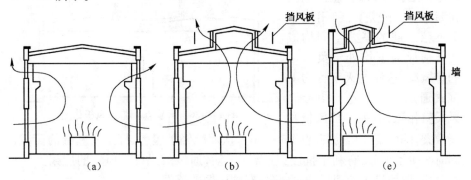

图 14 - 23　排风口的位置
(a)设高侧窗;(b)设通风天窗;(c)热源上方设天窗。

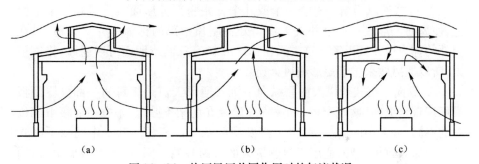

图 14 - 24　热压风压共同作用时的气流状况
(a)风压小于热压;(b)风压等于热压;(c)风压大于热压。

　　在无风时,厂房内部靠热压通风;有风时,风速越大,则负压区绝对值越大,排风量也增大。挡风板至短形天窗的距离等于排风口高度的 1.1 倍 ~ 1.5 倍为宜。

　　当厂房的剖面形式为平行等高跨时,两跨的矩形天窑排风口之水平间距 l 小于或等于天窗高度 h 的 5 倍时,两天窗互起挡风板的作用,则可不没挡风板,因该区域的风压始终为负压,如图 14 - 25 和图 14-26 所示。

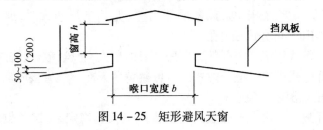

图 14 - 25　矩形避风天窗

（2）下沉式通风天窗。在屋顶结构中,部分屋面板铺在屋架上、下弦上,利用屋架上下弦之间的高差空间构成在任何风向下均处于负压区的排风口,这样的天窗称为下沉式通风天窗。它与矩形通风天窗相比,省去了挡风板和

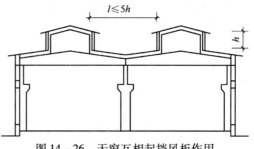

图14-26　天窗互相起挡风板作用

天窗架,降低了厂房的高度(4m～5m),从而减轻了屋盖、杆子及基础的荷载;同时减少了风载,有利于抗震;且布置灵活,通风效果好。但它的屋架上、下弦受扭,屋面排水处理复杂,且室内有种压抑的感觉。

下沉式通风天窗,根据下沉部位的不同有以下三种形式。

① 井式通风天窗。每隔一个或几个柱距将部分屋面板设置在屋架下弦上,使屋面上形成一个个井式天窗。处在屋顶中部的称为中井式天窗,设在边部的称为边井式天窗。这类天窗由于井口有三面或四面可以通风,排气量大,所以通风效果优于矩形避风天窗。

② 纵向下沉式通风天窗。纵向下沉式通风天窗是将跨间一部分屋面板沿厂房整个纵向(两端宜留一个柱距)设置在屋架下弦上,根据屋面板下沉位置的不同,分为中间下沉、两侧下沉及中间双下沉三种。其中中间双下沉式的采光通风效果最好,适用于散热量大的大跨高温车间,如大型玻璃熔窑、冶炼车间等。

③ 横向下沉式天窗。横向下沉式天窗是将相邻一个或几个柱距的整跨屋面板全部搁置在屋架下弦上所形成的天窗。其采光均匀、排气路线短,通风量大,适用于对采光与通风均有要求的热加工车间和朝向是东西向的冷加工车间。

（3）开敞式厂房。炎热地区的热加工车间,为了利用穿堂风促进厂房通风与换气,除采用通风天窗以外,外墙不设窗扇而采用挡雨板,形成开敞式厂房。这种形式的厂房气流阻力小;通风量大,散热快,通风降温好;构造简单,施工方便。但防寒、防雨、防风沙的能力差,尤其是风速大时,通风不稳定。按开敞部位不同,可分成四种形式。

① 全开敞式厂房。全开敞式厂房开版面积大,通风、散热、排烟快。

② 上开敞式厂房。上开敞式厂房可避免冬天冷空气直接吹向工作面,但风速大时,出现倒灌现象。

③ 下开敞式厂房。下开敞式厂房排风量大且稳定,可避免倒灌,但冬天

冷空气吹向工作面,影响工人操作。

④ 单侧开敞式厂房单侧开敞式厂房有一定的通风和排烟效果。

设计开敞式厂房时,应根据厂房的生产特点、设备布置、当地风向及气候等因素综合考虑选用形式。

14.4　单层厂房定位轴线的标定

单层厂房定位轴线是确定厂房主要承重构件位置及其标志尺寸的基准线,也是厂房施工放线和设备安装的依据。为了使厂房建筑主要构配件的几何尺寸达到标准化和系列化,减少构件类型,增加构件的互换性和通用性,厂房设计应执行《厂房建筑模数协调标准》的有关规定。

定位轴线的划分是在柱网布置的基础上进行的。通常把垂直于厂房长度方向(即平行于屋架)的定位轴线称为横向定位轴线,在建筑平面图中,从左至右按 1、2、…顺序进行编号。平行于厂房长度(即垂直于屋架)的定位轴线称为纵向定位轴线,在建筑平面图中,由下而上按 A、B、…顺序进行编号。编号时不用 I、O、Z 三个字母,以免与阿拉伯数字 1、0、2 相混。厂房横向定位轴线之间的距离是柱距。厂房纵向定位轴线之间的距离是跨度。这样标法,便于读图,有利于施工。

14.4.1　横向定位轴线

1. 中间柱

除横向变形缝处及端部排架柱外,中间柱的中心线应与横向定位轴线相重合,如图 14 - 27 所示。

2. 端部柱

1) 山墙为非承重墙时

山墙为非承重墙时,墙内缘和抗风柱外缘应与横向定位轴线相重合。端部排架柱的中心线应自横向定位轴线向内移 600mm,端部实际柱距减少600mm,如图 14 - 28 所示。

2) 山墙为砌体承重时

山墙为砌体承重时,墙内缘与横向定位轴线间的距离 λ 应按砌体的块料类别分别为半块或半块的倍数或墙厚的 1/2,如图 14 - 29 所示。

3. 横向变形缝处

横向伸缩缝、防震缝处一般采取在一个基础上设双柱、双屋架的方案。各柱有各自的基础杯口,基础杯口与横向定位轴线的距离为600mm,与端部柱相同。两条轴线之间的距离为变形缝的宽度,如图14-30所示。

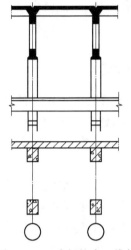

图14-27 中间柱中心线与
横向定位轴线重合

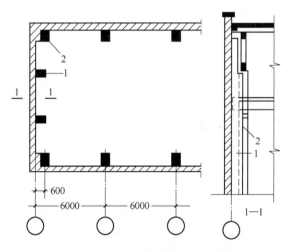

图14-28 非承重山墙与横向定位轴线的关系
1—抗风柱;2—排架柱。

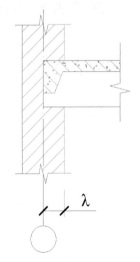

图14-29 承重山墙与
横向定位轴线的关系

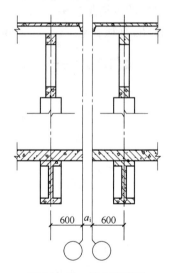

图14-30 横向变形缝
处的横向定位轴线

为了不增加构件类型,横向变形缝处定位轴线采用双轴线处理。

变形缝两侧柱间的实际距离较其他处的柱距减少600mm,但柱距的标志尺寸仍为6000mm。

14.4.2　纵向定位轴线

纵向定位轴线标定了屋架标志尺寸端部的位置。屋架的跨度与厂房跨度一致。

1. 外墙、边柱

（1）封闭结合。当外墙内缘和边柱外缘及纵向定位轴线相重合,则屋面板与外墙之间没有空隙,故称封闭结合。

对无吊车或只有悬挂式吊车的厂房以及柱距为 6m、吊车起重量 $Q \leqslant 20t$ 的厂房,一般采用封闭结合,如图 14 - 31 所示。

吊车轨道中心线之间的距离比厂房的跨度要小,每侧相差一个 e,即

$$L = L_k + 2e$$

式中:L——厂房跨度;

L_k——吊车跨度,吊车轨道中心线之间的距离;

e——纵向定位轴线至吊车轨道中心线的距离,为使吊车的规格相对稳定,e 一般固定为 750mm,当吊车为重级工作制而需设安全走道板,或者吊车起重量大于 50t 时,采用 1000mm。这样,吊车轨道中心线之间的距离与厂房的跨度成套配合,不会凌乱。

$$e = B + K + h$$

式中　B——轨道中心线至吊车端头外缘的距离,按吊车规格查找确定;

K——安全空隙,$K \geqslant 80mm$;

h——上柱截面高度,通常为 400mm。

当吊车起重量 $Q \leqslant 20t$ 时,查吊车规格表,得出相应参数 $B \leqslant 260mm$,则 $K = e - (h + B) = 750 - (400 + 260) = 90mm$,符合安全要求。

（2）非封闭结合。当外墙内缘及边柱外缘与纵向定位轴线间加设联系尺寸时,屋面板与外墙之间出现空隙,形成非封闭结合,须加设补充构件。

当柱距为 6m,吊车起重量 $Q \geqslant 30t$;或柱距较大以及有特殊构造要求时,需要采用非封闭结合方案,验算如下:

假如吊车吨位 Q 为 30/5t,查其参数 $B = 300mm$,若按封闭结合考虑,$K = e - (H + B) = 750 - (400 + 300) = 50mm$,显然不能满足安全空隙 $K \geqslant 80mm$ 的要求。这时纵向单位轴线的位置不能动,吊车规格参数不能变,只能将边柱自定位轴线外移一个距离 D,称为联系尺寸。

当外墙为砌体时,D 值取 50mm,安全空隙为 50 + 50 = 100mm,已经满足安全距离 80mm 的要求,如图 14 - 32 所示。

2. 中柱

1）等高跨中柱

（1）单柱单轴线。上柱截面宽度一般取 600mm，如果厂房跨度不大，无需设置纵向伸缩缝，通常采用单柱和一条纵向定位轴线。轴线居中，每侧有300mm 搁置屋架，如图 14 - 33 所示。

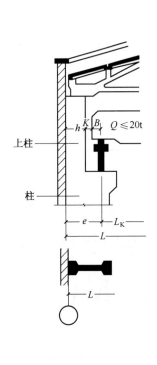

图 14 - 31   封闭结合

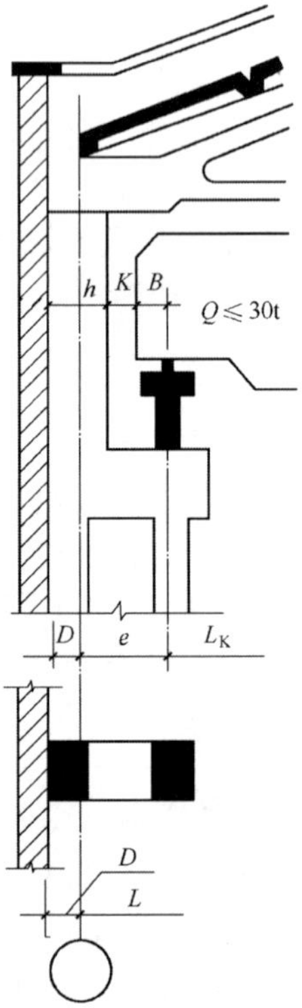

图 14 - 32   非封闭结合

（2）单柱双轴线。如果厂房跨度较大，需要设置纵向伸缩缝，则必须采用两条纵向定位轴线，中间加入一个插入距 a_i，插入距的大小即伸缩缝的宽度，如图 14 - 34 所示。

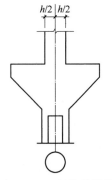

图 14 - 33   单柱单轴线

2）高低跨处的中柱

高低跨中柱处有单柱单轴线、单柱双轴线和双柱双轴线几种情况。

（1）单柱单轴线。这种情况最为简单。虽然中柱两侧的厂房高度不同，但由于跨度较小，无吊车或吊车起重量较小，不设伸缩缝，两侧均采用封闭结合，且高跨一侧的纵向封墙位于低跨屋面以上（单独挑牛腿支承）。

（2）单柱双轴线。如果中柱处设有伸缩缝或至少一侧为非封闭结合（视吊车起重量）或高跨封墙位于低跨屋面以下，只要出现上述情况之一，必须采用两条轴线，如图 14-35 所示。

图 14-35(a) 中所示为有伸缩缝的情况，此时两条轴线之间的插入距为伸缩缝的宽度，即 $a_i = a_e$；

图 14-35(b) 中所示为高跨为非封闭结合且有伸缩缝的情况，此时两条轴线之间的插入距为联系尺寸加伸缩缝的宽度，即 $a_i = a_c + a_e$。

图 14-35(c) 中所示为有伸缩缝且高跨封墙位于低跨屋面以下的情况，此时两

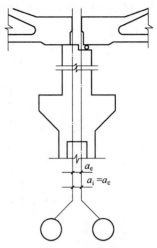

图 14-34　单柱双轴线

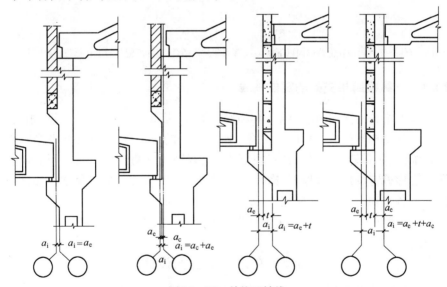

图 14-35　单柱双轴线

（a）有伸缩缝；（b）高跨为非封闭结合且有伸缩缝；（c）有伸缩缝且高跨封墙位于低跨屋面以下；
（d）既有伸缩缝，高跨又为非封闭结合且高跨封墙位于低跨屋面以下。

条轴线之间的插入距为伸缩缝的宽度加封墙的厚度，即 $a_i = a_e + a_t$。

图 14-35(d) 中所示为既有伸缩缝，高跨又为非封闭结合且高跨封墙位于低跨屋面以下的情况，此时两条轴线之间的插入距为伸缩缝的宽度加联系尺寸加封墙厚度，即 $a_i = a_e + a_c + a_t$。

（3）双柱双轴线。高低跨处的中柱,当采用双柱时,与上述情况一样,只是多了一根柱子而已。图 14 - 36 所示为封墙在低跨屋面以下的情况。

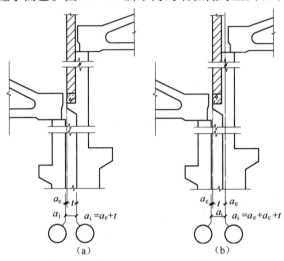

图 14 - 36　双柱双轴线

(a)有伸缩缝且封墙在低跨屋面以下;(b)高跨为非封闭结合、有伸缩缝且封墙在低跨屋面以下。

14.4.3　纵横跨相交处的定位轴线

有纵横跨的厂房,由于纵跨和横跨的跨度、高度、吊车起重量不尽相同,为了简化结构和构造,设计时,常将纵跨和横跨的结构分开,并在两者之间设置伸缩缝、防震缝。纵横跨连接处设双柱、双轴线。两定位轴线之间的插入距为变形缝宽度加封墙厚度,横跨为非封闭结合时再加上联系尺寸。总横跨的柱网各自独立,但编号应统一,如图 14 - 37 所示。

纵横跨相交处采用双柱单墙处理,外墙不落地,成为悬墙,属于横跨。

14.5　单层厂房立面设计

单层的体型与其平面形状、生产工艺、结构形式以及环保要求等因素密切相关,设计中要根据其功能要求、技术水平、经济条件,运用建筑艺术构图规律和处理手法,取得简洁、朴素、新颖、大方的外观形象。

14.5.1　影响单层厂房立面设计的因素

1. 使用功能的影响

工艺流程、生产状况和运输设备不仅影响着单层工业厂房筑的平面设计

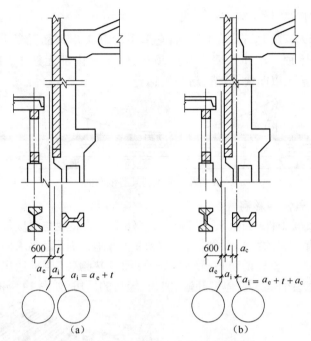

图 14 - 37　纵横跨相交处的定位轴线

(a)封闭结合;(b)非封闭结合。

和剖面设计,而且也影响着其立面设计。对工艺流程为直线的厂房多采用单跨或单跨并列的体形,如图 14 - 38 所示。

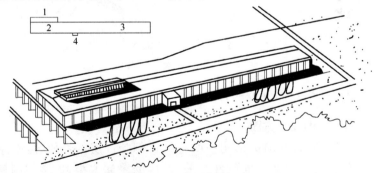

图 14 - 38　某轧钢车间

1—加热炉;2—热轧;3—冷轧;4—控制室。

2. 结构、材料的影响

结构形式对厂房体体型有着直接的影响,同样的生产工艺,可以采用不同的结构方案。厂房结构形式,特别是屋顶承重结构形式,很大程度上决定着厂房的体型。

　　图 14-39 是意大利某造纸车间,它采用两组 A 形钢筋混凝土塔架,支点钢缆绳,悬吊屋顶。车间外墙不与屋顶相连,车间内部无柱子,工艺布置灵活,整个造型给人以明快、活泼、新颖的感受。

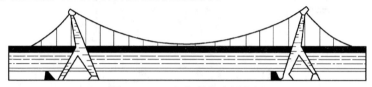

图 14-39　意大利某造纸车间

3. 环境、气候的影响

　　环境和气候条件(如太阳辐射强度、室外空气的温度与湿度等)对厂房的体型组合也有一定的影响。例如在寒冷的北方地区,厂房要求防寒保暖,窗面积较小,体型一般显得稳重、集中、浑厚;而炎热地带,要求通风散热,常采用窗数量较多,面积较大,体型开敞、狭长、轻巧的厂房,如图 14-40 所示。

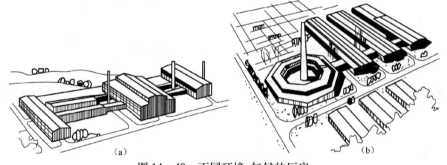

(a)　　　　　　　　　　　　　　　(b)

图 14-40　不同环境、气候的厂房
(a)北方某陶瓷厂;(b)南方某陶瓷厂。

14.5.2　单层厂房立面处理的方法

1. 立面处理的几个方面

　　外墙在单层厂房外围护结构中所占的比例与厂房的性质、建筑采光等级、地区室外照度和地区气候条件有关,外墙的墙面大小、色彩与门窗的大小、比例、位置、组合形式等直接关系到单层厂房的立面效果。

　　厂房立面设计是在已有的体型基础上用柱子、勒脚、门面、墙面、线脚、雨篷等部件,结合建筑构图规律进行有机的组合与划分,使立面简洁大方、比例恰当,达到完整匀称、节奏自然、色调质感协调统一的效果。

　　门的处理:门是工业建筑的生产及运输通道,对它进行适当的美化处理,比如加设门框、门斗、雨篷等,可以突出门的位置而增强指示性,改善墙面的虚实关系,丰富立面的效果。

窗的组合:窗是为工业建筑的采光、通风功能而设,合理地进行门窗组合以有效地协调墙面的虚实关系,增强立面的艺术效果。

墙面划分:利用结构构件、线脚等手段,将墙面采用不同的方法进行划分以获得不同的立面效果。

2. 墙面划分的方法

1)垂直划分

根据外墙结构特点,利用柱子、窗间墙、竖向条形组合的侧窗等构件构成垂直突出的竖向线条,有规律地重复分布,可改变单层厂房扁平的比例关系,使立面显得挺拔、高耸、有力。为使墙面整齐美观,门窗洞口和窗间墙的排列多以一个柱距为一个单元,在立面中重复使用,使整个墙面产生统一的韵律,如图14 - 41所示。

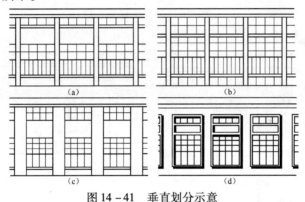

图14 - 41 垂直划分示意

2)水平划分

在水平方向设整排的带形窗,利用通长的窗眉线或窗台线,将窗洞门上下的窗间墙连成水平条带;或利用檐口、勒脚等水平构件,组成水平条带,在开敞式墙的厂房中,采用挑出墙面的多层挡雨板,利用阴影的作用使水平线条的效果更加突比;也可以采用不同材料、不同色彩的外墙作为水平的窗间墙,同样能使厂房的立面显得明快、大方、平稳。图14 - 42所示是水平划分示意图。水平划分的外形简洁舒展,很多厂房立面都采用这种做法。

3)混合划分

工程实际中,立面的水平划分均与垂直划分经常不是单独存在的,一般都是利用两者的有机结合,以其中某种划分为主,或两种方式混合运用,这

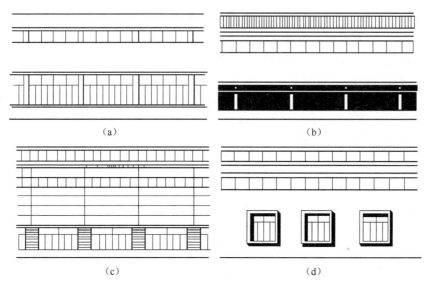

图 14 - 42　水平划分示意

样,既能相互衬托,混而不乱,又能取得生动和谐的效果,如图 14 - 43 所示。

图 14 - 43　混合划分示意

3. 立面的虚实处理

除墙面划分外,正确处理好窗墙之间的比例,也能取得较好的艺术效果。满足采光面积与自然通风的要求下,窗与墙的比例关系有如下三种。

（1）窗面积大于墙面积,此时立面以虚为主,显得明快、轻巧。

（2）窗面积小于墙面积,立面以实为主,显得稳重、敦实。

（3）窗面积接近墙面积,虚实平衡,显得平静、平淡、无味,运用较少。

本 章 小 结

本章主要介绍了单层工业厂房的空间组成与主要结构构件、单层工业厂房的平立剖面的设计方法以及单层工业厂房定位轴线的标定原则和标定方法。

单层工业厂房一般由生产工段、辅助工段、库房及行政办公用房四个部分组成。承重结构有墙体和骨架,骨架有刚架和排架,按材料分主要有钢和钢筋混凝土,采用最多的是钢筋混凝土排架结构。

厂房的平面形式一般为矩形,有单跨、多跨及总横跨多种形式,主要取决于生产工艺的要求。厂房的柱距和跨度尺寸首先应该满足生产规模、生产工艺的要求,其次要符合建筑模数的要求。

厂房剖面设计的主要任务是确定剖面标高,柱顶标高、牛腿标高应符合3m 模数数列,轨顶标高应符合6m 模数数列。

厂房应以天然采光为主,并应侧窗采光为主。侧窗面积的大小取决于厂房生产时的识别精度。有吊车厂房的侧窗应分为高低两层,中间被吊车梁遮挡的部分做成墙体。

天窗位于厂房顶部,作为辅助采光之用。天窗的形式有矩形、梯形、M形、锯齿形、下沉式、三角形、平天窗等,最常采用的是矩形、锯齿形、下沉式和平天窗四种。

厂房定位轴线的标定是厂房设计和施工应重点解决的问题。横向定位轴线与中间柱中心对齐,边柱则向内偏移600mm,留出山墙抗风柱的空间,伸缩缝两侧与端部柱相同,并采用双柱处理。

纵向定位轴线按吊车规格、高低跨类型、是否留设纵向变形缝等综合考虑。

厂房的立面设计应根据厂房的功能、材料、地理位置等综合确定。

思考题与习题

1. 单层工业厂房的内部空间可以划分为哪几个组成部分?
2. 单层工业厂房的承重结构有哪几种形式? 采用最多的是哪种?
3. 简述排架结构的荷载传递线路。
4. 简述排架结构的主要结构构件。
5. 简述厂房总平面设计要点。
6. 单层厂房的平面形式有哪几种?
7. 厂房柱网尺寸如何确定? 排架柱柱距和抗风柱柱距一般应符合什么要求? 常见尺寸是多少?
8. 厂房的跨度在10m~30m 之间,符合模数的可用跨度尺寸有哪些?
9. 什么是托架? 用在何处?
10. 厂房生活间有哪几种布置形式? 其优缺点是什么?

11. 厂房剖面设计的主要任务是什么？应重点解决哪几个标高？

12. 什么叫光照度？天然采光应满足什么要求？

13. 室内专业要求识别 2mm~3mm 对象精度时,采光等级是多少？如果采用双侧窗采光,窗地比是多少？

14. 低侧窗的窗台高度一般为多少？高侧窗的底部距吊车梁顶部一般是多少？

15. 天窗的形式有哪几种？最常见的是哪几种？

16. 简述自然通风的基本原理。

17. 厂房端部柱为什么要从横向定位轴线向内偏移 600mm？

18. 什么是封闭结合？什么是非封闭结合？如何确定采用哪种结合？

19. 影响厂房立面设计的因素有哪些？立面处理的手法有哪些？

第15章 单层工业厂房实体设计

15.1 厂房外墙

当单层工业厂房的跨度小于 15m,吊车吨位不超过 5t 时,一般采用承重砌体墙直接承担屋面荷载及吊车荷载,如图 15-1 所示。

当厂房的跨度及高度较大,或吊车起重量较大时,通常由钢筋混凝土排架柱来承担屋面荷载及吊车荷载,而外墙仅起围护作用,这种围护墙分为自承重墙、大型板材墙及挂板墙,如图 15-2 所示。

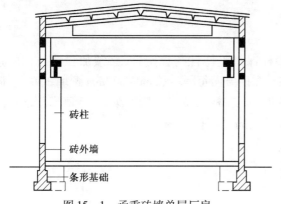

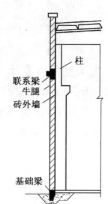

图 15-1 承重砖墙单层厂房　　　　图 15-2 自承重砖墙单层厂房

15.1.1 承重砌体墙

承重砌体墙经济适用,但整体性差,对抗震不利,根据《建筑抗震设计规范》GB 50015—2010 的规定,只适用于下列情况。

(1) 单跨或等高多跨且无桥式吊车的厂房。

(2) 6°~8°设防的地区,跨度不大于 15m,柱顶标高不大于 6.6m 的厂房。

15.1.2 自承重砌体墙

1. 自承重砌体墙的支承

自承重砌体墙直接支承在基础梁上,基础梁支承在杯形基础的杯口上,这样可以避免墙、柱、基础交接的复杂构造,同时加快了施工进度,方便构件的定型化和统一化。

根据基础埋深的不同,基础梁有不同的搁置方式,如图 15-3 所示。基础梁顶面的标高通常低于室内地面 50mm,并高于室外地面 100mm,车间室内外高差为 150mm,可以防止雨水倒灌,也便于设置坡道并保护基础梁。

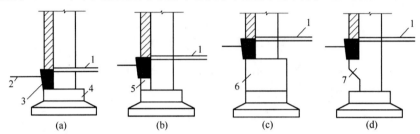

图 15-3　基础梁与基础的连接

1—室内地面;2—室外地面;3—基础梁;4—杯形基础;5—垫块;6—高杯口基础;7—牛腿。

2. 自承重墙的连接构造

1)墙与柱的连接构造

为了使自承重墙与排架柱保持整体性与稳定性,必须加强墙与柱的连接。其中通常的做法是在柱子高度方向每隔 500mm~600mm 预埋 $2\phi6$ 钢筋,砌墙时把伸出的钢筋砌在墙缝里。在柱顶位置设置圈梁,在低侧窗顶部设置过梁兼圈梁(连系梁)并与柱拉结筋,如图 15-4 所示。

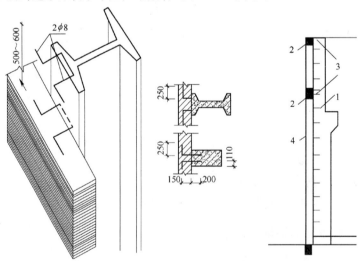

图 15-4　墙与柱的连接

1—墙体拉结筋;2—圈梁兼过梁(连系梁);3—圈梁与柱拉结筋;4—外墙。

2）墙与屋架的连接构造

屋架的上下弦预埋钢筋与墙体拉结,屋架的腹杆预埋钢筋不便时可以预埋钢板,其上焊接钢筋再与墙体拉结,如图 15－5 所示。

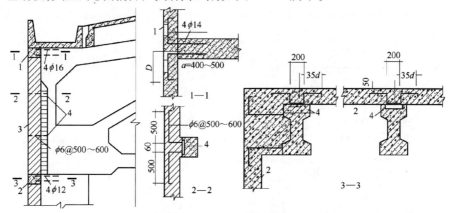

图 15－5　墙与屋架连接

3）女儿墙与屋面的连接构造

女儿墙厚度一般不小于 240mm,其高度则应满足抗震要求及屋面清洁维修人员的安全要求。在非抗震区女儿墙高度为 1000mm 左右,在抗震区或受振动影响较大的厂房中,女儿墙的高度不应超过 500mm,并设置钢筋混凝土压顶。为保证女儿墙的纵向稳定性,在屋面板的板缝内及墙体中各放置 1 根 $\phi 8 \sim \phi 12$ 的钢筋连接成工字形,用细石混凝土灌缝捣实,如图 15－6 所示。

4）墙与抗风柱的连接构造

山墙承受水平风荷载,应设置钢筋混凝土抗风柱来保证自承重山墙的刚度和稳定性。抗风柱的间距以 6m 为宜,个别可采用 4.5m 和 7.5m 柱距。抗风柱的下端插入基础杯口,其上端通过一个特制的"弹簧"钢板

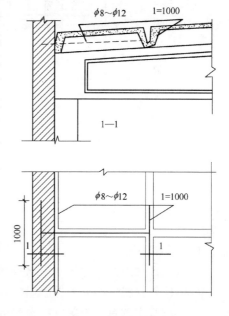

图 15－6　女儿墙与屋面的连接构造

与屋架相连结,使二者之间只传递水平力而不传递垂直力,如图 15 – 7 所示。

3. 连系梁构造

连系梁是连系排架柱并增强厂房纵向刚度的重要措施,同时它还承担着上部墙体荷载,如图 15 – 8 所示。

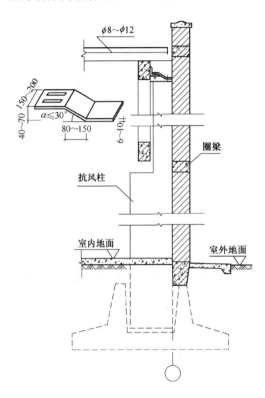

图 15 – 7　墙与抗风柱的连接构造

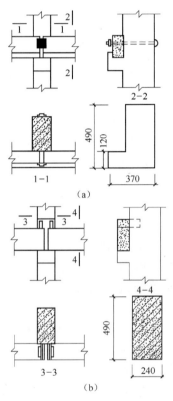

图 15 – 8　连系梁构造
(a)螺栓连接;(b)焊接连接。

15.1.3　板材墙

1. 墙板的类型

(1) 按其受力状况分为承重墙板和非承重墙板。

(2) 按其保温性能分为保温墙板和非保温墙板。

(3) 按所用材料分为单一材料墙板和复合材料墙板。

(4) 按其规格分为基本板、异形板和各种辅助构件。

(5) 按其在墙面的位置分为一般板、檐下板和山尖板等。

2. 墙板布置

墙板在墙面上的布置方式有三种,采用最多的是横向布置,其次是混合布置,竖向布置采用较少,如图 15 – 9 所示。

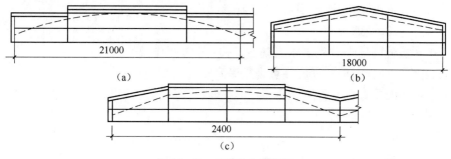

图 15 – 9　山墙山尖板布置

(a)台阶形;(b)人字形;(c)折线形。

3. 墙板的规格

单层厂房基本板的长度应符合《厂房建筑模数协调标准》的规定,并兼顾山墙抗风柱柱距,常见的有 4500mm、6000mm、7500mm、12000mm 等规格。根据生产工艺的需要,也可采用 9000mm 的板长。基本板高度应符合 3M 模数,分为 1800mm、1500mm、1200mm 和 900mm 四种。基本板厚度应符合 1/5M 模数,并按结构计算确定。

4. 墙板连接

1)板柱连接

分柔性连接和刚性连接两类。

(1)柔性连接。柔性连接特点是墙板与厂房骨架以及板与板之间在一定范围内可相对独立位移,能较好地适应振动引起的变形,如图 15 – 10 所示。

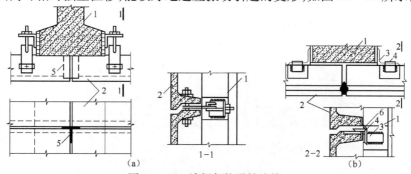

图 15 – 10　墙板与柱柔性连接

(a)螺栓挂钩柔性连接;(b)角钩挂钩柔性连接。

（2）刚性连接。刚性连接将每块板材与柱子用型钢焊接在一起，无需另设钢支托。其突出的优点是连接件钢材少，但由于失去了能相对位移的条件，对不均匀沉降和振动较敏感，如图15－11所示。

2）板缝处理

对板缝的处理首先要求是防水，并应考虑制作及安装方便，对保温墙板尚应注意满足保温要求。

常用的垂直缝有直缝、喇叭缝、单腔缝、双腔缝等，如图15－12和图15－13所示。

图15－11 墙板与柱刚柔性连接

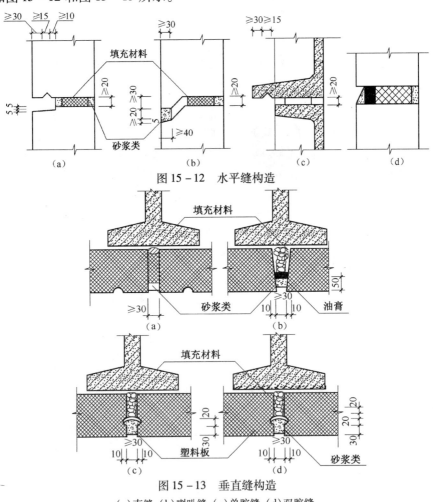

图15－12 水平缝构造

图15－13 垂直缝构造

(a)直缝;(b)喇叭缝;(c)单腔缝;(d)双腔缝。

15.1.4　轻质板材墙

　　包括石棉水泥波瓦、塑料外墙板、金属外墙板等轻质板材。主要用于无保温要求的厂房和仓库等建筑,其连接构造基本相同。

　　石棉水泥波瓦墙具有自重轻、造价低、施工简便的优点,但属于脆性材料,容易受到破坏。对于高温高湿和有强烈振动的车间不宜采用,如图 15－14 所示。

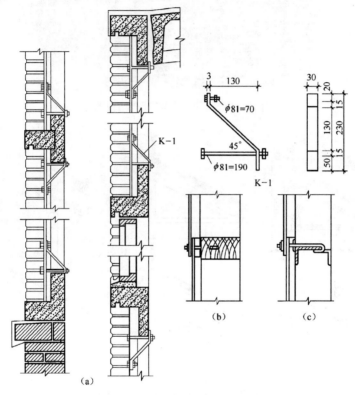

图 15－14　石棉水泥波瓦连接构造

15.1.5　开敞式外墙

　　在南方炎热地区,为了方便散热,有时候外墙干脆不设,只在外墙部位设计一定数量的挡雨板,如图 15－15 所示。

　　挡雨板可以用石棉水泥波瓦或预制钢筋混凝土做成。

　　石棉水泥波瓦挡雨板质量轻,且造价低廉,钢筋混凝土挡雨板相对坚固,耐久性好。挡雨板的构造如图 15－16 所示。

图 15 - 15　石棉水泥波瓦挡雨板图片

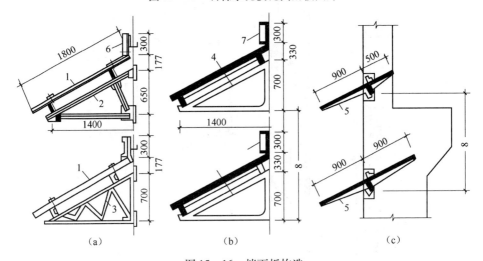

图 15 - 16　挡雨板构造

(a)石棉水泥波瓦挡雨板;(b)钢筋混凝土挡雨板。

1—石棉水泥波瓦;2—型钢支架;3—圆钢筋轻型支架;4—钢筋混凝土挡雨板及支架;
5—无支架钢筋混凝土挡雨板;6—石棉水泥波瓦防溅板;7—钢筋混凝土防溅板。

15.2　厂房大门

15.2.1　厂房大门的尺寸与类型

门的尺寸应根据所需运输工具类型、规格、运输货物的外形并考虑通行方便等因素来确定。各种车辆所需门洞的最小尺寸如图 15 – 17 所示。

洞口宽 运输工具	2100	2100	3000	3300	3600	3900	4200 4500	洞口高
3t 矿车	🚃							2100
电瓶车		🚗						2400
轻型卡车			🚗					2700
中型卡车				🚗				3000
重型卡车					🚚			3900
汽车起重机						🚚		4200
火车							🚆	5100 5400

图 15 – 17　厂房大门尺寸

厂房大门的材料有木、钢木、普通型钢和空腹薄壁钢等几种。大门的开启方式有平开、推拉、折叠、升降、上翻、卷帘等,如图 15 – 18 所示。

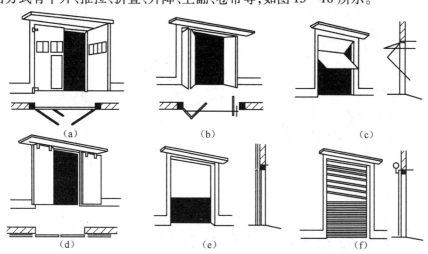

图 15 – 18　大门的开启方式

(a)平开门;(b)折叠门;(c)上翻门;(d)推拉门;(e)升降门;(f)卷帘门。

15.2.2 厂房大门的一般构造

1. 平开门

平开门由门扇、铰链及门框组成。门洞小于 3m 时采用素混凝土门框,大于 3m 时应采用钢筋混凝土门框,如图 15-19 所示。

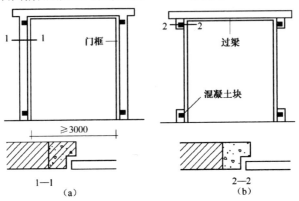

图 15-19 大门门框

钢木大门是以型钢为骨架、木板为门板的组合门,其构造如图 15-20 所示。

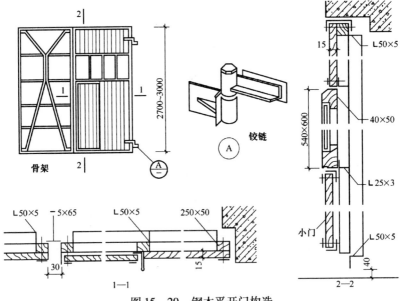

图 15-20 钢木平开门构造

2. 推拉门

推拉门由门扇、门轨、地槽、滑轮及门框组成。其支承方式分为上挂式和下滑式两种。推拉门可以单层布置,也可以双层布置或多次布置,如图 15-21 所示。

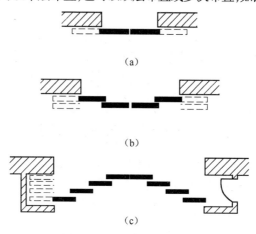

(a)

(b)

(c)

图 15-21 推拉门布置形式

(a)单轨双扇;(b)双轨双扇;(c)多轨多扇。

推拉门的构造以图 15-22 所示的上悬式为例。

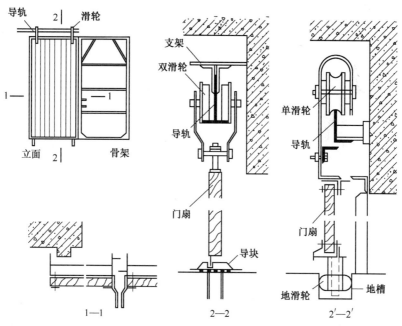

图 15-22 上悬式推拉门构造

3. 卷帘门

卷帘门主要由帘板、导轨及传动装置组成。门洞的上部装设传动装置，传动装置分手动和电动两种，如图15-23和图15-24所示。

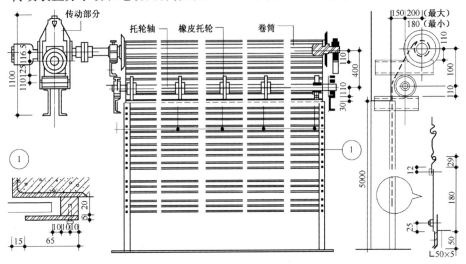

图15-23　电动卷帘门构造

图15-24　电动卷帘门图片

4. 防火门

防火门用于加工易燃品的车间或仓库，选用时应满足建筑的耐火等级要求，如图15-25所示。

5. 保温门、隔声门

保温门、隔声门门缝处理如图 15 - 26 所示。

图 15 - 25　防火门图片

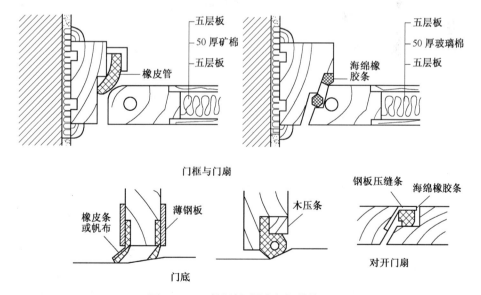

图 15 - 26　保温门、隔声门门缝处理

15.3 厂房地面

15.3.1 地面构造层次

单层工业厂房的地面从上到下一般由面层、垫层和地基组成。当有特殊要求时,还需要增加结合层、隔离层、找平层等,当底层地面的基本构造层不能满足使用或构造要求时,可增设结合层、隔离层、填充层、找平层等其他构造层。选择地面类型时,所需要的面层、结合层、填充层、找平层的厚度和隔离层的层数,可根据相关规范选择。

1. 地基

地面的最下层,应坚实和具有足够的承载力。地面垫层应铺设在均匀密实的地基上。对淤泥、淤泥质土、冲填土及杂填土等软弱地基,应根据生产特征、使用要求、土质情况并按现行国家标难《建筑地基基础设计规范》的有关规定利用与处理,使其符合建筑地面的要求。

2. 垫层

垫层位于基层的上部、刚层的下部。把出面层传来的荷载传递给基层。垫层根据材料的不同有刚性垫层和柔性垫层之分:刚性垫层一般采用混凝土、钢筋混凝土等材料;柔性垫层一般采用砂、碎石、矿渣和灰土等。现浇整体面层和以黏结剂或砂浆结合的块材面层,宜采用混凝土垫层;以砂或炉渣结合的块材面层,宜采用碎石、矿渣、灰土或三合土等垫层。垫层的最小厚度可由表 15 - 1 确定。

表 15 - 1 垫层最小厚度

垫层名称	材料强度等级或配合比	厚度/mm
混凝土	≥C10	60
四合土	水泥:石灰:砂:碎砖 = 1:1:6:12	80
三合土	熟石灰:砂:碎砖 = 1:3:6	100
灰土	石灰:黏土 = 2:8 或 3:7	100
砂、炉渣、碎石		60
矿渣		80

3. 面层

面层是地面的最上层,直接接触和承受各种化学物质和力学作用。面层厚度可查阅《建筑地面设计规范》。当生产和使用要求不允许混凝土类面层开裂时,宜存混凝土顶面下 20mm 处配置直径为 $\phi 4@150 \sim 200$ 的钢筋网。

15.3.2　面层选择

1. 单层整体地面

是垫层和面层合二为一的地面,由夯实的黏土、灰土、砖石等材料直接铺设在地基上而构成。

2. 多层整体地面

1)水泥砂浆地面

水泥砂浆地面有双层和单层构造两种。双层做法分为面层和底层,构造上常以 15mm ~ 20mm 厚 1:3 水泥砂浆打底、找平,再以 5mm ~ 10mm 厚 1:1.5 或1:2 的水泥砂浆抹面。由于单层工业厂房的地面要求更加耐磨,所以经常在水泥砂浆中加入铁屑。一般厚度为 35mm。水泥砂浆地面承受荷载小,只能承受一定的机械作用,不很耐磨,易起灰,可适用于一般的金工、装配、机修、焊接等车间。掺入铁屑的水泥砂浆地面可用于电缆、钢绳、履带式拖拉机等生产车间。

2)水磨石地面

水磨石地面一般是以 10mm ~ 15mm 厚的 1:3 水泥砂浆打底,10mm 厚 1:1 ~ 1:2水泥、石渣粉面。水磨石地面具有较高的承载力、耐磨、不起灰、不渗水,适用于有一定清洁要求的车间。

3)混凝土地面

混凝土地面是单层工业厂房中较常见的一种地面。但是对于有酸性腐蚀件的车间不应采用混凝土地面。混凝土地面主要适用于机修、油漆、金工、工具和机械装配等车间。对有耐碱性要求的车间,可以采用密实的石灰石类的石料或碱性冶炼矿渣做成的砂、碎石、卵石。

4)沥青砂浆及沥青混凝土地面

沥青作为沥青砂浆和沥青混凝土胶结材料,一般采用建筑石油沥青或道路石油沥青。根据沥青的特性,适用于含有汽油、煤油等有机溶剂的车间。

5)水玻璃混凝土地面

水玻璃作为水玻璃混凝土的胶结材料,以耐酸粉料、氟硅酸钠、耐酸砂子和耐酸石子为粗细骨料,按特定的比例调制而成。水玻璃混凝土具有良好的整体性、耐热性和耐酸性,且强度高、经济。

3. 块材地面

1)块石或石板地面

一般砂岩、石灰石等石材均可用做这种地面。块石的规格有或 150mm ×

150mm。板材规格有 500mm×500mm。厚度为 100mm~150mm。

2）耐腐蚀性块心地面

根据耐腐蚀的具体要求不同,选用不同的石材。对于有耐酸性要求的车间,可以选用石英石、玄武石等;对于有耐碱性要求的车间,可以选用白云石、石灰石和大理石等。对于石材,只要求表面平整,其他的各个面可以略为粗糙。

3）混凝土板地面

混凝土板地面一般是将 C20 混凝土预制成 250mm×250mm、500mm×500mm、600mm×600mm,厚度为 60mm 的板块,表面可以做成光面或格纹面。

4）铸铁板地面

铸铁板地面一般用在需要承受高温和有冲击作用部位的地面。

5）瓷砖及陶板地面

瓷砖及陶板地面主要用在电镀车间、染色车间、尿素车间等有清洁要求及耐腐蚀的车间的相应部位。

15.3.3 细部构造

1. 伸缩缝

混凝土垫层需考虑温度变化产生的附加应力的影响,同时防止因混凝土收缩变形所导致的地面裂缝。缝的构造形式有平头缝、企口缝、假缝,如图 15-27 所示。

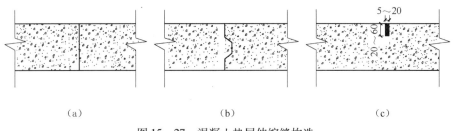

（a）　　　　　　　（b）　　　　　　　（c）

图 15-27　混凝土垫层伸缩缝构造

2. 变形缝

地面变形缝的位置应与建筑物的变形缝一致。同时在地面荷载差异较大和受局部冲击荷载的部分亦应设变形缝。

3. 交界缝

两种不同材料的地面,由于强度不同,接缝处易遭受破坏。应根据不同情况采取措施,如图 15-28 所示。

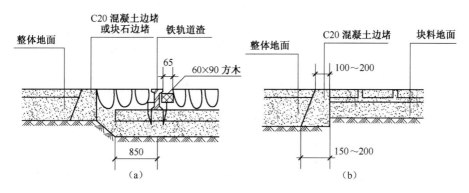

图 15 - 28　不同地面接缝处理

15.4　厂 房 天 窗

15.4.1　天窗分类

（1）按构造形式不同可分为上凸式天窗、锯齿形天窗、下沉式天窗和平天窗。

（2）按天窗的作用不同可分为采光天窗和通风天窗。

15.4.2　矩形天窗

矩形天窗具有较好的照度，且光线均匀，防雨较好，窗扇可开启以兼作通风，故在冷加工车间广泛应用。但构件类型多，自重大，造价偏高。

为了获得良好的采光效率，矩形天窗的宽度 b 宜为厂房跨度 L 的 1/3 ~ 1/2，天窗高宽比 h/b 为 0.3 左右，相邻两天窗的轴线间距 L_0 不宜大于工作面至天窗下缘高度 H 的 4 倍。

矩形天窗横断面呈矩形，两侧采光面与屋面垂直。

1. 矩形天窗的组成

主要由天窗架、天窗扇、天窗屋面板、天窗侧板及天窗端壁等组成，如图 15 - 29 所示。

2. 天窗架

天窗架是天窗的承重构件，支承在屋架上弦上，常用钢筋混凝土或型钢制作。钢筋混凝土天窗架与钢筋混凝土屋架配合使用，一般为 Π 形或 W 形，也可做成双 Y 形，如图 15 - 30 所示。常用的 Π 形和 W 形钢筋混凝土天窗架

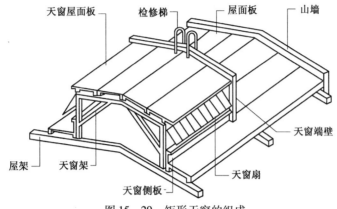

图 15 – 29　矩形天窗的组成

的尺寸详见表 15 – 2。

　　钢天窗架重量轻、制作及吊装方便,除用于钢屋架外,也可用于钢筋混凝土屋架。钢天窗架常用的形式有桁架式和多压杆式两种,如图 15 – 30 和图 15 – 31 所示。

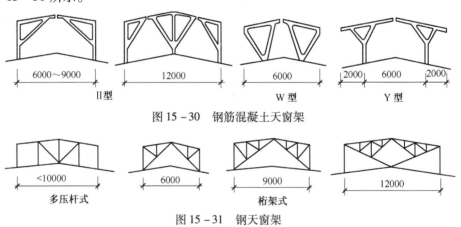

图 15 – 30　钢筋混凝土天窗架

图 15 – 31　钢天窗架

表 15 – 2　常用钢筋混凝土天窗架的尺寸(mm)

天窗架形式	Ⅱ 形							W 形	
	6000				9000			6000	
天窗扇高度	1200	1500	2 × 900	2 × 1200	2 × 900	2 × 1200	2 × 1500	1200	1500
天窗架高度	2070	2370	2670	3270	2670	3270	3870	1950	2250

3. 天窗扇

天窗扇的主要作用是采光、通风和挡雨。常用木材、钢材及塑料制作,其中钢天窗扇应用最广。

上悬式窗扇防雨性能较好,但开启角度不能大于45°,故通风较差;中悬式窗扇开启角度可达60°~80°,故通风流畅,但防雨性能欠佳。

1)上悬式钢天窗扇

(1)通长天窗扇(图15-32(a))。由两个端部固定窗扇和若干个中间开启窗扇连接而成,其组合长度应根据矩形天窗的长度和选用天窗扇开关器的启动能力来确定。

(2)分段天窗扇(图15-32(b))。它是在每个柱距内分别设置天窗扇,其特点是开启及关闭灵活,但窗扇用钢量较多。

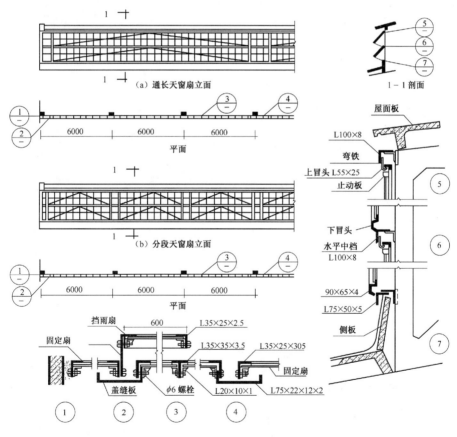

图15-32　上悬式钢天窗扇构造

2)中悬式钢天窗扇

中悬钢天窗扇因受天窗架的阻挡只能分段设置,一个柱距内仅设一樘窗扇,如图 15 - 33 所示。

4. 天窗端壁

天窗两端的承重围护构件称为天窗端壁。通常采用预制钢筋混凝土端壁板或钢天窗架石棉水泥瓦端壁,如图 15 - 34 和图 15 - 35 所示。

前者用于钢筋混凝土屋架;后者多用于钢屋架。为了节省材料,钢筋混凝土天窗端壁常作成肋形板代替天窗架,支承天窗屋面板。端壁板及天窗架与屋架上弦的连接均通过预埋铁件焊接。

图 15 - 33 中悬式钢天窗扇

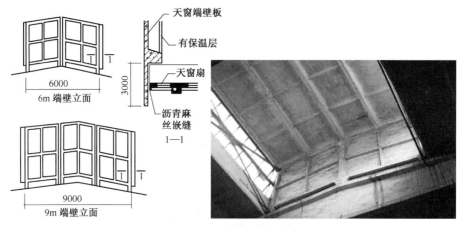

图 15 - 34 钢筋混凝土端壁

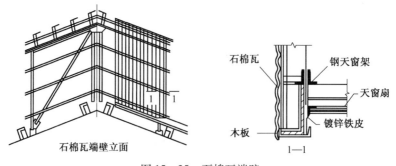

图 15 - 35 石棉瓦端壁

5. 天窗架檐口

天窗的屋顶构造一般与厂房屋顶构造相同。当采用钢筋混凝土天窗架，无檩体系大型屋面板时，其檐口构造有两类。

（1）带挑檐的屋面板。无组织排水的挑檐出挑长度一般为500mm，如图15 - 36(a)所示。

（2）设檐沟板。有组织排水可采用带檐沟屋面板，如图15 - 36(b)所示，或者在天窗架端部预埋铁件焊接钢牛腿，支承天沟如图15 - 36(c)所示。

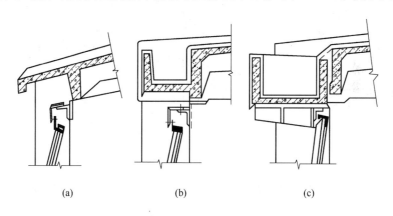

(a)　　　　　　　　　(b)　　　　　　　　　(c)

图15 - 36　钢筋混凝土天窗架檐口
(a)带挑檐的屋面板；(b)、(c)设檐沟板。

6. 天窗侧板

在天窗扇下部需设置天窗侧板，侧板的作用是防止雨水溅入车间及防止因屋面积雪挡住天窗扇。从屋面至侧板上缘的距离一般为300mm，积雪较深的地区，可采用500mm。侧板的形式应与屋面板构造相适应。

当屋面为无檩体系时，侧板可采用钢筋混凝土槽型板（图15 - 37(a)）或钢筋混凝土小板（图15 - 37(b)）。

当屋面为有檩体系时，侧板常采用石棉瓦、压型钢板等轻质材料，如图15 - 38所示。

15.4.3　矩型通风天窗

用做通风的矩形天窗，为使天窗能稳定地排风，应在天窗口外加设挡风板。除寒冷地区采暖的车间外，其窗口开敞，不装设窗扇，为了防止飘雨，须设置挡雨设施。

矩形通风天窗由矩形天窗及其两侧的挡风板所构成，如图15 - 39所示。

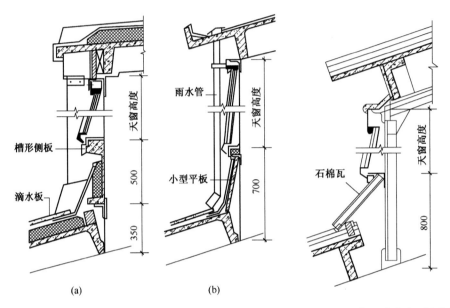

图 15 - 37　钢筋混凝土侧板　　　　图 15 - 38　钢天窗架轻质侧板
(a)槽形侧板；(b)小型侧板。

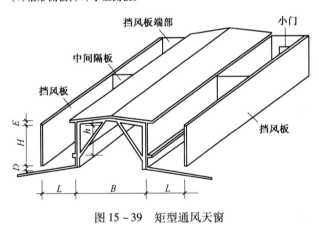

图 15 - 39　矩型通风天窗

1. 挡风扳的形式及构造

挡风板可做成垂直的、倾斜的、折线形和曲线形等几种形式，如图 15 - 40 所示。

挡风板支架的支承方式有两种，分别是立柱式和悬挑式，如图 15 - 41 所示。

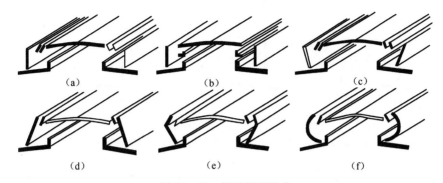

图 15 - 40　挡风板的形式

(a)垂直挡风板水平口挡雨;(b)垂直挡风板垂直口挡雨;(c)外倾挡风板;
(d)内倾挡风板;(e)折线形挡风板;(f)曲折线形挡风板

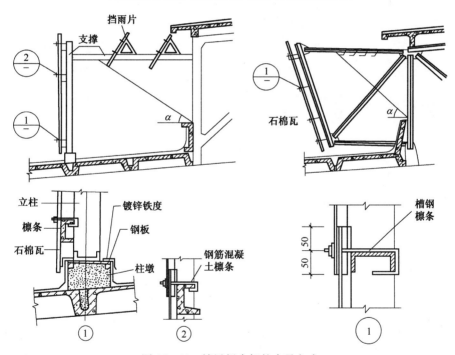

图 15 - 41　挡风板支架的支承方式

2. 挡风设施

1）挡雨方式及挡雨片的布置

天窗的挡雨方式可分为水平口、垂直口设挡雨片以及大挑檐挡雨三种，如图 15 - 42 所示。

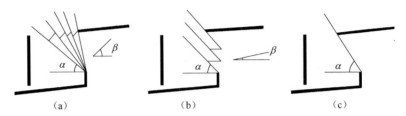

图 15－42　天窗挡雨示意

(a)水平口设挡雨片;(b)垂直口设挡雨片;(c)大挑檐挡雨。

2)挡雨片构造

挡雨片所采用的材料有石棉瓦、钢丝网水泥板、钢筋混凝土板、薄钢板、瓦楞铁等。

当天窗有采光要求时,可改用铅丝玻璃、钢化玻璃、玻璃钢波形瓦等透光材料,如图 15－43 和图 15－44 所示。

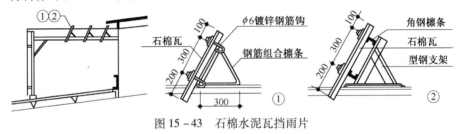

图 15－43　石棉水泥瓦挡雨片

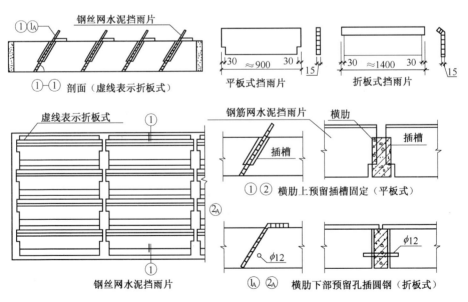

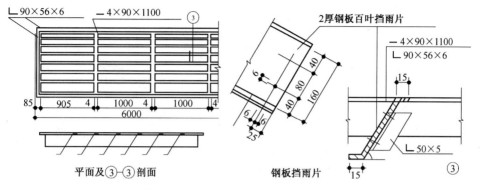

图 15 - 44　钢丝水泥板及钢板挡雨片

15.4.4　平天窗

1. 平天窗类型

平天窗的类型有采光罩、采光板、采光带等3种。

（1）采光罩是在屋面板的孔洞上设置锥形、弧形透光材料。图 15 - 45(a)为弧形采光罩。

（2）采光板是在屋面板的孔洞上设置平板透光材料,如图 15 - 45(c)所示。

（3）采光带是在屋面的通长(横向或纵向)孔洞上设置平板透光材料,如图 15 - 45(b)所示。

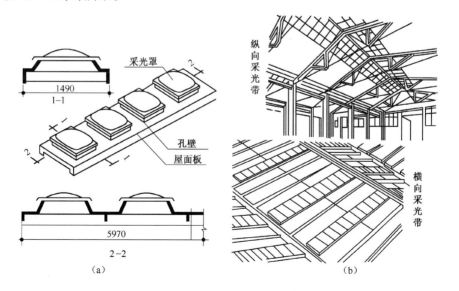

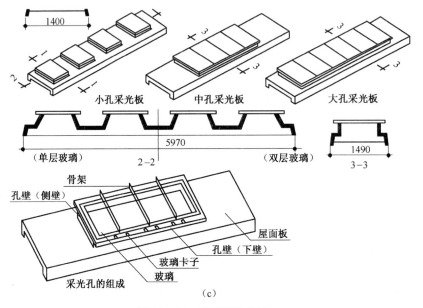

图 15 - 45 平天窗的类型

(a)采光罩;(b)采光板;(c)采光带。

2. 平天窗的构造

平天窗类型虽然很多,但其构造要点是基本相同的,即井壁、横档、透光材料的选择及搭接、防眩光、安全保护、通风措施等。

平天窗(采光板)的构造组成,如图 15 - 46 所示。

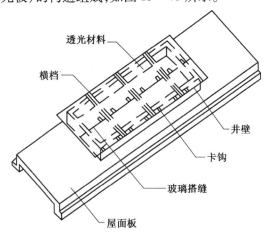

图 15 - 46 平天窗的构造组成

1）井壁构造

平天窗采光口的边框称为井壁。它主要采用钢筋混凝土制作,可整体浇注也可预制装配。井壁高度一般为 150mm ~ 250mm,且应大于积雪深度。整浇井壁和预制井壁的构造示例,如图 15 - 47 所示。

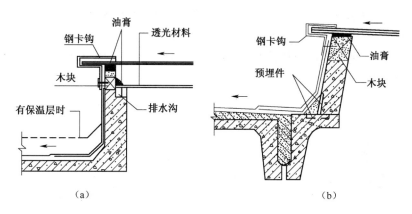

图 15 - 47　钢筋混凝土井壁构造

(a)整浇井壁;(b)预制井壁。

2）玻璃搭接构造

平天窗的透光材料主要采用玻璃。当采用两块或两块以上玻璃时,玻璃搭接需要满足防水要求,如图 15 - 48 所示。

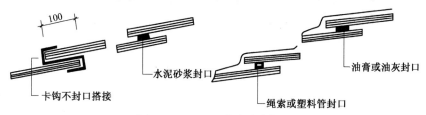

图 15 - 48　上下玻璃搭接构造

3）透光材料及安全措施

透光材料可采用玻璃、有机玻璃和玻璃钢等。由于玻璃的透光率高,光线质量好,所以采用玻璃最多。从安全性能看,可考虑选择钢化玻璃、夹层玻璃、夹丝玻璃等。从热加工性能方面来看,可考虑选择吸热玻璃、反射玻璃、中空玻璃等。如果采用非安全玻璃应在其下设金属安全网。若采用普通平板玻璃,应避免直射阳光产生眩光及辐射热,可在平板玻璃下方设遮阳格片。

4）通风措施

平天窗的作用主要是采光,若需兼作自然通风时,有以下几种方式。

（1）采光板或采光罩的窗扇做成能开启和关闭的形式,如图 15 - 49(a)所示。

（2）带通风百页的采光罩,如图 15 - 49(b)所示。

（3）组合式通风采光罩,它是在两个采光罩之间设挡风板,两个采光罩之间的垂直口是开敞的,并设有挡雨板,既可通风,又可防雨,如图 15 - 49(c)所示。

（4）在南方炎热地区,可采用平天窗结合通风屋脊进行通风的方式,如图 15 - 49(d)所示。

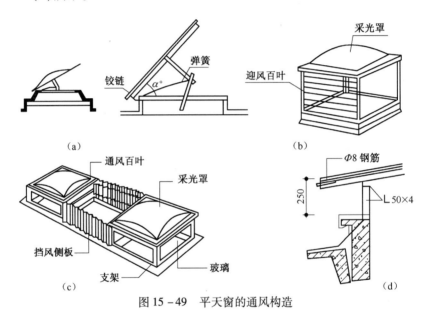

图 15 - 49　平天窗的通风构造

15. 4. 5　下沉式天窗

下沉式天窗是在拟设置天窗的部位,把屋面板下移铺在屋架的下弦上,从而利用屋架上下弦之间的空间构成天窗。与矩形通风天窗相比,省去了天窗架和挡风板,降低了高度、减轻了荷载,但增加了构造和施工的复杂程度。

根据其下沉部位的不同,可分为纵向下沉、横向下沉和井式下沉三种类型。其中井式天窗的构造最为复杂,最具有代表性,主要以它为例介绍下沉式天窗的构造做法。

1. 井式天窗构造

井式天窗是将屋面拟设天窗位置的屋面板下沉铺在屋架下弦上,形成一个个凹嵌在屋架空间内的井状天窗,如图 15-50 所示。它具有布置灵活、排风路径短捷、通风性能好、采光均匀等特点。在热加工车间中广泛采用,一些局部热源的冷加工车间也有应用。

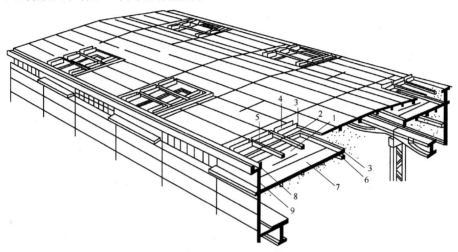

图 15-50　井式天窗的构造

1—水平口;2—承重口;3—泛水口;4—挡雨片;5—空格板;6—檩条;7—井底板;8—天沟;9—挡风侧墙。

1)布置形式

井式天窗的基本布置形式可分为一侧布置、两侧对称布置、两侧错开布置和跨中布置等几种。前三种称为边井式天窗,后一种称为中井式天窗。由基本布置又可排列组合成各种连跨布置形式,如图 15-51 所示。

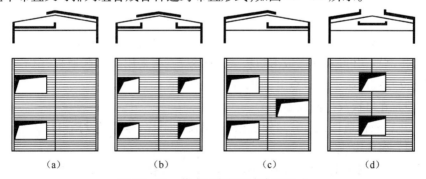

(a)　　　　　(b)　　　　　(c)　　　　　(d)

图 15-51　井式天窗的基本布置形式

(a)一侧布置;(b)两侧对称布置;(c)两侧错开布置;(d)跨中布置。

2)井底板

(1)横向布置。横向布置,如图 15-52 所示,井底板平行于屋架。它的一端支承在天沟板上,另一端支承在檩条上(边井式);或两端均支承在檩条上(中井式)。檩条均支承在屋架的下弦节点上。井式天窗垂直口高度受屋架结构高度的限制,为了增大垂直口的面积可采用下卧式檩条、槽形檩条或L形檩条,如图15-53所示,以降低板的标高、增大净空高度。

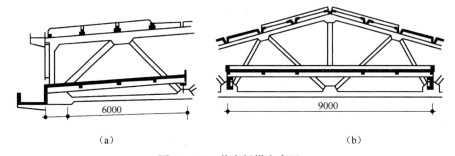

（a） （b）

图15-52 井底板横向布置

(a)井底板搁在天沟及檩条上;(b)井底板搁在檩条上。

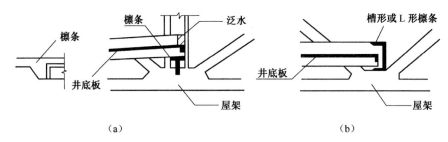

（a） （b）

图15-53 提高垂直口净高的檩条断面形式

(a)下卧式檩条;(b)槽形檩条或L形檩条。

（2）纵向布置。井底板垂直于屋架。它的两端支承在屋架的下弦上。为了方便搁置,井底板应做成卡口板或出肋板,也可采用F形断面板,由F板的纵肋支承在屋架下弦节点上,如图15-54所示。

3）井口板及挡雨设施

井口板构造形式有井口作挑檐、井口设挡雨片、垂直口设挡雨片。

4）窗扇设置

有采暖要求的厂房,需在井口处设窗扇,可在垂直口设窗扇或水平口设窗扇。

5）排水措施

井式天窗因屋架上下弦分别铺有屋面板,排水处理较复杂,排水方式有边井外排水和连跨内排水两大类。

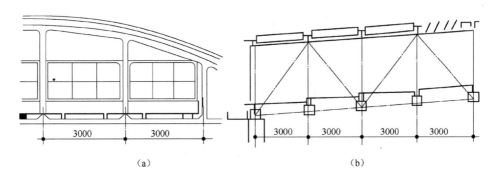

（a）　　　　　　　　　　　　　　　　　　（b）

图 15 – 54　井底板纵向布置

（a）卡口板或出肋板；（b）F 形断面板。

6）屋架选择

屋架形式影响井式天窗的布置和构造。梯形屋架适用于跨边布置井式天窗。拱形或折线形屋架因端部较低，只适于跨中布置井式天窗。屋架下弦要搁置井底檩条或井底板，宜采用双竖杆屋架、无竖杆屋架或全竖杆屋架。

2. 纵向下沉式天窗概述

纵向下沉式天窗是将下沉的屋面板沿厂房纵轴方向通长地搁置在屋架下弦上。根据其下沉位置的不同分为两侧下沉、中间下沉和中间双下沉三种形式，如图 15 – 55 所示，两侧下沉的天窗通风采光效果均较好，中间下沉的天窗采光、通风均不如两侧下沉的天窗，较少采用；中间双下沉的天窗采光、通风效果好，适用面大。

3. 横向下沉式天窗概述

横向下沉式天窗是将相邻柱距的整跨屋面板一上一下交替布置在屋架的上、下弦，利用屋架高度形成横向的天窗。横向下沉式天窗可根据采光要求及热源布置情况灵活布置。特别是当厂房的跨间为东西向时，横向天窗为南北向，可避免东西晒，如图 15 – 56 所示。

15.4.6　锯齿形天窗

为了保证采光均匀，锯齿形天窗的轴线间距不宜超过工作面至天窗下缘高度的 2 倍，如图 15 – 57 所示。因此，在跨度较大的厂房中设锯齿形天窗时，宜在屋架上设多排天窗。

锯齿形天窗的构成与屋盖结构有密切的关系，种类较多，以下介绍常见的两种。

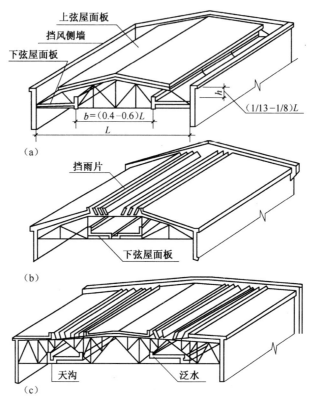

图 15 – 55　纵向下沉式天窗的下沉形式

（a）两侧下沉；（b）中间下沉；（c）两侧双下沉。

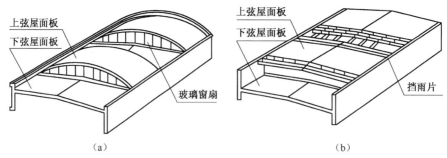

图 15 – 56　横向下沉式天窗的下沉形式

（a）带玻璃措施；（b）带挡雨片。

1. 纵向双梁及横向三角架承重的锯齿形天窗

由两根搁置在 T 形柱上的纵向大梁、天沟板、三角架、屋面板和天窗扇及天窗侧板所组成。大梁和天沟板构成通风道。

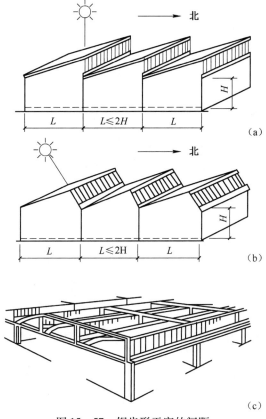

图 15－57　锯齿形天窗的间距

当横向跨度较大和不需要设通风道的厂房,可直接由三角形屋架支承屋面板组成锯齿形天窗,如图 15－58 所示。

2. 纵向双梁及纵向天窗框承重的锯齿形天窗

天窗也是由两根纵向大梁及天沟板组成通风道,但取消了横向三脚架,屋面板上端直接搁置在钢筋混凝土天窗框上,下端搁置在另一大梁上,与上一种相比,简化了构件类型和施工工序。也可采用箱形梁替代两根纵向大梁,它既是承重构件,又是通风道,构件的类型进一步减少,但由于箱形梁构件较大,需用大型吊装设备,如图 15－59 所示。

15.4.7　其他天窗形式

1. 梯形天窗与 M 形天窗

梯形天窗和 M 形天窗的构造与矩形天窗构造类似,外形有所不同,因而

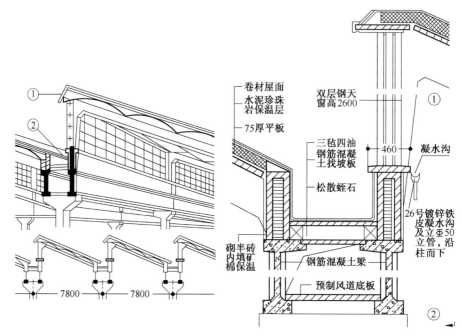

图 15-58　纵向双梁及横向三角架承重的锯齿形天窗构造

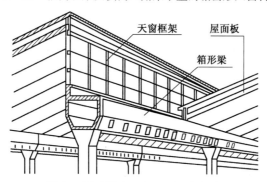

图 15-59　纵向双梁及纵向天窗框承重的锯齿形天窗构造

在采光、通风性能方面有所区别。梯形天窗的两侧采光面与水平面倾斜，一般成 60°角。它的采光效率比矩形天窗高 60%，但均匀性较差，并有大量直射阳光，防雨性能也较差，国外常有采用，国内应用较少。M 形天窗是将矩形天窗的顶盖向内倾斜而成。倾斜的顶盖便于疏导气流及增强光线反射，故其通风、采光效率比矩形天窗高，但排水处理较复杂。

2. 三角形天窗

三角形天窗与采光带类似，但三角形天窗的玻璃顶盖呈三角形，通常与水平面成 30°~45°角,宽度较宽(一般为 3m~6m),需设置天窗架,常采用钢天窗架。三角形天窗同样具有采光效率高的特点,但其照度的均匀性比平天窗差,构造也复杂一些,如图 15-60 所示。

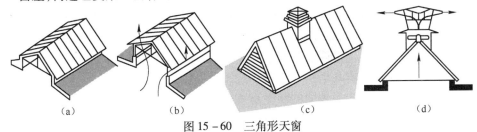

图 15-60　三角形天窗

本 章 小 结

本章主要介绍了单层工业厂房的外墙、大门、地面以及天窗的构造。

外墙是厂房的围护结构,可以承重,但多为自承重墙,或采用板材墙、挂板墙。自承重墙较为常见,支承于基础梁上,应与柱、屋架有可靠连接。

厂房的大门有平开、推拉、折叠、升降、上翻、卷帘等多种形式,其洞口尺寸及开启方式的选择应根据所需运输工具类型、规格、运输货物的外形并考虑通行方便等因素来确定。

厂房的地面一般由面层、垫层和地基组成。当有特殊要求时,还需要增加结合层、隔离层、找平层等。

天窗的形式有矩形、梯形、M 形、锯齿形、下沉式、三角形、平天窗等,按其作用分为采光天窗和通风天窗。

矩形天窗主要由天窗架、天窗扇、天窗屋面板、天窗侧板及天窗端壁等组成。用做通风的矩形天窗,应在天窗口外加设挡风板。

平天窗的类型有采光罩、采光板、采光带等三种。

下沉式天窗是在拟设置天窗的部位,把屋面板下移铺在屋架的下弦上,从而利用屋架上下弦之间的空间构成天窗。

思考题与习题

1. 当厂房满足什么条件时可以直接采用墙承重方案?
2. 自承重砌体支承于何处? 与基础的连接有哪几种方式?
3. 简述自承重砌体与柱的连接构造。
4. 简述自承重砌体与屋架的连接构造。

5. 简述女儿墙与屋面的连接构造要点。

6. 板材墙有哪几种类型？其墙板布置形式有哪几种？

7. 板材墙与柱子的连接有哪两种方式？有何区别？

8. 根据厂房内部运输工具的不同，说明大门所需的最小洞口尺寸。

9. 厂房大门分为哪几种？按材料和开启方式分别说明。

10. 简述平开门、推拉门、卷帘门的构造组成。

11. 厂房大门有几个构造层次？其作用是什么？

12. 简述常见厂房地面的种类及适用范围。

13. 矩形天窗由哪几部分组成？

14. 矩形天窗天窗架的形式有哪几种？其跨度和高度分别是多少？

15. 简述矩形天窗天窗扇的材料及开启形式。

16. 矩形挡风天窗由哪几部分组成？

17. 平天窗有哪几种形式？

18. 下沉式天窗按其下沉部位的不同分为哪几种？

第16章　多层工业厂房设计

16.1　概　述

多层厂房广泛应用于机械、电子、电器、仪表、光学、轻工、纺织、化工和仓储等行业,在工业建筑中占有很大的比重。为适应市场要求,多层通用厂房也是常见的厂房形式,它专门为出租或出售而建造的没有固定工艺要求的通用性强的多层厂房,也叫单元厂房或工业大厦,如图16-1所示。其设计要点主要包括以下几个方面。

图16-1　多层通用厂房

(1)具有多种单元类型以满足不同厂家需要。

(2)具有较大柱距、跨度及层高。

(3)有明确的楼面、地面允许使用荷载。

(4)厂房内各单元留有水、电、气接口,并分户计量。

（5）各单元有独立的厕浴等卫生设施。

（6）厂房只做简单装修,厂家租购后做二次装修。

（7）厂房有完整的消防设施。

16.1.1　多层厂房的特点

（1）建筑物占地面积小。

（2）厂房宽度较小。

（3）交通运输面积大。

（4）由于多层厂房在楼层上要布置设备,受梁板结构经济合理性的制约,厂房柱网尺寸较小,使得厂房的通用性较小,不利于工艺改革和设备更新。

（5）当楼层上布置振动较大的设备时,结构计算和构造处理复杂。

16.1.2　多层厂房的适用范围

（1）生产工艺流程适于垂直布置的企业。

（2）楼面荷载小于 $2t/m^2$。

（3）生产上要求在不同层高上操作的企业。

（4）生产工艺对生产环境有特殊要求的企业(如恒温恒湿、净化洁净、无尘无菌等)。

（5）当建筑用地紧张及城建规划需要时。

16.1.3　多层厂房结构的方案

1. 混合结构

混合结构是以钢筋混凝土楼(屋)盖和砖墙共同承重的结构形式,分为墙承重和内框架承重两种形式,适用于楼面荷载不大,无振动设备,五层以下的中小型厂房,在地震区亦不宜选用。

2. 钢筋混凝土结构

钢筋混凝土结构是目前国内采用最广泛的一种结构。具有构件截面小、强度大的特点,适用于层数较多、荷重较大、需要空间较大的厂房。

（1）框架结构。分为梁板式结构和无梁楼板结构两种。梁板式结构可分为横向承重框架、纵向承重框架及纵横向承重框架三种。

（2）框架—剪力墙结构。框架与剪力墙共同工作的结构形式,具有较大的承载力。一般适用于层数较多,高度和荷载较大的厂房。

（3）无梁楼板结构。由板、柱帽、柱和基础组成。因为没有梁,楼板底面平整,室内净空可有效利用。

16.2 多层厂房平面设计

16.2.1 平面布置形式

(1)内廊式,如图 16-2 所示。

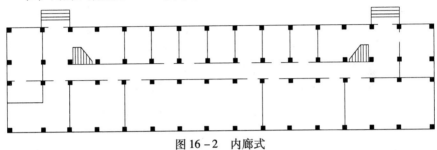

图 16-2 内廊式

(2)统间式,如图 16-3 所示。

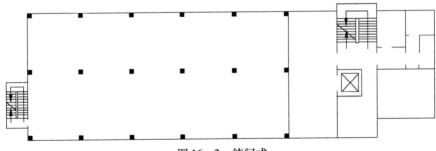

图 16-3 统间式

(3)大宽度式。

① 交通运输枢纽及生活辅助用房布置在厂房中部,如图 16-4 所示。

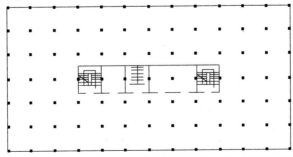

图 16-4 交通运输枢纽及生活辅助用房布置在厂房中部

② 环状布置通道(通道在外围),如图 16 - 5 所示。

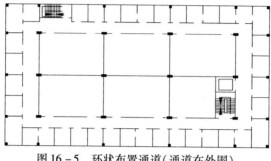

图 16 - 5　环状布置通道(通道在外围)

③ 环状布置通道(通道在中间),如图 16 - 6 所示。

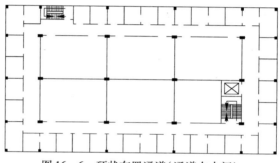

图 16 - 6　环状布置通道(通道在中间)

(4) 混合式,如图 16 - 7 所示。

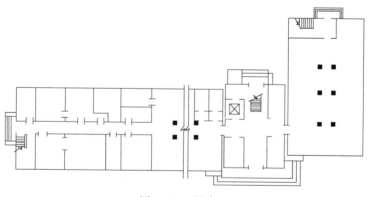

图 16 - 7　混合式

16. 2. 2　柱网选择

柱网选择首先应满足生产工艺的要求,其次应全面考虑运输设备、生活辅助用房的布置以及建筑地基的大小和形状、厂房的方位等。同时要符合《建筑模数协调统一标准》GBJ 2—86 及《厂房建筑模数协调标准》GBJ 6—86的相关规定,并做到经济合理、施工方便。

1. 生产工艺特点和平面布置

按生产工艺流向的不同,多层厂房的生产工艺流程的布置可归纳为以下三种类型,如图 16 - 8 所示。

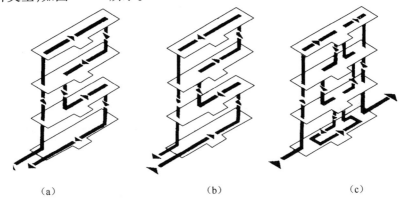

(a)　　　　　　　　　　(b)　　　　　　　　　　(c)

图 16 - 8　多层厂房的生产工艺流程的布置
(a)自下而上式;(b)自上而下式;(c)上下往复式。

2. 柱网尺寸(图 16 - 9)

(1)跨度(进深)。采用 15M 模数数列,如 6.0m、7.5m、9.0m、10.5m和 12.0m;

(2)柱距(开间)。采用 6M 模数数列,如 6.0m、6.0m、7.2m。

3. 柱网类型

(1)内廊式。内廊式厂房的跨度可采用 6M 模数数列,如 6.0m、6.6m 和7.2m;走廊的跨度应采用 3m 模数数列,如 2.4m、2.7m 和 3.0m。主要用于仪表、电子、电器等行业。

(2)等跨式。柱距 d 通常为 6.0m,跨度 a 为 6.0m、7.5m、9.0m、10.5m 及12.0m 等。适用于机械、轻工、仪表、电子、等行业的厂房及仓库建筑。

(3)不等跨式。通常采用对称不等跨式,柱距一般为 6m,跨度分别如下:

① 仪表类 6.0 + 7.5 + 7.5 + 6.0。

② 轻工类 1.5 + 6.0 + 6.0 + 1.5。

③ 机械类 7.5 + 7.5 + 12.0 + 7.5 + 7.5 或 9.0 + 12.0 + 9.0。

④ 大跨度式 跨度大于 12m。

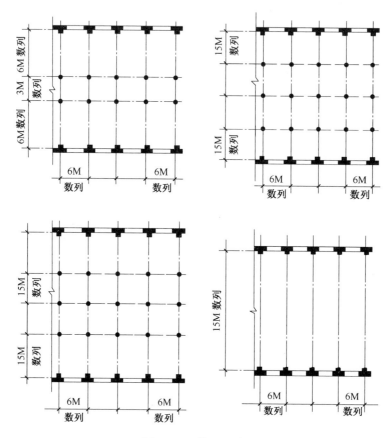

图 16 - 9 柱网尺寸

16.2.3 定位轴线的标定

1. 砌体墙承重,(图 16 - 10、图 16 - 12)

内墙的中心线一般与定位轴线相重合。

外墙的定位轴线与顶层墙内缘的距离可按砌块的块材类别,分别位于距砌体墙内缘半块块材或半块的倍数或墙厚的 1/2 处。

2. 钢筋混凝土框架承重

(1)横向定位轴线的标定,如图 16 - 11 所示。

横向定位轴线一般与柱子的中心线相重合;横向伸缩缝或防震缝处的横向定位轴线采用加设插入距并设两条横向定位轴线的标定方法,轴线与柱中心线相重合。

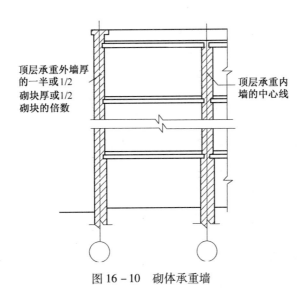

图 16 - 10 砌体承重墙

顶层承重外墙厚的一半或1/2砌块厚或1/2砌块的倍数

顶层承重内墙的中心线

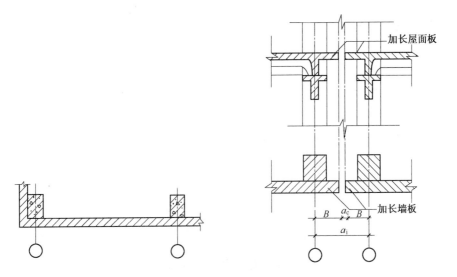

图 16 - 11 横向定位轴线

加长屋面板

加长墙板

（2）纵向定位轴线的标定,如图 16 - 12 所示。

① 中柱的纵向定位轴线与顶层柱中心线重合。

② 边柱的纵向定位轴线在边柱下柱截面高度 h_1 范围内浮动定位,浮动值 a_n 主要根据构配件的统一和结构构造等要求来确定。

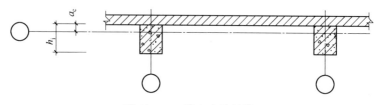

图 16 - 12　纵向定位轴线

16.2.4　楼梯、电梯间及生活辅助用房的布置

1. 楼梯和电梯的布置原则

（1）人流、货流互不干扰。

（2）位置明显、易找位置明显、易找。

（3）数量及布置应满足有关防火安全疏散的要求。

2. 楼梯和电梯的布置方式

楼梯和电梯可以直接布置在车间内部,也可以紧贴于厂房的外墙或布置在厂房不同区段的连接处,还可以独立布置,如图 16 - 13 所示。

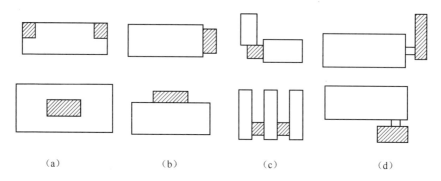

（a）　　　　　　（b）　　　　　（c）　　　　　　（d）

图 16 - 13　楼梯和电梯的布置方式

（a）布置在车间内部;（b）紧贴于厂房的外墙布置;（c）置在厂房不同区段的连接处;（d）独立布置。

3. 楼梯和电梯的交通组织

常见的楼电梯间与出入口间关系的处理有两种方式,如图 16 - 14 所示。

（1）人流货流同门进入。

（2）人流货流分门布置。

4. 生活间及辅助房间的布置

（1）布置部位,如图 16 - 15 所示。可以位于厂房内部或外部。

（2）布置方式,如图 16 - 16 所示。

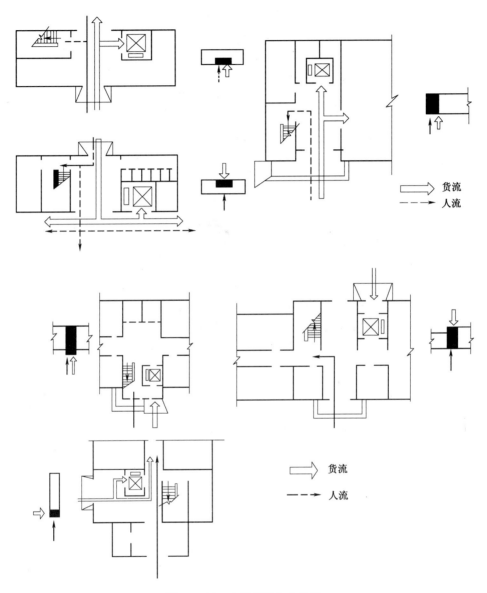

图 16 – 14　人流货流出入关系

　　① 非通过式。对人流活动不进行严格的控制,这种组合方式适用于生产环境清洁度要求不高的一般生产车间。

　　② 通过式。对人流的活动要进行严格控制,这种组合方式适用于生产环境清洁要求严格的空调车间、超净车间、无菌车间。

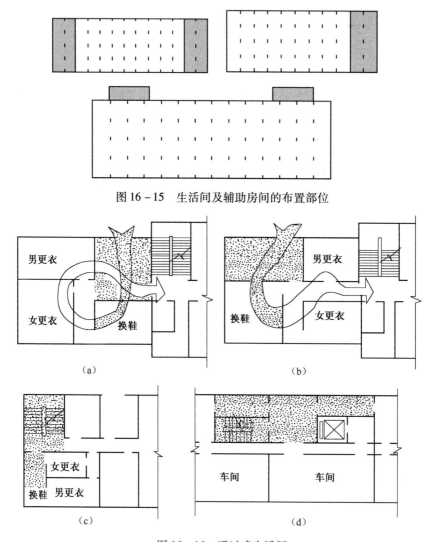

图 16 – 15　生活间及辅助房间的布置部位

图 16 – 16　通过式生活间

（a）生活间集中布置，脏洁路线交叉；（b）生活间集中布置，脏洁路线分开；（c）、（d）生活间分层布置。

16.3　多层厂房剖面设计

16.3.1　剖面形式

多层厂房的剖面如图 16 – 17 所示。

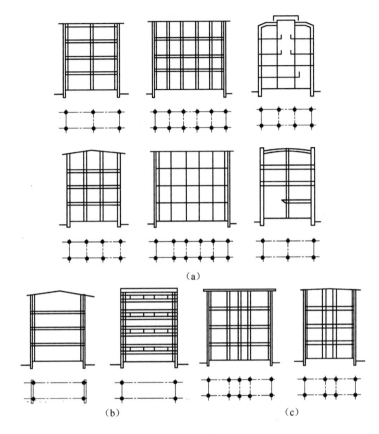

图 16 - 17　厂房的剖面形式

16.3.2　层数的确定

厂房层数的确定实现应满足生产工艺的要求,其次应根据建造地点的工程地质条件按照厂房荷载的大小即性质合理确定,同时要经过城市规划部门的审批。通常情况下比较经济的层数是 3 层 ~5 层。

16.3.3　层高的确定

确定多层厂房的层高时应按照以下几个方面的因素综合考虑。

(1) 生产工艺布置、生产和运输设备的大小。这是主要因素,厂房层高首先要保证生产和运输设备能安全放置和正确安装,并确保安全合理的使用空间。

(2) 采光通风的要求。采光通风所需的门窗洞口的大小应按照平面尺寸和高度尺寸并结合相关结果要求经计算确定。

（3）空间比例。房屋的高度与平面尺寸应协调,以取得较好的视觉效果,过低会产生压抑感,过高则有空旷感,也不利于建筑节能。

（4）管道布置、结构型式及经济等因素。

（5）《厂房建筑模数协调标准》的要求。层高在4.8m以内时采用3M模数数列,层高在4.8m以上时宜采用6M模数数列。

本 章 小 结

本章主要介绍了多层工业厂房的特点、适用范围以及多层工业厂房的平面和剖面设计。

多层厂房广泛应用于机械、电子、电器、仪表、光学、轻工、纺织、化工和仓储等行业,在工业建筑中占有很大的比重。一般采用混合结构、钢筋混凝土框架或钢筋混凝土框架—剪力墙结构。

多层厂房的平面布置形式有内廊式、统间式、大宽度式、混合式。

柱网的选择应满足生产工艺的要求并结合生产设备的尺寸确定。

思考题与习题

1. 简述多层工业厂房的特点及适用范围。
2. 简述多层通用工业厂房的特点及适用范围。
3. 多层工业厂房的结构形式有哪几种?
4. 简述多层工业厂房的平面布置形式及特点。
5. 多层工业厂房柱网选择应考虑哪些因素?
6. 砌体承重结构多层工业厂房定位轴线如何标定?
7. 钢筋混凝土框架结构多层工业厂房定位轴线如何标定?
8. 多层工业厂房楼梯(电梯)有哪几种布置形式?
9. 多层工业厂房生活间的布置有哪几种布置形式?
10. 简述影响多层工业厂房层数和层高的因素。

参 考 文 献

［1］GBJ 2—86　建筑模数协调统一标准.
［2］GB 50016—2006　建筑设计防火规范.
［3］GB 50011—2001　民用建筑设计通则.
［4］GB 503452—2004　屋面工程技术规范.
［5］工程建设标准强制性条文(房屋建筑部分).2002.
［6］GB/T 50114—2001　暖通空调制图标准.
［7］舒秋华.房屋建筑学.武汉:武汉理工大学出版社,2012.
［8］陈兴义.房屋建筑学.郑州:郑州大学出版社,2008.
［9］潘睿.房屋建筑学.武汉:华中科技大学出版社,2008.
［10］李必瑜,王雪松.房屋建筑学.武汉:武汉理工大学出版社,2008.
［11］舒秋华,李世禹.房屋建筑学.武汉:武汉理工大学出版社,2005.